Grundkurs der Regelungstechnik

Einführung in die praktischen
und theoretischen Methoden

von

Dr.-Ing. Ludwig Merz
em. o. Professor und Direktor des Instituts für Meß-
und Regelungstechnik der Technischen Universität
München

Dr.-Ing. Hilmar Jaschek
o. Professor des Lehrstuhls für Systemtheorie der
Elektrotechnik der Universität des Saarlandes

Mit 267 Abbildungen und 35 Tabellen

11. korrigierte Auflage

R. Oldenbourg Verlag München Wien 1992

Die Deutsche Bibliothek – CIP-Einheitsaufnahme

Grundkurs der Regelungstechnik. – München ; Wien :
Oldenbourg.

[Hauptbd.]. Von Ludwig Merz ; Hilmar Jaschek. – 11., korr.
  Aufl. – 1992
  ISBN 3-486-22170-1
NE: Merz, Ludwig

© 1992 R. Oldenbourg Verlag GmbH, München

Das Werk einschließlich aller Abbildungen ist urheberrechtlich geschützt. Jede Verwertung außerhalb der Grenzen des Urheberrechtsgesetzes ist ohne Zustimmung des Verlages unzulässig und strafbar. Das gilt insbesondere für Vervielfältigungen, Übersetzungen, Mikroverfilmungen und die Einspeicherung und Bearbeitung in elektronischen Systemen.

Druck: Grafik + Druck, München
Bindung: R. Oldenbourg Graphische Betriebe GmbH, München

ISBN 3-486-22170-1

Inhalt

Zum Geleit 7

Vorwort zur achten Auflage 9
Vorwort zur elften Auflage 9

1. Einführung in die Regelungstechnik 11
  1.1 Aufgabe der Regelungstechnik 11
  1.2 Begriffe und Benennungen 12
    1.2.1 Steuerung 12
    1.2.2 Regelung 14
    1.2.3 Additionsstelle 15
    1.2.4 Verzweigungsstelle 15
    1.2.5 Signalflußplan 16
  1.3 Bauglieder in Regelkreisen und Steuerketten 18
    1.3.1 Fühler 18
      1.3.1.1 Fühler für Druck 18
      1.3.1.2 Fühler für Durchfluß 20
      1.3.1.3 Fühler für Höhenstand 23
      1.3.1.4 Fühler für Temperatur 24
      1.3.1.5 Fühler für Kraft 26
      1.3.1.6 Fühler für Drehzahl 27
    1.3.2 Meßumformer 28
    1.3.3 Sollwerteinsteller 30
    1.3.4 Summierglied, Vergleicher 31
    1.3.5 Zeitglieder 32
    1.3.6 Regler 34
    1.3.7 Stellgerät 37
  1.4 Steuer- und Regelaufgaben 41
    1.4.1 Steuerung 41
    1.4.2 Festwertregelung 44
    1.4.3 Folgeregelung 45
      1.4.3.1 Nachlaufregelung 45
      1.4.3.2 Verhältnisregelung 46
  1.5 Steuer- und Regelschaltungen 46
    1.5.1 Festwertregelschaltungen 47
      1.5.1.1 Einfachregelkreis 47
      1.5.1.2 Einfachregelkreis mit Aufschaltungen ... 48
      1.5.1.3 Kaskadenregelkreis 51
    1.5.2 Folgeregelschaltungen 54

2. Beschreibung des Übertragungsverhaltens 56

2.1 Beschreibung mit Hilfe von Differentialgleichungen 56
    2.1.1 Arten von Differentialgleichungen zur Beschreibung von
        Regelkreisgliedern 56
    2.1.2 Eigenschaften linearer zeitinvarianter Regelkreisglieder 59
        2.1.2.1 Homogenität 59
        2.1.2.2 Superposition 60
        2.1.2.3 Zeitinvarianz 60
    2.1.3 Linearisierung 60
        2.1.3.1 Statischer Zusammenhang gemäß einer stetigen
                Kennlinie 61
        2.1.3.2 Dynamischer Zusammenhang gemäß einer nichtlinearen
                Differentialgleichung 62
    2.1.4 Lösung von gewöhnlichen linearen Differentialgleichungen mit
        konstanten Koeffizienten 63
        2.1.4.1 Lösung mit Hilfe von Lösungsansätzen 63
        2.1.4.2 Lösung mit Hilfe der Laplace-Transformation 68
2.2 Beschreibung mit Hilfe der Übertragungsfunktion 74

2.3 Beschreibung mit Hilfe von Antwortfunktionen 75
    2.3.1 Impulsfunktion, Impulsantwort 76
    2.3.2 Sprungfunktion, Sprungantwort 77
    2.3.3 Anstiegsfunktion, Anstiegsantwort 78
    2.3.4 Cosinusfunktion, Schwingungsantwort 78

3. Lineare Übertragungsglieder 80

3.1 Analogien 80
    3.1.1 Verallgemeinerte Größen 81
    3.1.2 Analoge Bauglieder 83
        3.1.2.1 Energiequellen 83
        3.1.2.2 Energieverbraucher 83
        3.1.2.3 Energiespeicher 84
    3.1.3 Entwurf eines mathematischen Modells 84
3.2 Elementare Übertragungsglieder 89
    3.2.1 Regelstrecken 92
        3.2.1.1 Regelstrecken mit proportionalem Verhalten 92
        3.2.1.2 Regelstrecken mit integrierendem Verhalten 100
    3.2.2 Regler 101
        3.2.2.1 Proportional wirkender Regler 101
        3.2.2.2 Integrierend wirkender Regler 104
        3.2.2.3 Differenzierend wirkender Regler 106
        3.2.2.4 Proportional und integrierend wirkender Regler 108
        3.2.2.5 Proportional und differenzierend wirkender Regler ... 111
        3.2.2.6 Proportional, integrierend und differenzierend
                wirkender Regler 115

4. Grafische Darstellung der Übertragungsfunktion ... 120
4.1 Pol-Nullstellen-Verteilung ... 120
4.2 Frequenzgang ... 126
    4.2.1 Ortskurve ... 129
        4.2.1.1 Ortskurven elementarer Übertragungsglieder ... 129
        4.2.1.2 Ortskurven von Übertragungssystemen ... 131
    4.2.2 Frequenzkennlinien ... 133
        4.2.2.1 Frequenzkennlinien elementarer Übertragungsglieder . 133
        4.2.2.2 Konstruktionshilfsmittel für Frequenzkennlinien ... 140
        4.2.2.3 Frequenzkennlinien von Übertragungssystemen ... 143

5. Entwurf von Regelkreisen ... 146
5.1 Stabilität, Regelgüte und Empfindlichkeit ... 146
    5.1.1 Übertragungsfunktionen des Regelkreises ... 146
    5.1.2 Stabilität ... 149
    5.1.3 Regelgüte ... 151
        5.1.3.1 Regelgüte im Beharrungszustand ... 152
        5.1.3.2 Regelgüte während des Einschwingvorganges ... 156
    5.1.4 Stabilitätskriterien ... 158
        5.1.4.1 Hurwitz-Kriterium ... 158
        5.1.4.2 Nyquist-Kriterium ... 161
    5.1.5 Empfindlichkeit ... 166
5.2 Entwurf von Regelkreisen mit stetigen Reglern im Zeitbereich ... 169
    5.2.1 Auswahl geeigneter Regler ... 169
    5.2.2 Vergleich der Wirkung verschiedener Regler ... 171
        5.2.2.1 Regelkreis mit PT_3-Regelstrecke ... 172
        5.2.2.2 Regelkreis mit IT_2-Regelstrecke ... 184
    5.2.3 Günstige Einstellung der Reglerkennwerte ... 186
        5.2.3.1 Einstellregeln nach Ziegler und Nichols ... 187
        5.2.3.2 Einstellregeln nach Chien, Hrones und Reswick ... 190
        5.2.3.3 Einstellregeln nach Kessler ... 193
        5.2.3.4 Einstellregeln nach Naslin ... 196
5.3 Entwurf von Regelkreisen mit stetigen Reglern im Frequenzbereich ... 200
    5.3.1 Wurzelortsverfahren ... 200
        5.3.1.1 Definition der Wurzelortskurve ... 200
        5.3.1.2 Phasenbeziehung und Betragsbeziehung ... 201
        5.3.1.3 Konstruktionsregeln für Wurzelortskurven ... 203
        5.3.1.4 Reglerentwurf ... 208
    5.3.2 Frequenzkennlinienverfahren ... 211
        5.3.2.1 Spezifikationen ... 211
        5.3.2.2 Reglerentwurf ... 214
5.4 Entwurf von Regelkreisen mit schaltenden Reglern im Zeitbereich ... 222
    5.4.1 Zweipunktregler ohne Hysterese an einer $PT_1 T_t$-Regelstrecke ... 224
        5.4.1.1 Führungsverhalten ... 225
        5.4.1.2 Kenngrößen der Arbeitsbewegung ... 226

5.4.2 Zweipunktregler ohne Hysterese an einer IT_t-Regelstrecke 232
    5.4.2.1 Führungsverhalten 232
    5.4.2.2 Kenngrößen der Arbeitsbewegung 233
5.4.3 Zweipunktregler mit Hysterese an einer PT_1-Regelstrecke 234
    5.4.3.1 Führungsverhalten 235
    5.4.3.2 Kenngrößen der Arbeitsbewegung 236
5.4.4 Zweipunktregler mit Hysterese an einer PT_n-Regelstrecke 237
5.4.5 Zweipunktregler mit Hysterese und PT_1-Rückführung 237
    5.4.5.1 Übergangsverhalten des Reglers 239
    5.4.5.2 Arbeitsweise im Regelkreis und Einstellung der
             Reglerkennwerte 240
5.4.6 Dreipunktregler mit PT_1-Rückführung und I-Stellglied 241
    5.4.6.1 Übergangsverhalten des Reglers 242
    5.4.6.2 Arbeitsweise im Regelkreis 247

5.5 Auslegung von Regelschaltungen 248
  5.5.1 Einfachregelkreis mit Störgrößenaufschaltung 248
    5.5.1.1 Aufschaltung auf den Reglerausgang 248
    5.5.1.2 Aufschaltung auf den Reglereingang 250
  5.5.2 Einfachregelkreis mit Hilfsgrößenaufschaltung 250
  5.5.3 Kaskadenregelkreis 252

6. Prozeßlenkung mit Digitalrechnern 256

6.1 Einführung 256
6.2 Digitalrechner als Automatisierungsmittel 257
  6.2.1 Anforderungen an Rechner 257
  6.2.2 Arten der Prozeßkopplung 258
  6.2.3 Rechneraufgaben bei offener Prozeßkopplung 259
    6.2.3.1 Datenerfassung 259
    6.2.3.2 Datenverarbeitung 259
    6.2.3.3 Prozeßüberwachung 259
  6.2.4 Rechneraufgaben bei geschlossener Prozeßkopplung 260
    6.2.4.1 Prozeßsteuerung 262
    6.2.4.2 Prozeßregelung 262
    6.2.4.3 Prozeßführung 266
    6.2.4.4 Prozeßoptimierung 267
  6.2.5 Arbeitsweise des Rechners im Regelkreis 268
6.3 Einsatzbeispiele 273
  6.3.1 Zentrales Prozeßrechnersystem 273
    6.3.1.1 Aufbau des Kraftwerks Emsland 273
    6.3.1.2 Hardware des Prozeßrechnersystems 275
    6.3.1.3 Software des Prozeßrechnersystems 275
    6.3.1.4 Betriebserfahrungen mit dem Prozeßrechnersystem ... 279
  6.3.2 Dezentrales Prozeßautomatisierungssystem 279
    6.3.2.1 Systemaufbau 280
    6.3.2.2 Systemeigenschaften 284

Literaturverzeichnis 285
Stichwortverzeichnis 287

Zum Geleit

Es ist ein oft zu hörendes Vorurteil, die Regelungstechnik sei eine begrifflich besonders schwierige, vornehmlich mathematische Ingenieurwissenschaft, die nur von Spezialisten mit Erfolg ausgeübt werden könne. Gewiß, es gibt beispielsweise in der Kybernetik der Luft- und Raumfahrt Regelaufgaben, die nur mit einem großen Einsatz theoretischer und praktischer Mathematik von einem Team von Spezialisten gelöst worden sind.

Für die vielen Ingenieure, die im Zeichen der Automation mit Aufgaben konfrontiert sind, Festwertregelungen in Industriebetrieben zu planen, zu entwerfen, zu betreiben und zu verbessern, ist es dagegen viel wichtiger, daß sie sich in der grundlegenden Methodik des Steuerns und Regelns wirklich auskennen. Dies bedeutet, daß sie verstehen müssen, die Fundamentalmethoden der Regelungstechnik differenziert einzusetzen, daß sie lernen, Regelsysteme aus Subsystemen aufzubauen sowie Regelungen und Steuerungen derart zu kombinieren, daß die Regelvorgänge optimal ablaufen.

Um die Güte und Stabilität der Regelabläufe zu beurteilen, bedarf es indessen nur eines bescheidenen Aufwandes an Mathematik. Diese Erkenntnisse in anschaulicher Weise zu vermitteln, waren von jeher die Hauptanliegen dieses Buches, von dem in den letzten 22 Jahren nicht weniger als sieben Auflagen erschienen sind. Für die achte Auflage - so schien es mir - ist es an der Zeit, durch eine völlige Neufassung den sprachlichen und sachlichen Fortentwicklungen der Regelungstechnik in den letzten Jahren Rechnung zu tragen.

Da ich selbst bereits im 81. Lebensjahr stehe, schien es mir auch ein Gebot der Stunde, das Überleben dieses erfolgreichen Buches dadurch zu sichern, daß ich dem Verlag vorschlug, die Bearbeitung der 8. Auflage einem ausgezeichneten, an Jahren jüngeren Kollegen zu übertragen. Ich hatte bereits in den Anfängen der 60er Jahre das Glück, in Herrn H. Jaschek einen Assistenten zu gewinnen, der in dankenswerter Weise bereits an der ersten Auflage dieses Buches mit mir zusammenarbeitete. Er ist es auch, der zusammen mit W. Engel zur Ergänzung meines Buches die "Übungsaufgaben zum Grundkurs der Regelungstechnik" erfunden hat, die ebenfalls als Buch im R. Oldenbourg Verlag erschienen sind.

Ich freue mich deshalb sehr darüber, daß mein alter Freund H. Jaschek, heute o. Professor der Universität des Saarlandes, es auf meinen Vorschlag hin übernommen hat, die Zukunft dieses Buches zu gestalten und zu sichern.

München, im Mai 1985   Ludwig Merz

Vorwort zur achten Auflage

Dieses Buch, dessen erste Auflage vor mehr als zwanzig Jahren erschienen ist, wurde im Laufe der Zeit mehrmals überarbeitet und neu verfaßt. Um den heutigen Anforderungen in Ausbildung und Praxis gerecht zu werden, wurde die vorliegende achte Auflage völlig neu gestaltet. Dabei wurde das Ziel des Buches beibehalten, die Grundlagen der Regelungstechnik exakt, praxisnah, anschaulich und verständlich darzustellen. Das Buch soll wie bisher den Studierenden die Mitarbeit in den Vorlesungen erleichtern und den im Beruf stehenden Ingenieuren bei der Lösung praktischer Probleme behilflich sein. In Verbindung mit dem Buch "Übungsaufgaben zum Grundkurs der Regelungstechnik" eignet es sich auch zum Selbststudium.

Das Buch behandelt vorwiegend lineare zeitinvariante kontinuierliche Regelsysteme. Dabei wurde bewußt eine ingenieurmäßige Darstellung gewählt und weitgehend auf mathematische Ableitungen und Beweise verzichtet. Durch zahlreiche praktische Beispiele wird der dargebotene Stoff vertieft und damit das Einprägen wichtiger Verfahren und Erkenntnisse erleichtert.

Das erste Kapitel führt in die Regelungstechnik ein. Es erklärt Grundbegriffe, beschreibt Bauglieder in Regelkreisen und erläutert Steuer- und Regeleinrichtungen zur Lösung von Regelaufgaben. Im zweiten Kapitel wird gezeigt, wie das Verhalten technischer Systeme analytisch durch Differentialgleichungen und Übertragungsfunktionen sowie experimentell durch Antwortfunktionen ermittelt werden kann. Das dritte Kapitel arbeitet zunächst die Analogien bei den physikalischen Größen und Baugliedern von Systemen der verschiedenen technischen Gebiete heraus und beschreibt dann allgemein das Verhalten von Regelstrecken und Reglern. Die grafische Darstellung der Übertragungsfunktion als Pol-Nullstellen-Verteilung und als Frequenzgang wird im vierten Kapitel erläutert. Damit sind alle Voraussetzungen gegeben, um im fünften Kapitel aufzuzeigen, wie Regelkreise entworfen werden können. Nach Darlegung von Stabilität, Regelgüte und Empfindlichkeit wird der Entwurf von stetigen Reglern im Zeitbereich an Hand von Einstellregeln sowie im Frequenzbereich an Hand des Wurzelorts- und des Frequenzkennlinienverfahrens behandelt. Es folgt der Entwurf von Regelkreisen mit schaltenden Reglern und die Auslegung von Regelschaltungen ein- und mehrschleifiger Regelkreise. Den Abschluß des Buches bildet im sechsten Kapitel eine Einführung in die Prozeßlenkung mit Digitalrechnern.

Mein herzlicher Dank gilt vor allem meinem Lehrer und Freund, Herrn em. o. Professor Dr.-Ing. L. Merz, für das Vertrauen, das mir durch die Übergabe seines so erfolgreichen Buches zuteil wird. Meinen Mitarbeitern, insbesondere meinem früheren Mitarbeiter, Herrn Dipl.-Ing. M. Seiermann, danke ich für anregende Diskussionen und zahlreiche Verbesserungsvorschläge. Nicht zuletzt gebührt dem Verlag R. Oldenbourg mein Dank für das gezeigte Interesse und die wohlwollende Unterstützung bei der Neugestaltung des Buches.

Ich hoffe, daß auch diese Auflage des Buches Interessierten den Zugang zur Regelungstechnik erleichtern und Studierenden wie Berufstätigen eine wertvolle Hilfe sein wird.

Saarbrücken, im Mai 1985 H. Jaschek

Vorwort zur elften Auflage

Die vorliegende 11. Auflage ist ein durchgesehener und korrigierter Nachdruck der 10. Auflage. Allen, die zu den Korrekturen beigetragen haben, sei an dieser Stelle herzlich gedankt.

Saarbrücken, im Winter 1991 H. Jaschek

1. Einführung in die Regelungstechnik

1.1 Aufgabe der Regelungstechnik

Aufgabe der Regelungstechnik ist es, geeignete Methoden und Verfahren bereitzustellen, mit deren Hilfe das Verhalten technischer Systeme untersucht und beeinflußt werden kann. Ein Brotröster, ein Fernsehapparat, ein Flugzeug, ein Dampfkraftwerk sind Beispiele für technische Systeme. Unter einem System versteht man also ein geordnetes und gegliedertes Ganzes, ein Gefüge von Teilen, die zusammenwirken, um einen ganz bestimmten Zweck zu erfüllen. Das Verhalten eines Systems wird durch die physikalischen Gesetzmäßigkeiten zwischen den einzelnen Größen des Systems bestimmt. Diese Beziehungen, die sich gleichungsmäßig angeben lassen, stellen ein abstraktes mathematisches Modell dar, welches das Verhalten des Systems beschreibt. Durch Lösen der Gleichungen für vorgegebene Systemzustände und -eingangsgrößen kann das Systemverhalten ermittelt und analysiert werden. Entspricht das Systemverhalten nicht den gestellten Anforderungen, so müssen geeignete Steuer- und Regeleinrichtungen für das System vorgesehen werden, um das gewünschte Verhalten zu erzwingen.

Für das Funktionieren eines Systems kann es z. B. notwendig sein, daß trotz störender Einflüsse von innen und außen bestimmte Größen des Systems in Abhängigkeit zu anderen gebracht oder konstant gehalten werden, oder daß ihnen ein ganz bestimmtes Zeitverhalten eingeprägt wird. Am Beispiel eines Dampfkraftwerkes soll dies verdeutlicht werden. Zweck eines Dampfkraftwerkes ist es, im Dampferzeuger die latente Energie des fossilen Brennstoffs als Wärmeenergie freizusetzen und sie auf das Arbeitsmittel Wasser zu übertragen, so daß der Turbine Energie in Form eines Dampfstromes, der unter hohem Druck und hoher Temperatur steht, zur Verfügung gestellt und in ihr in kinetische Energie umgewandelt wird. Im Generator, der mit der Turbine starr gekuppelt ist, wird schließlich die kinetische Energie in elektrische Energie bestimmter Qualität inbezug auf Spannung und Frequenz umgeformt und über das Hochspannungsnetz an die Verbraucher verteilt. Um im Feuerraum des Dampferzeugers eine günstige Verbrennung zu gewährleisten, müssen der Brennstoffstrom und der Luftstrom in ein bestimmtes Verhältnis zueinander gebracht werden. Damit Dampferzeuger und Turbine nicht überlastet werden, müssen u. a. Dampfdruck und Dampftemperatur auf vorgegebenen Werten konstant gehalten werden. Da elektrische Energie nicht in großem Umfang speicherbar ist, muß die augenblicklich erzeugte Leistung und damit auch der Dampfstrom laufend dem unterschiedlichen tageszeitlichen Bedarf der Verbraucher angepaßt werden. Um diese geschilderten Aufgaben auch unter dem Einfluß von Störungen, wie z. B. veränderlichem Heizwert des Brennstoffs, lösen zu können, müssen geeignete Steuer- und Regeleinrichtungen zur Aufrechterhaltung des gewünschten Systemzustandes vorgesehen werden. Dabei ist es für das Funktionieren des Systems von ausschlaggebender Bedeutung, daß die von den Einrichtungen automatisch durch zuführenden Maßnahmen zum richtigen Zeitpunkt, an richtiger Stelle und in richtiger Dosierung eingeleitet werden.

Im folgenden werden zunächst die wichtigsten Begriffe und Benennungen der Regelungstechnik erläutert, die Bauglieder in Regelkreisen besprochen und dann Steuer- und Regeleinrichtungen zur Lösung von Regelaufgaben beschrieben.

1.2 Begriffe und Benennungen

Die Bezeichnungen der Steuerungs- und Regelungstechnik sind durch ein Normblatt [5] festgelegt. Die wichtigsten Begriffe sind im folgenden zusammengestellt und erläutert.

1.2.1 Steuerung

Die Steuerung ist der Vorgang in einem System, bei dem eine oder mehrere Größen als Eingangsgrößen andere Größen als Ausgangsgrößen aufgrund der dem System eigentümlichen Gesetzmäßigkeit beeinflussen

Kennzeichen für das Steuern ist der offene Wirkungsablauf über das einzelne Übertragungsglied oder die Steuerkette (Bild 1.2.1).

Bild 1.2.1 Steuerkette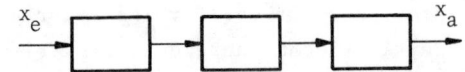

1.2 Begriffe und Benennungen

Beispiel: In einem Drosselventil steuert die Stellung des Ventilkegels den Durchfluß. Die eingebaute Gesetzmäßigkeit zwischen Ventilstellung und Durchfluß ist durch die Form des Ventilkegels und der Sitzflächen gegeben.

Die wirkungsmäßige Abhängigkeit eines einzelnen Ausgangssignals von dem Eingangssignal desselben Übertragungsgliedes wird sinnbildlich vorzugsweise durch ein Rechteck, in diesem Zusammenhang Block genannt, dargestellt. An dieses schließt für jedes Signal eine Wirkungslinie an, an der durch Pfeilspitzen in der Wirkungsrichtung angegeben wird, ob es sich um das Ausgangssignal oder das Eingangssignal handelt (Bild 1.2.2).

Beispiele: Drosselventil (Bild 1.2.3), Hebel (Bild 1.2.4).

Bild 1.2.2 Übertragungsglied

x_e Eingangsgröße, Eingangssignal, Ursache
x_a Ausgangsgröße, Ausgangssignal, Wirkung
F Übertragungsfunktion, Abbildungsfunktion der Eingangsgröße auf die Ausgangsgröße
→ Wirkungsrichtung

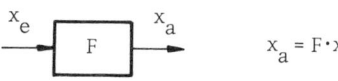

$x_a = F \cdot x_e$

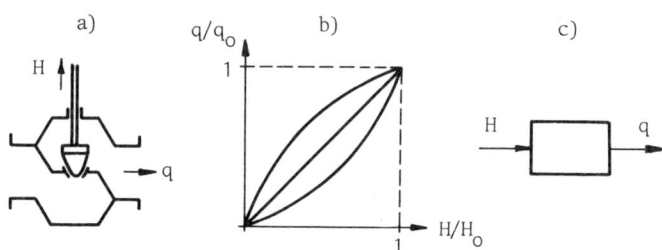

Bild 1.2.3 a) Drosselventil
b) Ventilkennlinien
c) Übertragungsblock

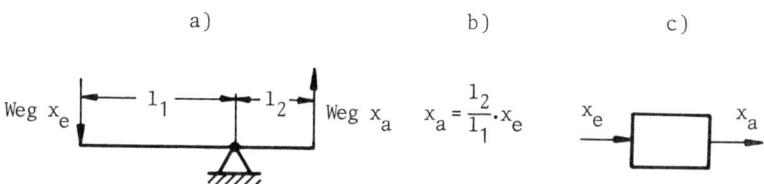

Bild 1.2.4 a) Hebel
b) Gleichung
c) Übertragungsblock

1.2.2 Regelung

Die Regelung ist ein Vorgang, bei dem eine Größe, die zu regelnde Größe (Regelgröße) fortlaufend erfaßt, mit einer anderen Größe, der Führungsgröße, verglichen und abhängig vom Ergebnis dieses Vergleichs im Sinne einer Angleichung an die Führungsgröße beeinflußt wird. Der sich dabei ergebende Wirkungsablauf findet in einem geschlossenen Kreis, dem Regelkreis, statt (Bild 1.2.5).

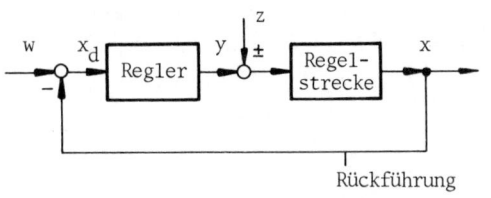

Bild 1.2.5 Regelkreis
- x   Regelgröße, Istwert
- w   Führungsgröße, Sollwert
- x_d Regeldifferenz: $x_d = w - x$
- y   Stellgröße
- z   Störgröße

Die Regelung hat die Aufgabe, trotz störender Einflüsse den Wert der Regelgröße an den durch die Führungsgröße vorgegebenen Wert anzugleichen, auch wenn dieser Angleich im Rahmen gegebener Möglichkeiten nur unvollkommen geschieht.

Zur Regeleinrichtung gehört mindestens eine Einrichtung zum Erfassen der Regelgröße x, zum Vergleichen mit der Führungsgröße w und zum Bilden der Stellgröße y. Innerhalb der Regeleinrichtung kann ein Übertragungsglied als Regler bezeichnet werden. Als Regelstrecke wird der Teil der Anlage bezeichnet, der zwischen dem Stellort und dem Meßort liegt.

Beispiele für Regelgrößen: Druck, Temperatur, Durchfluß, Höhenstand, Drehzahl, Leistung.

Beispiel für eine Regelung: Zur Regelung des Druckes in einem Behälter gemäß der gerätetechnischen Darstellung in Bild 1.2.6 wird die vom Druckfühler erzeugte Kraft mit der einer vorgespannten Sollwert-Feder verglichen. Über den Abstand zwischen Düse und Prallplatte ändert sich der Druck im Membran-Antrieb und beeinflußt über das Stellglied Drosselventil den Behälterdruck im Sinne einer Angleichung an den durch den Sollwert vorgegebenen Wert.

Wie Bild 1.2.6 zeigt, müssen Weg und Richtung der Wirkungen nicht mit Weg und Richtung zugehöriger Energieflüsse und Massenströme übereinstimmen.

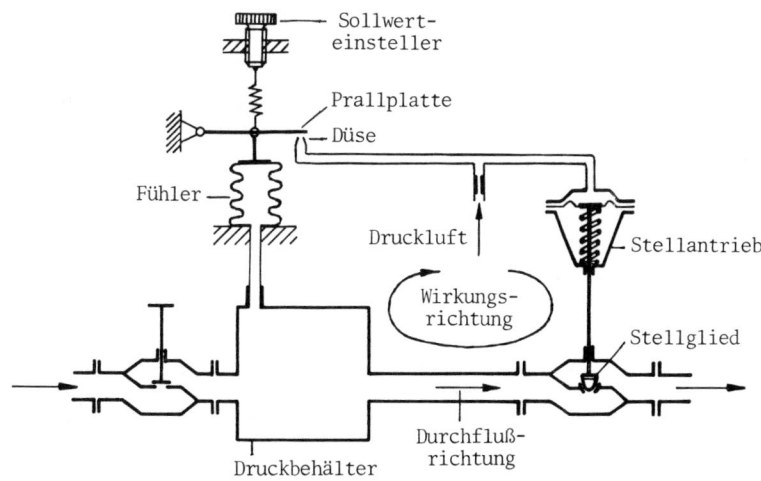

Bild 1.2.6 Regelung des Druckes in einem Behälter

1.2.3 Additionsstelle

Eine Additionsstelle, bei der anstelle eines Blocks ein Kreis gezeichnet werden kann, versinnbildlicht, daß das Ausgangssignal die algebraische Summe der Eingangssignale ist (Bild 1.2.7). Die Pluszeichen an den Eingangssignalen können entfallen.

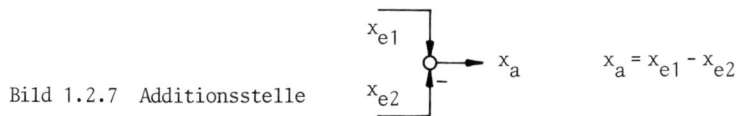

Bild 1.2.7 Additionsstelle $x_a = x_{e1} - x_{e2}$

1.2.4 Verzweigungsstelle

Eine Verzweigungsstelle ist die Stelle, an der sich eine Wirkungslinie in mehrere Wirkungslinien aufspaltet, die jedoch alle nach wie vor das ursprüngliche Signal versinnbildlichen (Bild 1.2.8).

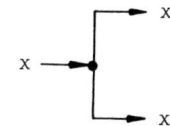

Bild 1.2.8 Verzweigungsstelle

1.2.5 Signalflußplan

Der Signalflußplan ist eine sinnbildliche Darstellung der wirkungsmäßigen Zusammenhänge zwischen den Signalen eines Systems oder einer Anzahl von aufeinander einwirkenden Systemen in Form von Blöcken, die durch gerichtete Wirkungslinien verbunden werden. Die Blöcke stellen die gerichteten, rückwirkungsfreien Übertragungsglieder dar. Die Wirkung wird in der durch Pfeile angegebenen Richtung übertragen. Eine interne Rückwirkung der Ausgangsgröße eines Blockes auf seine Eingangsgröße erfolgt nicht.

Grundstrukturen von wirkungsmäßigen Zusammenhängen sind die Kettenstruktur (Bild 1.2.9), die Parallelstruktur (Bild 1.2.10) und die Kreisstruktur (Bild 1.2.11).

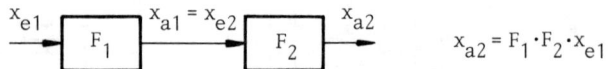

Bild 1.2.9 Kettenstruktur

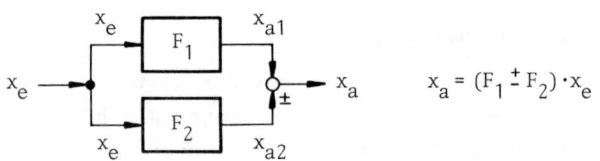

Bild 1.2.10 Parallelstruktur

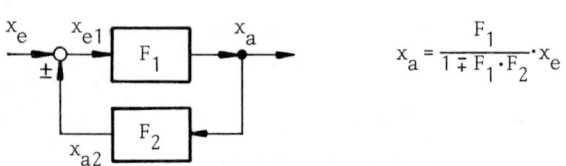

Bild 1.2.11 Kreisstruktur

Zur genaueren Kennzeichnung der wirkungsmäßigen Abhängigkeit der Signale können in einen Block Hinweise eingetragen werden, wie z. B. Gleichungen, die die wirkungsmäßige Abhängigkeit des Ausgangssignals von dem Eingangssignal festlegen (Differentialgleichung,

Bild 1.2.12; Übertragungsfunktion, Bild 1.2.13), oder zeichnerische Darstellungen der wirkungsmäßigen Abhängigkeit (Übergangsfunktion, Bild 1.2.14; Kennlinie im Beharrungszustand, Bild 1.2.15).

$$x_e = K(t) \quad \boxed{\frac{1}{m}\int \ldots dt} \quad x_a = v(t) \qquad v(t) = \frac{1}{m} \cdot \int K(t)\, dt$$

Bild 1.2.12 Block mit Differentialgleichung

$$X_e(p) \quad \boxed{\frac{K}{1+T\cdot p}} \quad X_a(p) \qquad X_a(p) = \frac{K}{1+T\cdot p} \cdot X_e(p)$$

Bild 1.2.13 Block mit Übertragungsfunktion

Bild 1.2.14 Block mit Übergangsfunktion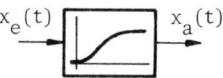

Bild 1.2.15 Block mit Kennlinie im Beharrungszustand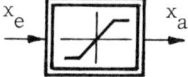

Man bezeichnet einen Signalflußplan auch allgemein als Blockschaltbild, wenn in die Einzelblöcke nur der Name der Bauglieder eingetragen wird.

Beispiel: Gerätetechnische Darstellung und Blockschaltbild der Temperaturregelung eines Bügeleisens (Bild 1.2.16).

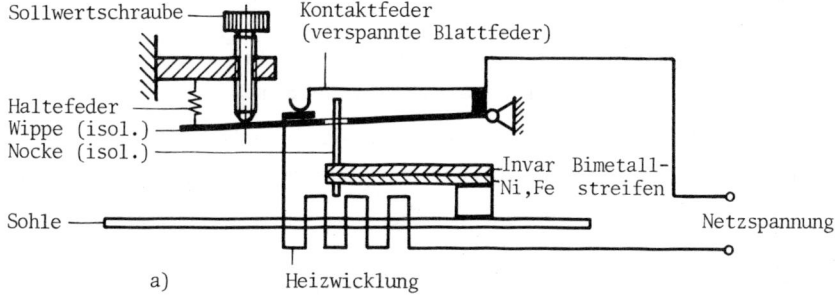

Bild 1.2.16 Temperaturregelung eines Bügeleisens
a) Gerätetechnische Darstellung

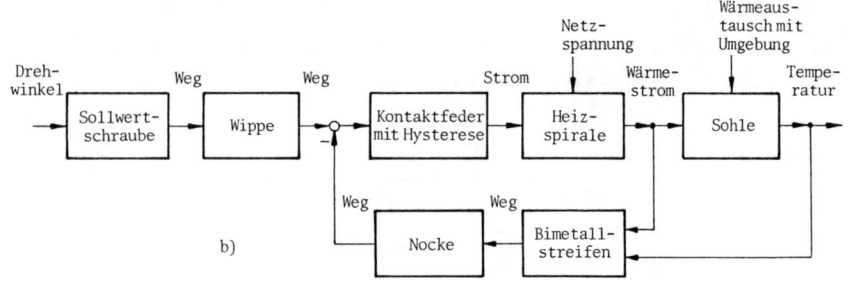

Bild 1.2.16 Temperaturregelung eines Bügeleisens
            b) Blockschaltbild

1.3 Bauglieder in Regelkreisen und Steuerketten

Die Bauglieder sind Gegenstände gerätetechnischer Betrachtungen. Sie stellen die geforderten Beziehungen und Abhängigkeiten zwischen den am Wirkungsweg auftretenden Größen her. Um ein einwandfreies Arbeiten zu gewährleisten, müssen die Bauglieder rückwirkungsfrei sein. Aufgabe und Aufbau solcher Regelkreisglieder werden im folgenden erläutert.

1.3.1 Fühler

Ein Fühler erfaßt die zu messende Größe direkt und führt sie als geeignete physikalische Größe den anderen Geräten der Einrichtung zu.

1.3.1.1 Fühler für Druck

Zur Erfassung eines Druckes wird dieser meist mit Hilfe einer druckbelasteten Fläche in eine dem Druck proportionale Kraft umgeformt. Diese wird dann über einen Weg- oder Kraftvergleich in eine dem Druck proportionale Größe umgeformt.

Von den vielen Druckmeßverfahren haben sich in der Praxis durchgesetzt die Druckmessung mit Federdruckmesser und die mit Druckwaagen.

a) Federdruckmesser

Es gibt drei Arten von Federdruckmeßwerken, die Rohrfedermeßwerke, die Plattenfedermeßwerke und die Kapselfedermeßwerke.

1.3 Bauglieder in Regelkreisen und Steuerketten

Die Rohrfedermeßwerke sind eines der am meisten verwendeten Meßwerke, die sich zur Messung auch sehr hoher Drücke (bis zu 2500 bar) eignen. Bild 1.3.1 zeigt den Aufbau eines Rohrfedermeßwerks. Unter der Einwirkung des Meßdruckes p ist das gebogene Rohr (Bourdon-Rohr) bestrebt, sich aufzubiegen, da die Außenbogenfläche größer als die Innenbogenfläche und daher die Außenkraft bei gleichem Druck größer als die Innenkraft ist. Über die Federkonstante der Anordnung - eingespanntes gebogenes Rohr - bewirkt die auftretende resultierende Kraft eine Auslenkung, die über einen Winkelabgriff gemessen werden kann.

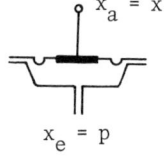

Bild 1.3.1 Rohrfedermeßwerk

Die Plattenfedermeßwerke eignen sich zur Messung niedriger bis mittlerer Drücke (bis zu 25 bar). Bild 1.3.2 zeigt schematisch ein Plattenfedermeßwerk. Unter dem Einfluß des zu messenden Druckes tritt in der Plattenfeder eine elastische Verformung auf, die eine Verschiebung der Plattenmitte hervorruft.

Bild 1.3.2 Plattenfedermeßwerk

Die Kapselfedermeßwerke eignen sich zur Messung von geringen Differenzdrücken bis zu 0.4 bar. In Bild 1.3.3 ist ein Kapselfedermeßwerk dargestellt. Der zu messende Druck gelangt in den Hohlraum der Kapselfeder. Ihm entgegen wirkt der Druck, der im äußeren Gehäuse herrscht. Die auftretende Druckdifferenz verursacht eine axiale Verschiebung der Kapselfeder, die als Weg abgegriffen werden kann.

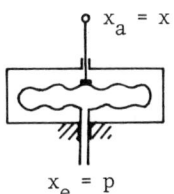

Bild 1.3.3 Kapselfedermeßwerk

Die Federdruckmesser sind infolge von Reibung, Federhysterese und Federalterung nicht sehr genaue Druckmesser; sie sind aber robust und bequem in der Anwendung und geeignet zur Messung sehr kleiner bis sehr großer Drücke.

b) Druckwaagen

Zu diesen Druckmessern gehört die Ringwaage, deren Aufbau in Bild 1.3.4 schematisch dargestellt ist und die zur Messung kleiner Differenzdrücke von einigen mbar bis zu ein bar verwendet wird. Die Ringwaage besteht aus einem drehbar gelagerten ringförmigen Gefäß, das durch eine Trennwand und eine Sperrflüssigkeit (Wasser, Öl, Quecksilber) in zwei Meßräume aufgeteilt wird. Den beiden Räumen wird über flexible Zuleitungen der zu messende Differenzdruck zugeführt. Soll der Druck gegen die Atmosphäre gemessen werden, so bleibt eine Zuleitung offen. Wirkt nun der Differenzdruck auf die Trennwand, so dreht sich die Ringwaage so weit, bis das von einem Gewicht erzeugte Rückstellmoment wieder Gleichgewicht herstellt. Der Verdrehungswinkel α ist dann ein Maß für den Differenzdruck.

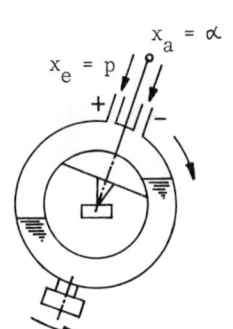

Bild 1.3.4 Ringwaage

1.3.1.2 Fühler für Durchfluß

Zur Messung des Durchflusses eignen sich eine Reihe von physikalischen Effekten. Nach der Art des Meßeffekts unterscheidet man die Wirkdruck-Durchflußmesser und die Volumen-Durchflußmesser.

a) Wirkdruck-Durchflußmesser

Das Wirkdruck-Meßverfahren beruht auf dem Kontinuitätsgesetz und der Energiegleichung. Nach dem Kontinuitätsgesetz ist der Massendurchsatz $\dot{m}$ einer Rohrleitung an allen Stellen gleich. Es fließen also in gleichen Zeiten gleiche Massen hindurch. Wird an einer Stelle der Querschnitt vermindert, so muß an dieser Stelle die Strömungsgeschwindigkeit ansteigen. Da nach der Energiegleichung von Bernoulli im stationären Zustand der Energieinhalt eines strömenden Stoffes, der sich aus Lage-, Druck- und Geschwindigkeitsenergie zusammensetzt, konstant ist, wirkt sich eine Zunahme der Geschwindigkeit bei gleicher Höhenlage in einer Abnahme des statischen Druckes aus. Dieser Druckabfall, der sogenannte Wirkdruck p_W, ist also ein Maß für den Durchsatz $\dot{m}$.

Zur Durchflußmessung wird also in die Rohrleitung ein genormter Wirkdruckgeber (Blende, Düse, Venturirohr) eingebaut (Bild 1.3.5) und der Wirkdruck $p_W = p_1 - p_2$ gemessen. Der Durchsatz $\dot{m}$ ergibt sich zu:

(1.3.1) $\dot{m} = c \cdot \sqrt{p_W}$

Der Faktor c berücksichtigt die Bauform des Durchflußmeßgebers und die Dichte des Fluids. Bei der Messung von Gasdurchsätzen gehen Temperatur und Druck in die Dichte des zu messenden Stoffes stark ein.

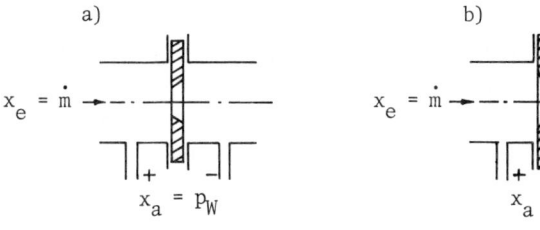

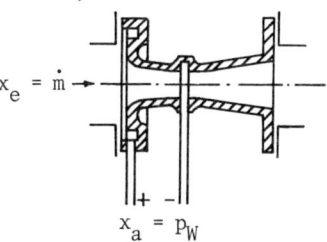

Bild 1.3.5 Wirkdruckgeber
a) Blende
b) Düse
c) Venturirohr

Als Wirkdruckmesser verwendet man bei kleinen Wirkdrücken Ringwaagen, bei mittleren Drücken Quecksilberschwimmermanometer und bei hohen Drücken Barton-Meßzellen.

b) Volumen-Durchflußmesser

Mit diesen Gebern, zu denen der Ovalradzähler und der induktive Durchflußmesser zu rechnen sind, wird der Volumendurchfluß erfaßt.

Der Ovalradzähler (Bild 1.3.6) enthält in einer Meßkammer zwei miteinander kämmende Ovalzahnräder. In der gezeichneten Stellung wird von der Flüssigkeit auf das Rad 1 ein Drehmoment ausgeübt. Die Drehmomente auf das Rad 2 heben sich gegenseitig auf. Es resultiert also eine Bewegung der Ovalräder in Pfeilrichtung, wobei das zwischen dem oberen Rad 1 und der Meßkammerwand abgeschlossene sichelförmige Volumen weitertransportiert wird. Zur Messung des Durchflusses dient der lineare Zusammenhang zwischen dem Durchflußvolumen und der Drehzahl des Ovalrades, die z. B. mit Hilfe eines Tachogenerators erfaßt wird.

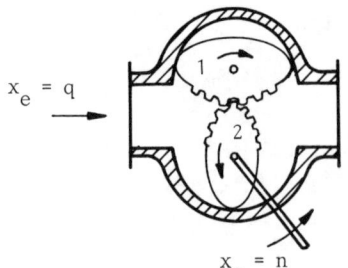

Bild 1.3.6 Ovalradzähler

Dem induktiven Durchflußmesser (Bild 1.3.7) liegt das Generatorprinzip zugrunde. Schneidet ein in einem Magnetfeld bewegter elektrischer Leiter, hier der strömende Stoff, die magnetischen Feldlinien, dann wird in dem Leiter eine elektromotorische Kraft (EMK) erzeugt. Diese im Stoffstrom induzierte Spannung ist proportional dem Durchfluß.

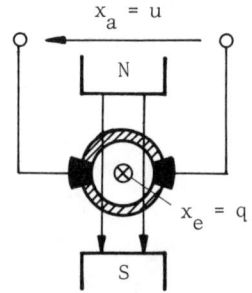

Bild 1.3.7 Induktiver Durchflußmesser

Von Vorteil ist, daß bei diesem Meßverfahren kein Druckverlust auftritt. Ferner ist die Messung unabhängig von Temperatur, Druck, Dichte und Viskosität. Um dieses Meßverfahren anwenden zu können, muß die Leitfähigkeit des Stoffes mindestens 1 μS/cm betragen. Dieser Forderung genügen alle technischen Flüssigkeiten mit Ausnahme der Kohlenwasserstoffe.

1.3.1.3 Fühler für Höhenstand

Fühler für den Höhenstand lassen sich nach ihrer prinzipiellen Wirkungsweise einteilen in Fühler mit Schwimmerantrieb, Fühler mit Verdrängungskörper und Fühler nach dem Druckunterschiedsverfahren.

a) Schwimmer

Das Steigen und Fallen eines Flüssigkeitsspiegels wird mit Hilfe eines Schwimmers erfaßt und als Weg auf einen Geber übertragen (Bild 1.3.8).

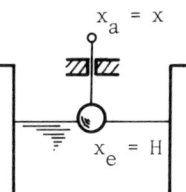

Bild 1.3.8 Schwimmer

b) Verdrängungskörper

Bei diesem Meßverfahren wird der Auftrieb eines in die Flüssigkeit eintauchenden Verdrängungskörpers (zylindrischer Hohlkörper) von gleichmäßigem Querschnitt als Meßeffekt verwendet (Bild 1.3.9). An einem Hebelarm eines Waagebalkens hängt der in die Flüssigkeit tauchende Hohlkörper. Am anderen Hebelarm gleicht eine Feder bei leerem Behälter das Gewicht des Körpers aus. Mit steigendem Flüssigkeitsstand nimmt die Auftriebskraft zu und entspannt die Feder, so daß der aus dem Kraftvergleich resultierende Weg ein Maß für den Stand ist.

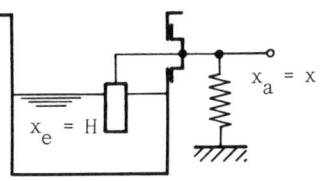

Bild 1.3.9 Verdrängungskörper

c) Differenzdruckmesser

In geschlossenen Behältern, in denen eine Flüssigkeit verdampft, wird die Standmessung auf eine Differenzdruckmessung zurückgeführt. Man bringt neben dem Behälter ein Bezugsgefäß (Kondensgefäß) an und mißt den Differenzdruck der beiden Flüssigkeitssäulen, indem man den Weg der Membran abgreift (Bild 1.3.10). Für eine sichere Messung muß auf einen konstanten Bezugsspiegel H_1 geachtet werden.

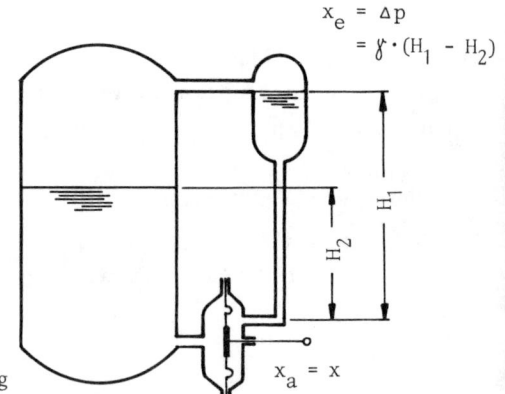

Bild 1.3.10 Differenzdruckmessung

1.3.1.4 Fühler für Temperatur

Bei den Temperaturmeßfühlern unterscheidet man mechanische und elektrische Berührungsthermometer.

a) Mechanische Berührungsthermometer

Als Meßeffekt dient die Wärmeausdehnung von Metallen (Bimetallthermometer) oder Flüssigkeiten (Flüssigkeitsausdehnungsthermometer).

Die Bimetallthermometer werden eingesetzt zur Temperaturmessung im Bereich von -30 bis 400 °C. Sie bestehen in der Regel aus zwei miteinander verwalzten Metallen verschiedener Wärmeausdehnungskoeffizienten, die meist zu einer Spirale gewickelt sind (Bild 1.3.11) Mit steigender Temperatur krümmt sich das Bimetall nach der Seite hin, deren Ausdehnung geringer ist. Die Bewegung wird auf einen Abgriff übertragen.

Bild 1.3.11 Bimetallthermometer

Die Flüssigkeitsausdehnungsthermometer werden eingesetzt in einem Temperaturbereich von -200 bis 750 °C. Der Meßeffekt beruht auf der Volumenausdehnung einer in einem abgeschlossenen Glasgefäß befindlichen Flüssigkeit bei steigender Temperatur, die sich in eine erhöhten Druck auswirkt. Über eine Feder (Membran) erfolgt eine Umsetzung in einen Weg (Bild 1.3.12).

Bild 1.3.12 Flüssigkeitsausdehnungsthermometer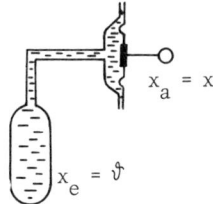

b) Elektrische Berührungsthermometer

Hierzu gehören die Widerstandsthermometer und die Thermoelemente.

Die Widerstandsthermometer werden eingesetzt zur Messung von Temperaturen zwischen -200 und 850 °C. Als Meßeffekt dient der bei Metallen, wie Platin, Nickel oder Kupfer, mit steigender Temperatur zunehmende elektrische Widerstand (Bild 1.3.13). Wegen des größeren Meßeffekts werden auch bestimmte Halbleiter, die sogenannten Heißleiter, verwendet, die jedoch einen negativen Temperaturkoeffizienten besitzen. Die sich ergebende Widerstandsänderung, die ein Maß für die Temperatur ist, wird z. B. mit Hilfe einer Brückenschaltung gemessen.

Bild 1.3.13 Temperaturabhängigkeit des elektrischen Widerstandes verschiedener Werkstoffe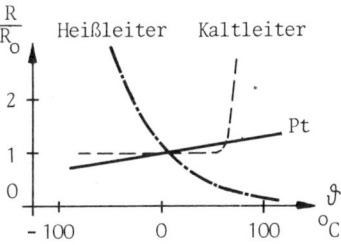

Die Thermoelemente werden eingesetzt zur Messung von Temperaturen zwischen -200 und 1600 °C. Hierbei wird der thermoelektrische Effekt ausgenutzt, bei dem eine elektromotorische Kraft (EMK), die sogenannte Thermospannung, entsteht, wenn zwei Drähte aus verschiedenen Werkstoffen (z. B. Kupfer und Konstantan oder Nickelchrom und Nickel) miteinander verbunden und die Verbindungsstellen unterschiedlichen Temperaturen ausgesetzt werden.

Bild 1.3.14 zeigt den prinzipiellen Aufbau eines Thermoelements. Man verbindet zwei Drähte an einem Ende und bringt diese Verbindungsstelle (Meßstelle) auf die zu messende Temperatur ϑ_M. An den anderen Drahtenden (Vergleichsstelle), die sich auf der konstanten Temperatur ϑ_V befinden, kann dann eine Spannung abgegriffen werden,

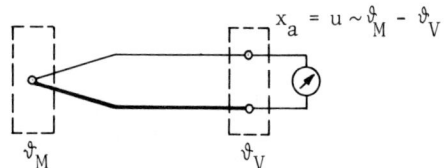

Bild 1.3.14 Thermoelement

die direkt proportional der Temperaturdifferenz zwischen der Meß- und der Vergleichsstelle ist. Liegen Meßstelle und Anzeige weit voneinander entfernt, so wird eine Ausgleichsleitung benutzt, die nahezu dasselbe thermoelektrische Verhalten wie die Materialkombination des Thermopaares aufweist, aber wesentlich billiger ist.

1.3.1.5 Fühler für Kraft

Als Kraftmeßfühler werden Federwaagen und Kraftmeßdosen mit Dehnungsmeßstreifen eingesetzt.

a) Federwaage

Bild 1.3.15 zeigt eine mechanische Federwaage, bei der als Meßeffekt die durch die Kraft erzeugte Längenänderung einer Feder dient.

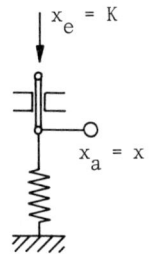

Bild 1.3.15 Federwaage

b) Kraftmeßdose mit Dehnungsmeßstreifen

Mit Kraftmeßdosen lassen sich statische und dynamische Kraftmessungen auch unter rauhen Betriebsbedingungen praktisch weglos ausführen. Bild 1.3.16 zeigt den Aufbau einer Kraftmeßdose mit Dehnungsmeßstreifen. In einem Gehäuse befindet sich als Feder ein Hohlzylinder, der über ein Druckstück belastet werden kann. Auf der Wand des Hohlzylinders sind Dehnungsmeßstreifen, die aus einem auf einem dünnen Isolierträger aufgebrachten Konstantan-Widerstandsdraht bestehen, waagrecht und senkrecht kraftschlüssig aufgeklebt. Wird die Dose und damit der Zylinder belastet, so werden infolge der Längenänderung die Widerstände der waagrechten Streifen größer

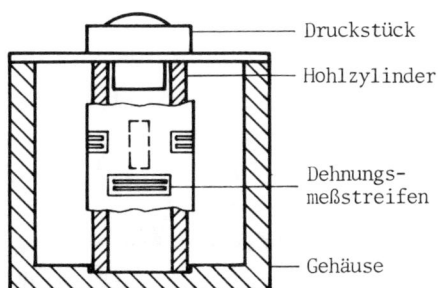

Bild 1.3.16 Kraftmeßdose mit Dehnungsmeßstreifen

— Druckstück
— Hohlzylinder
— Dehnungsmeßstreifen
— Gehäuse

und die der senkrechten kleiner. Sind die Widerstände z. B. zu einer Wheatstone-Brücke zusammengeschaltet, so ist die Ausgangsspannung der Brücke direkt proportional der auf den Zylinder einwirkenden Kraft.

1.3.1.6 Fühler für Drehzahl

Als Drehzahlmeßfühler kommen zum Einsatz Fliehkraftpendel und Tachogeneratoren.

a) Fliehkraftpendel

Bild 1.3.17 zeigt ein Fliehkraftpendel. Die durch die Drehung erzeugte Zentrifugalkraft lenkt die Schwunggewichte aus. Die Auslenkung ist proportional dem Quadrat der Drehgeschwindigkeit.

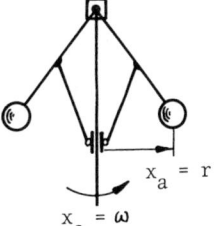

Bild 1.3.17 Fliehkraftpendel

$x_a = r$
$x_e = \omega$

b) Tachogenerator

Tachogeneratoren (Gleichspannungs- und Wechselspannungsgeneratoren) arbeiten nach dem Generatorprinzip. Bild 1.3.18 zeigt einen Gleichspannungstachogenerator, der ähnlich wie ein Kleinmotor aufgebaut ist. Die erzeugte Spannung u hängt linear von der Drehzahl der Ankerwelle ab. Die Polarität der Spannung zeigt die Drehrichtung an.

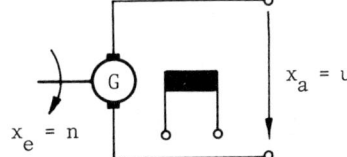

Bild 1.3.18 Gleichspannungstachogenerator

$x_e = n$
$x_a = u$

1.3.2 Meßumformer

Ein Meßumformer ist ein Gerät, welches ein Eingangssignal - gegebenenfalls unter Verwendung einer Hilfsenergie - verstärkt und möglichst eindeutig in ein normiertes Ausgangssignal umformt. Die normierte Ausgangsgröße liegt, in gewissen Grenzen unabhängig von der Bürde, bei pneumatischen Meßumformern zwischen 0.2 und 1.0 bar eingeprägten Luftdruck und bei elektrischen Meßumformern zwischen 0 (oder 4) und 20 mA eingeprägten Strom. Diese Normierung ermöglicht die Verwendung einheitlicher Geräte nach dem Meßumformer, erleichtert die Reservehaltung und vereinfacht die Wartung.

Bei gleichartiger Eingangs- und Ausgangsgröße nennt man den Meßumformer auch Verstärker.

Im folgenden soll der Aufbau eines handelsüblichen elektro-pneumatischen Meßumformers erläutert werden. Dieser Meßumformer setzt ein elektrisches Eingangssignal in ein verhältnisgleiches pneumatisches Einheitssignal am Ausgang (Luftdruck zwischen 0.2 und 1.0 bar) um. In Bild 1.3.19 ist schematisch sein Aufbau dargestellt. Der Meßumformer arbeitet nach dem Prinzip des Kraft- bzw. Drehmomentenvergleichs. Der Eingangsstrom i erzeugt über das Tauchspulsystem (Tauchspule und Permanentmagnet) eine ihm proportionale Kraft.

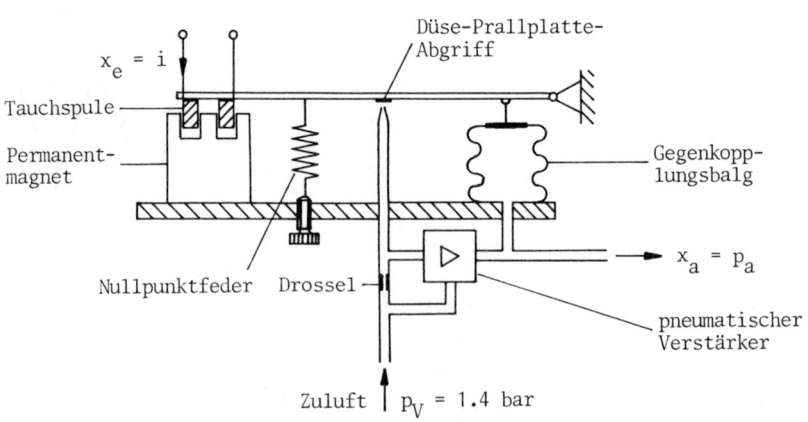

Bild 1.3.19 Elektro-pneumatischer Meßumformer

Durch diese wird ein Drehmoment erzeugt und mit dem vom Gegenkopplungsbalg erzeugten Drehmoment verglichen. Die aus dem Vergleich resultierende Änderung des Düse-Prallplatte-Abstandes ändert über

einen pneumatischen Verstärker den Gegenkopplungsdruck und damit
den Ausgangsdruck p_a derart, daß sich ein Gleichgewicht am Waage-
balken einstellt. Der Eingangsstrom wird also in einen proportionalen Ausgangsdruck umgeformt. Über die im Bild 1.3.19 eingezeichne-
te verstellbare Feder wird der Nullpunkt festgelegt.

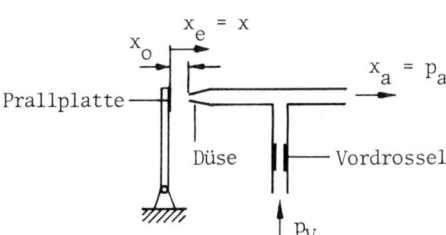

Bild 1.3.20 Düse-Prallplatte-Abgriff

Ein Bauglied des elektro-pneumatischen Meßumformers ist der Düse-
Prallplatte-Abgriff (Bild 1.3.20). Der Abgriff besteht aus einer
einstellbaren Vordrossel, einer Düse und einer Prallplatte. Die Düse wird über die Drossel mit Druckluft von konstantem Druck p_V ver-
sorgt. Wird der Abstand zwischen der Düse und der Prallplatte durch
Bewegen des Hebels geändert, so ändert sich der Ausgangsdruck p_a,
weil die aus der Düse ausströmenden, verschieden großen Luftmengen
unterschiedliche Druckabfälle an der Drossel und der Düse hervorrufen. Bild 1.3.21 zeigt den Zusammenhang zwischen dem Ausgangsdruck
und dem Prallplatte-Abstand: $p_a = f(x)$. Dieser Zusammenhang kann im
Arbeitsbereich linearisiert werden. Es gilt dann:

(1.3.2) $p_a = p_0 \cdot (1 - \frac{x}{x_0})$

Ein weiteres Bauglied des elektro-pneumatischen Meßumformers ist
der pneumatische Verstärker. In Bild 1.3.22 ist ein pneumatischer

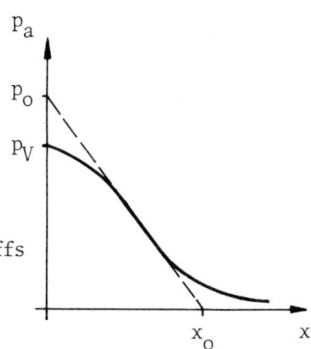

Bild 1.3.21 Kennlinie des Düse-Prallplatte-Abgriffs

Verstärker mit vernachlässigbar kleinem Eigenluftverbrauch dargestellt. Steigt der Eingangsdruck, so bewegt sich als Folge der resultierenden Kraft der Zwischenboden nach unten. Dadurch wird der Verstärkerausgang über das Doppelkugelventil mit dem Drucknetz verbunden. Am Zwischenboden stellt sich ein Gleichgewicht ein, wenn das Verhältnis zwischen Ausgangsdruck und Eingangsdruck dem Verhältnis der wirksamen Flächen des Eingangsbalges und des Kompensationsbalges entspricht. In diesem Zustand schließt das Doppelkugelventil beide Ventilsitze. Wegen der größeren wirksamen Fläche des Eingangsbalges arbeitet das System als Druckverstärker mit Verstärkungsfaktoren bis etwa 20.

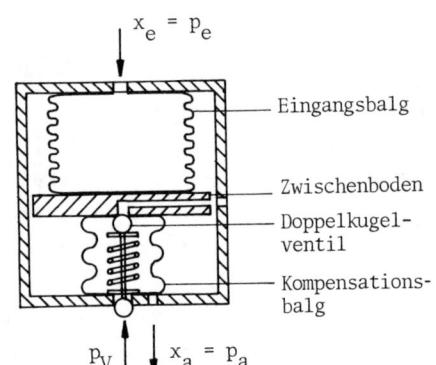

Bild 1.3.22 Pneumatischer Verstärker

1.3.3 Sollwerteinsteller

Der Sollwerteinsteller ist ein Gerät, an dem die Führungsgröße eingestellt wird. Bei pneumatischen Regeleinrichtungen kann als Sollwerteinsteller z. B. ein Reduzierventil, bei elektrischen z. B. ein Spannungsteiler eingesetzt werden.

Beim Reduzierventil (Bild 1.3.23) wird der Vordruck p_V gewöhnlich über eine feste und eine von Hand einstellbare Drossel reduziert und so der Solldruck p_a eingestellt.

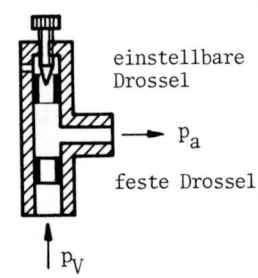

Bild 1.3.23 Reduzierventil

Bild 1.3.24 Spannungsteiler

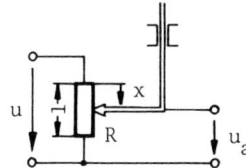

Beim Spannungsteiler (Bild 1.3.24) wird an einem Schiebewiderstand R je nach Lage des Abgriffs die gewünschte Teilspannung u_a eingestellt:

(1.3.3) $\quad u_a = (1 - \frac{x}{l}) \cdot u$

1.3.4 Summierglied, Vergleicher

Ein Summierglied führt Additionen und Subtraktionen aus. Wird dabei der Vergleich der Regelgröße mit der Führungsgröße oder der sie abbildenden Größen ausgeführt, so kann es Vergleicher genannt werden.

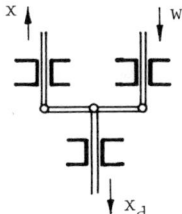

Bild 1.3.25 Mechanischer Wegvergleicher

In Bild 1.3.25 ist ein einfaches Gestänge als mechanischer Wegvergleicher skizziert.

Bild 1.3.26 zeigt einen elektrischen Vergleicher mit Spannungsvergleich. Der der Regelgröße proportionale Gleichstrom i_x ruft am Widerstand R_x die Spannung u_x hervor. An dem von einer konstanten Quelle gespeisten Widerstand R_w wird die Spannung u_w eingestellt, die dem Sollwert proportional ist. Die Spannungsdifferenz $u_d = u_w - u_x$ ist dann proportional der Regeldifferenz. Sie wird dem hochohmigen Eingang des Regelverstärkers zugeführt.

Bild 1.3.26 Elektrischer Spannungsvergleicher

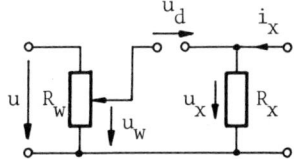

1.3.5 Zeitglieder

Ein Zeitglied führt Änderungen im Zeitablauf der Signale (Differentiationen, Integrationen, Verzögerungen) aus. Zeitglieder sind meist in Reglern eingebaut und bestimmen deren Verhalten. Im folgenden sollen als Zeitglieder ein pneumatisches und ein mechanisches Netzwerk betrachtet werden.

Das pneumatische Netzwerk (Bild 1.3.27) besteht aus einer linearen Drossel mit dem Widerstand r und einem Speicher mit der Speicherkapazität k. Es gelten folgende Gleichungen:

$$\dot{m} = \frac{1}{r} \cdot (p_e - p_a)$$

und

$$p_a = \frac{1}{k} \int \dot{m}\, dt$$

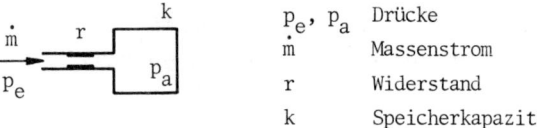

Bild 1.3.27
Pneumatisches Netzwerk

p_e, p_a Drücke
$\dot{m}$ Massenstrom
r Widerstand
k Speicherkapazität

Wird $\dot{m}$ eliminiert, so erhält man für den Speicherdruck p_a folgende Differentialgleichung:

$$k \cdot r \cdot \frac{dp_a}{dt} + p_a = p_e$$

Für eine sprungförmige Einheitsänderung des Eingangsdrucks ergibt sich der Ausgangsdruck als Lösung obiger Differentialgleichung zu:

$$p_a = 1 - e^{-t/T}$$

mit der Zeitkonstanten $T = k \cdot r$. Der Zeitverlauf der Drücke ist in Bild 1.3.28 dargestellt. Das Netzwerk bewirkt also bezüglich des Druckes eine Signalverzögerung, PT_1-Verhalten genannt.

Bild 1.3.29 zeigt ein mechanisches Netzwerk, bestehend aus einem Gestänge, einer Feder mit der Federkonstanten c und einem Dämpfer mit dem Dämpfungswiderstand d. Für das Kräftegleichgewicht an Feder und Dämpfer gilt:

$$c \cdot (x_e - x_h) = d \cdot \frac{dx_h}{dt}$$

Bild 1.3.28 Zeitverlauf

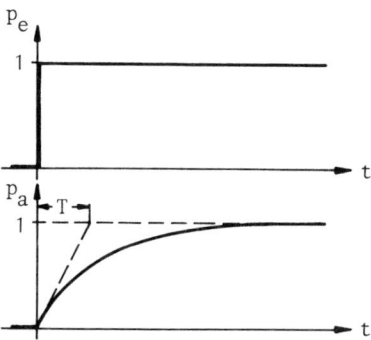

Bild 1.3.29 Mechanisches Netzwerk

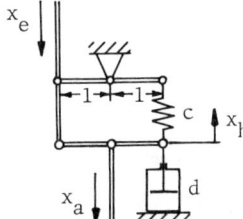

Daraus folgt mit T = d/c:

$$T \cdot \frac{dx_h}{dt} + x_h = x_e$$

Für eine sprungförmige Einheitsänderung des Weges am Eingang lautet die Lösung obiger Differentialgleichung:

$$x_h = 1 - e^{-t/T}$$

Für den Weg x_a am Ausgang gilt allgemein:

$$x_a = \frac{1}{2} \cdot (x_e - x_h)$$

und für den speziellen Fall hier:

$$x_a = \frac{1}{2} \cdot e^{-t/T}$$

Bild 1.3.30 zeigt nun den zeitlichen Ablauf der Signale. Das Netzwerk bewirkt bezüglich des Weges im Signalablauf eine verzögerte Differentiation (DT_1-Verhalten).

Bild 1.3.30 Zeitverlauf

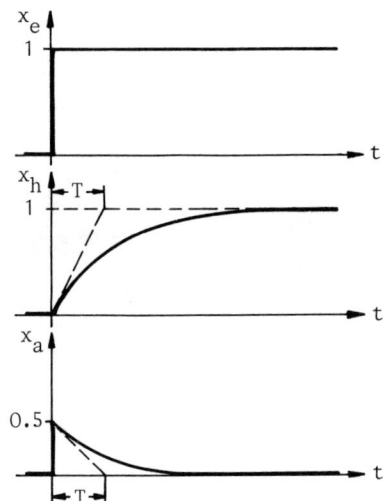

1.3.6 Regler

Der Regler, der meist einen Vergleicher, einen Verstärker und ein Zeitglied enthält, bildet aus der Führungsgröße und der Regelgröße die Stellgröße. Ausführungen von Reglern sollen am Beispiel eines hydraulischen Reglers, des sogenannten Strahlrohrreglers, und eines elektronischen Reglers behandelt werden.

Bild 1.3.31 zeigt den Strahlrohrregler, der einen Vergleicher und ein integrierendes Zeitglied enthält. Der Druck p (Regelgröße) übt auf die Membranfläche eine Kraft aus, die mit der Federkraft (Führungsgröße) verglichen wird. Eine Auslenkung des Strahlrohres bewirkt über die unterschiedliche Ölzufuhr in den Zylinder eine Verstellung des Kolbens, wobei die Verstellgeschwindigkeit proportional der Strahlrohrauslenkung ist. Durch eine mechanische Rückführung der Kolbenstellung auf die Lage des Strahlrohres kann das Zeitverhalten des Reglers geändert werden.

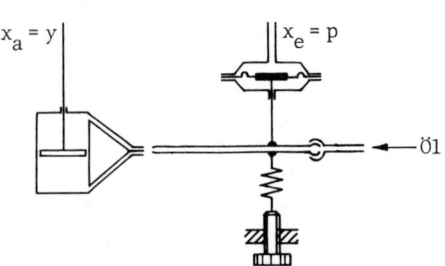

Bild 1.3.31 Strahlrohrregler

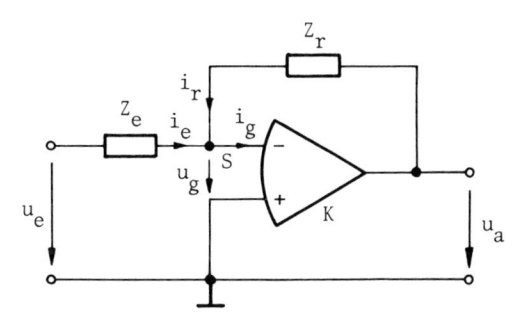

Bild 1.3.32 Regelverstärker

Als elektronischer Regler wird ein spezieller Gleichspannungsverstärker, auch Regelverstärker genannt, mit einer sehr hohen Verstärkung in der Größenordnung von 10^4 bis 10^8 und einem besonders breiten Frequenzbereich verwendet, der im Eingangszweig und im Rückkopplungszweig mit komplexen Widerständen oder Netzwerken beschaltet ist (Bild 1.3.32). Die Verstärkung K ist definiert als Verhältnis der um 180° phasenverschobenen Ausgangsspannung u_a zur Spannung u_g am Summationspunkt S:

$$K = - u_a/u_g$$

Für den Summationspunkt S lautet die Knotenpunktsgleichung der Ströme:

$$i_g = i_e + i_r$$

$$i_g = \frac{u_e - u_g}{Z_e} + \frac{u_r - u_g}{Z_r}$$

Der in den Verstärker fließende Strom i_g ist wegen des großen Innenwiderstandes $R_i = u_g/i_g \rightarrow \infty$ vernachlässigbar klein gegenüber den Strömen i_e und i_r. Damit ergibt sich für das Spannungsverhältnis:

$$\frac{u_a}{u_e} = - \frac{Z_r}{Z_e} \cdot \frac{1}{1 + \frac{1}{K} \cdot (1 + Z_r/Z_e)}$$

Für große Werte der Verstärkung K erhält man die Grundgleichung des idealen Regelverstärkers:

(1.3.4) $$\frac{u_a}{u_e} = - \frac{Z_r}{Z_e}$$

Das Verhältnis der Ausgangsspannung zur Eingangsspannung ist also allein vom Verhältnis der komplexen Widerstände in der Rückkopplung und im Eingang abhängig. Durch passende Wahl dieser Widerstände läßt sich dem Regelverstärker ein gewünschtes Zeitverhalten geben. Als Widerstände werden vorwiegend die passiven Bauelemente ohmscher Widerstand und Kapazität eingesetzt. In Tabelle 1.3.1 ist für verschiedene Beschaltungen des Verstärkers sein Zeitverhalten angegeben.

Tabelle 1.3.1   Beschaltung und Zeitverhalten elektronischer Regler

Eingangswiderstand Z_e	Rückkopplungswiderstand Z_r	Zeitverhalten
R_e	R_r	proportional (P)
	C_r	integrierend (I)
	$R_r \| C_r$	proportional und integrierend (PI)
C_e	R_r	differenzierend (D)
$R_e \| C_e$		differenzierend und verzögernd (DT_1)
$R_e \| C_e$ (parallel)		proportional und differenzierend (PD)

In Bild 1.3.32 weist der Verstärker nur einen Eingang auf. Im allgemeinen besitzt er als Regler zwei Eingänge, einen Sollwert- und einen Istwerteingang, so daß er den Vergleicher mitenthält (Bild 1.3.33). Die oben angestellten Überlegungen gelten sinngemäß auch bei zwei Verstärkereingängen. Es kann auch der nicht invertierende Eingang des Verstärkers als zweiter Eingang verwendet werden. Fer-

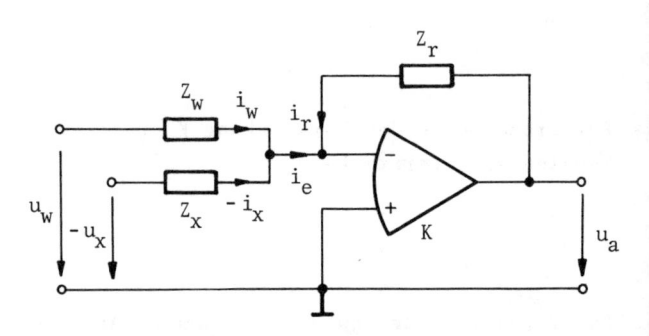

Bild 1.3.33   Regelverstärker mit Vergleicher

ner ist es möglich, den Istwert- und den Sollwertkanal unterschiedlich zu beschalten und unterschiedliche Zeitverhalten zu erzeugen. Der Ausgang des Reglers wird i. a. dem Stellantrieb zugeführt.

1.3.7 Stellgerät

Das Stellgerät setzt sich zusammen aus Stellantrieb und Stellglied. Der Stellantrieb dient zur direkten Einwirkung auf die Strecke. Er verstellt das Stellglied, das in den Massenstrom oder Energiefluß der Strecke eingreift.

Um ein günstiges Regelkreisverhalten zu erzielen, muß das Stellgerät möglichst linear und verzögerungsarm arbeiten. Es ist auch zu berücksichtigen, daß durch technische Gegebenheiten der Stellbereich des Stellgliedes in seiner Größe begrenzt ist.

Der Stellantrieb setzt das meist leistungsschwache Ausgangssignal des Reglers um in ein leistungsstarkes Signal zum Betätigen des Stellgliedes. Drei Arten von Stellantrieben werden unterschieden, elektrische, pneumatische und hydraulische Stellantriebe.

a) Elektrischer Stellantrieb

Bei einem elektrischen Stellantrieb wird das Stellglied von einem Elektromotor (Gleichstromnebenschlußmotor, Zweiphaseninduktionsmotor, Drehstrommotor mit Kurzschlußläufer) über ein Schnecken- oder Stirnradgetriebe gestellt (Bild 1.3.34).

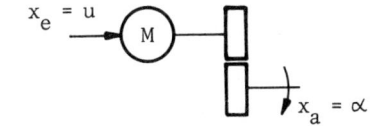

Bild 1.3.34   Elektrischer Stellantrieb

Die Getriebeuntersetzung vermindert die hohe Motordrehzahl und verstärkt das Drehmoment entsprechend. Das Stellglied wird betätigt, solange der Motor eingeschaltet ist. Befindet sich das Stellglied in einer Endlage (zu, offen), so muß der Motor abgeschaltet werden.

b) Pneumatischer Stellantrieb

Bild 1.3.35 zeigt einen pneumatischen Stellantrieb (Membranantrieb). Der Reglerausgangsdruck wird über einen Kraftvergleich in einen Weg (Ventilhub) umgesetzt. Unsicherheiten in der Einstellung des Stellglieds, verursacht z. B. durch Reibung in der Stopfbuchse des Ven-

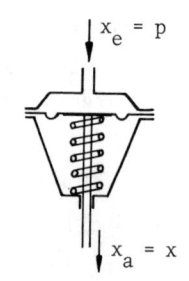

Bild 1.3.35 Pneumatischer Stellantrieb

tils, können durch Einsatz eines Stellungsreglers beseitigt werden. Der Stellungsregler (Bild 1.3.36) erfaßt den Hub des Stellgliedes als Regelgröße und steuert den Druck im Membrangehäuse als Stellgröße. Führungsgröße ist der vom Regler kommende Luftdruck. Diese Anordnung wird als Folgeregelung bezeichnet.

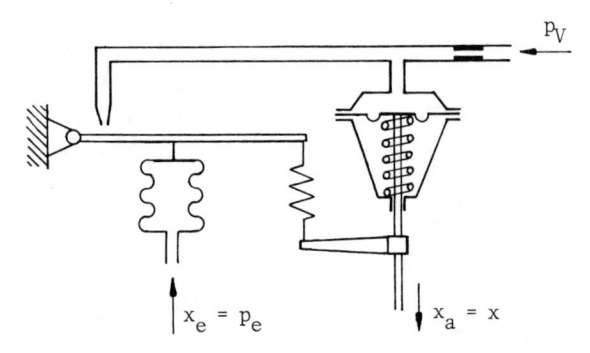

Bild 1.3.36 Pneumatischer Stellantrieb mit Stellungsregler

c) Hydraulischer Stellantrieb

Bei einem hydraulischen Antrieb verstellt der Regler den Stellkolben eines Stellzylinders. Dadurch strömt das über eine Pumpe geförderte Drucköl (15 bis 50 bar) in den Arbeitszylinder und bewegt den Arbeitskolben und damit das Stellglied (Bild 1.3.37). Die Stellge-

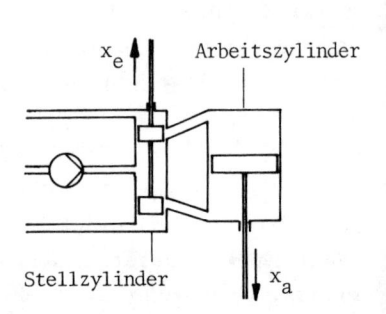

Bild 1.3.37 Hydraulischer Stellantrieb

schwindigkeit des Antriebs wird im wesentlichen von der Förderleistung der Pumpe bestimmt. Bei einem hydraulischen Antrieb ist immer ein Stellungsregler eingebaut.

Pneumatische Stellantriebe sind schneller und preiswerter als elektromotorische. Außerdem sind sie explosionsgeschützt. Sie sind aber nicht für große Stellkräfte geeignet. Hydraulische Stellantriebe arbeiten schnell und sind für große Stellkräfte einsetzbar. Sie sind jedoch teurer als elektrische oder pneumatische Antriebe und erfordern viel Wartung.

Als Stellglieder werden meistens Ventile eingesetzt. Bild 1.3.38 zeigt schematisch ein Einsitzdurchgangsventil. Durch die Form des Ventilkegels und der Sitzflächen wird der Zusammenhang zwischen dem Durchfluß und dem Stellhub, die Ventilkennlinie, bestimmt. Von den beliebig vielen möglichen Kennlinienformen sind von besonderer Bedeutung die lineare Kennlinie und die gleichprozentige Kennlinie. Die lineare Kennlinie (Bild 1.3.39) ist dadurch gekennzeichnet, daß zu gleichen Änderungen des Stellhubs H gleiche Änderungen des k_v-Wertes [*)] gehören:

$$\Delta k_v \sim \Delta H$$

Die gleichprozentige Kennlinie (Bild 1.3.40) ist dadurch gekennzeichnet, daß zu gleichen Änderungen des Stellhubs H gleichprozentige Änderungen des k_v-Wertes gehören:

$$\frac{\Delta k_v}{k_v} \sim \Delta H$$

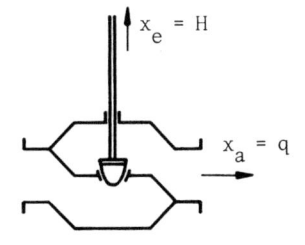

Bild 1.3.38 Einsitzdurchgangsventil

*) Unter dem k_v-Wert versteht man denjenigen Durchfluß q in m^3/h von Wasser bei einer Dichte von $\varrho = 1000$ kg/m^3 und einer kinematischen Viskosität von $\nu = 10^{-6}$ m^2/s, der bei einem Druckverlust von 1 bar durch das Stellventil bei dem jeweiligen Hub hindurchgeht.

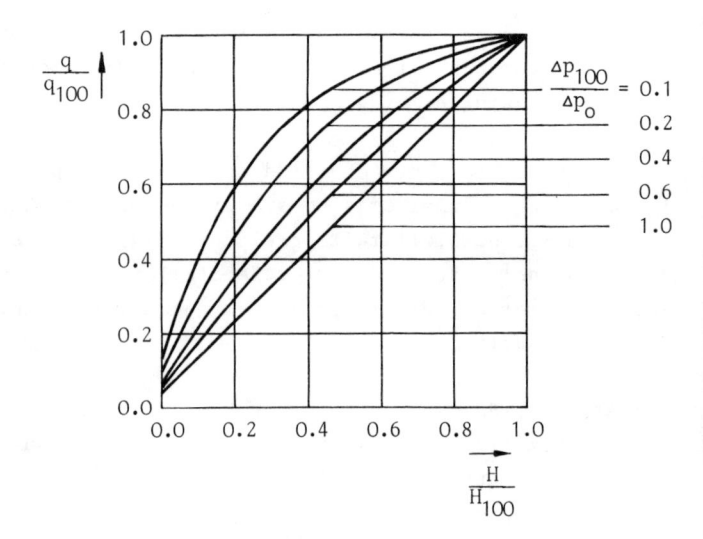

Bild 1.3.39 Stellventil mit linearer Grundkennlinie (k_{vo}/k_{vs} = 4 %)
- H Hub des Ventils
- H_{100} Hub bei völlig offenem Ventil (Nennhub)
- q Durchfluß durch das Ventil
- q_{100} Durchfluß bei Nennhub
- Δp_o Druckabfall am geschlossenen Ventil
- Δp_{100} Druckabfall bei Nennhub
- k_{vo} k_v-Wert des geschlossenen Ventils
- k_{vs} k_v-Wert bei Nennhub

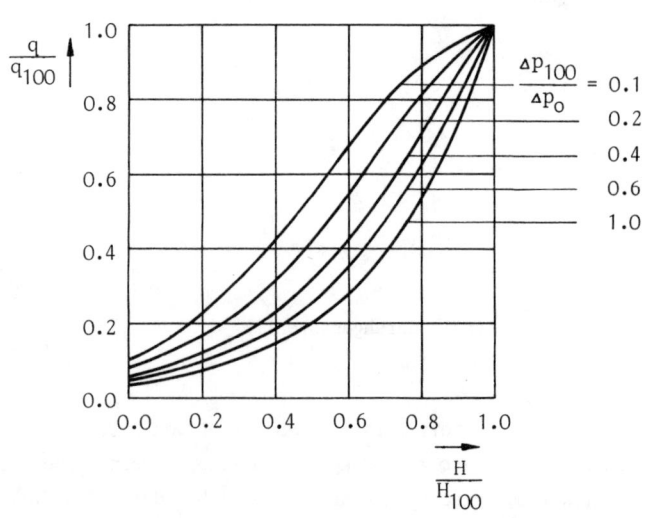

Bild 1.3.40 Stellventil mit gleichprozentiger Grundkennlinie (k_{vo}/k_{vs} = 4 %)

Entsprechend den am Ventil herrschenden Druckverhältnissen $\Delta p_{100}/\Delta p_0$ stellen sich unterschiedliche Betriebskennlinien sowohl bei linearer Grundkennlinie als auch bei gleichprozentiger Grundkennlinie ein. Für ein einwandfreies Arbeiten des Regelkreises ist nun das Ventil auszuwählen, das bei den gegebenen Druckverhältnissen über den gesamten Stellbereich einen möglichst linearen Kennlinienverlauf und damit einen konstanten Übertragungsbeiwert aufweist.

1.4 Steuer- und Regelaufgaben

In diesem Abschnitt sollen Steuer- und Regelaufgaben an einfachen Beispielen qualitativ erläutert werden. Es können folgende Aufgaben auftreten:

Beeinflussen einer Größe nach einer bestimmten Gesetzmäßigkeit (Steuerung),

Konstanthalten einer Größe auf einem fest vorgegebenen Wert (Festwertregelung),

Nachführen einer Größe in Abhängigkeit einer anderen Prozeßgröße oder der Zeit (Folgeregelung).

1.4.1 Steuerung

Für eine Steuerung gibt es ein einfaches Beispiel, die Raumtemperatursteuerung eines Hauses in Abhängigkeit von der Außentemperatur. Bild 1.4.1 zeigt die gerätetechnische Darstellung dieses Beispiels.

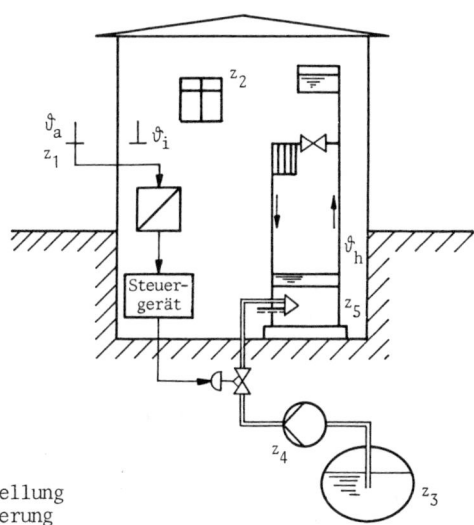

Bild 1.4.1 Gerätetechnische Darstellung der Raumtemperatursteuerung

Die in der Darstellung verwendeten Sinnbilder sind in Tabelle 1.4.1 erläutert.

Es besteht die Aufgabe, die Raumtemperatur ϑ_i auf einem vorgegebenen Wert zu halten. Als Stellgröße für die Beeinflussung der Raumtemperatur bietet sich die Brennstoffzufuhr zum Heizkessel an. Als Störgrößen treten auf: Schwankungen der Außentemperatur ϑ_a (z_1), öffnen von Fenstern und Türen (z_2), Heizwertschwankungen des Brennstoffs (z_3), Schwankungen der Pumpendrehzahl (z_4), Verschmutzung vo Kessel und Rohrleitungen (z_5). Als Steuergröße wird die einflußreic

Tabelle 1.4.1 Sinnbilder

Sinnbild	Benennung	Sinnbild	Benennung
—	Dampf	⋈	Stellventil
—	Wasser	⍫	Stellventil mit Stellantrieb
—	Signalleitung	Ⓜ︎⍫	Stellventil mit Motorantrieb
=	Brennbares Gas	⍫	Stellventil mit Membranantrieb
≡	Nicht brennbares Gas	⊥	Fühler allgemein
====	Luft	•	Fühler für Druck
≡	Öl	⊤	Fühler für Temperatur
▬■▬	Kohle	⫼	Fühler für Durchfluß
⌐	Dampfturbine	▽	Fühler für Höhenstand
Ⓜ	Elektromotor	⊤	Fühler für Drehzahl
Ⓖ	Stromerzeuger	▷	Regler
⊕	Verdichter	▷	Verstärker
⊖	Flüssigkeitspumpe	⌗	Signalumformer
⊘	Zuteiler	⌗	Sollwerteinsteller

ste Störgröße, die sogenannte Hauptstörgröße, hier die Außentemperatur ϑ_a herangezogen. Eine Berücksichtigung aller anderen Störgrößen ist bei einer Steuerung nicht möglich.

Die Raumtemperatur ϑ_i wird also, wie das Blockschaltbild (Bild 1.4.2) zeigt, über eine Reihe von Übertragungsgliedern gesteuert. Es liegt eine offene Wirkungskette vor. Es findet keine Rückmeldung des Ergebnisses der Steuerung und damit keine Überwachung der zu steuernden Größe, der Raumtemperatur ϑ_i, statt. Damit die Raumtemperatur trotz variabler Außentemperatur aufgabengemäß konstant bleibt, muß das Steuergerät so ausgelegt sein, daß bestimmte Gesetzmäßigkeiten (Steuergesetz) eingehalten werden. In Bild 1.4.3 sind entsprechende Steuergesetze dargestellt, die die Abhängigkeit der Vorlauftemperatur ϑ_h von der Außentemperatur ϑ_a angeben.

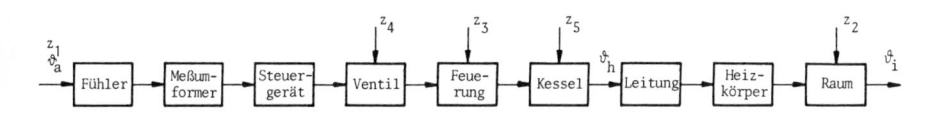

Bild 1.4.2 Blockschaltbild der Raumtemperatursteuerung

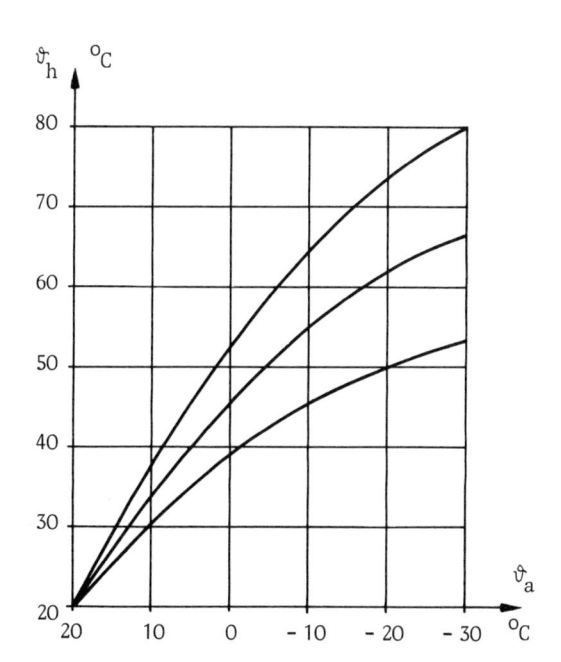

Bild 1.4.3 Steuergesetze

Andere Störgrößen als die Hauptstörgröße Außentemperatur, wie z. B. Schwankungen des Heizwertes oder der Pumpendrehzahl oder das Öffnen von Fenstern und Türen wirken sich ungehindert auf die Raumtemperatur aus und werden nicht kompensiert.

1.4.2 Festwertregelung

Bei der Steuerung wurde der Einfluß der Außentemperatur, einer meßbaren Störung mit bekannter Auswirkung, kompensiert. Alle anderen Störgrößen blieben unberücksichtigt. Durch eine Regelung der Raumtemperatur kann eine wesentliche Verbesserung erzielt werden. Der Istwert der Raumtemperatur wird hierbei laufend an einen fest vorgegebenen Sollwert angeglichen. Dadurch werden alle Störgrößen, die eine Abweichung der Raumtemperatur von der Solltemperatur verursachen, kompensiert. Bild 1.4.4 zeigt die gerätetechnische Darstellung der Raumtemperatur-Festwertregelung. Die Raumtemperatur ϑ_i wird dem gewünschten vorgegebenen Sollwert w angeglichen. Das Blockschaltbild dieser Festwertregelung ist in Bild 1.4.5 dargestellt. Die Auswirkungen aller die Temperatur beeinflussenden Störgrößen z_i werden durch die Temperaturmessung und den Vergleich mit dem Sollwert er-

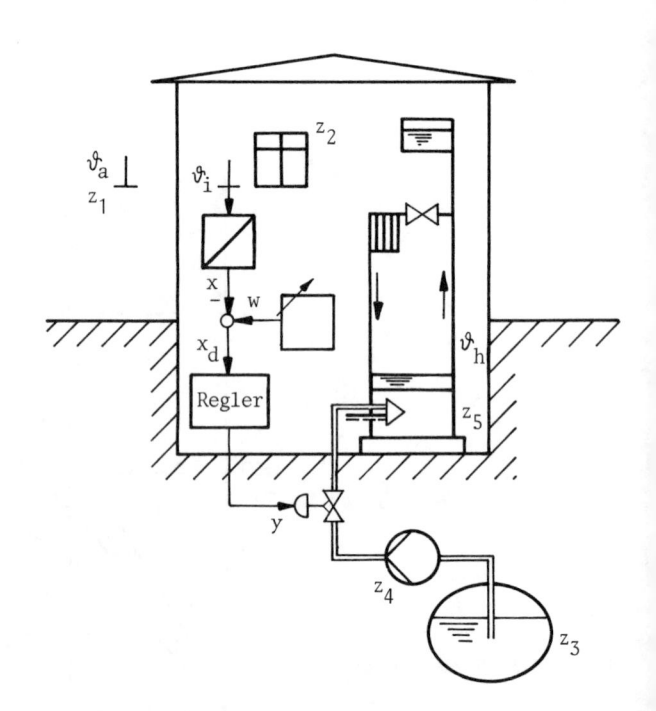

Bild 1.4.4 Gerätetechnische Darstellung der Raumtemperaturregelung

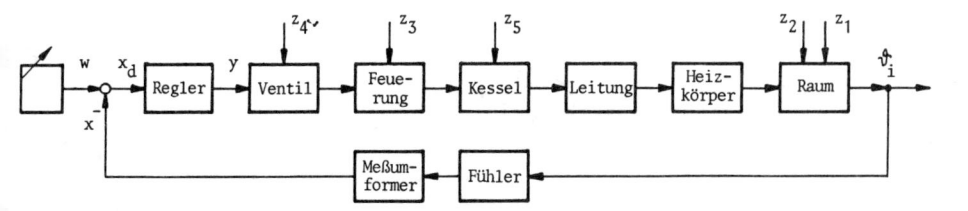

Bild 1.4.5 Blockschaltbild der Raumtemperaturregelung

faßt. Entsprechend diesem Sollwert-Istwert-Vergleich verstellt der Regler die Brennstoffzufuhr solange, bis die gewünschte Temperatur erreicht ist.

Man wird also eine Regelung einer Steuerung immer dann vorziehen, wenn unvorhergesehene oder nicht unmittelbar meßbare oder mehrere wesentliche Störgrößen kompensiert werden sollen. Sind solche Störgrößen nicht vorhanden, so wird anstelle einer Regelung vorteilhafter eine Steuerung eingesetzt, da

bei einer Steuerung die Störgröße unmittelbar und nicht erst aufgrund ihrer Auswirkung auf die Regelstrecke erfaßt und kompensiert werden kann,

eine Steuerung wegen des offenen Wirkungsablaufes nicht instabil werden kann und

eine Steuerung mit weniger Aufwand als eine Regelung gebaut werden kann.

In der Praxis werden Regelungen und Steuerungen häufig miteinander kombiniert und damit die Vorteile beider Verfahren genutzt.

1.4.3 Folgeregelung

Bei einer Folgeregelung besteht die Regelaufgabe darin, eine Größe die Regelgröße, möglichst genau dem zeitlichen Verlauf einer anderen Größe, der Führungsgröße, nachzuführen. An Beispielen sollen zwei Arten von Folgeregelungen, die Nachlaufregelung und die Verhältnisregelung, betrachtet werden.

1.4.3.1 Nachlaufregelung

Nachlaufregelungen treten häufig in der Antriebstechnik auf. Im Bild 1.4.6 ist als Beispiel für eine Nachlaufregelung die Servolenkung dargestellt. Die Führungsgröße für die Winkelstellung des Rades wird über die Lenkradstellung w vorgegeben und im Stellzy-

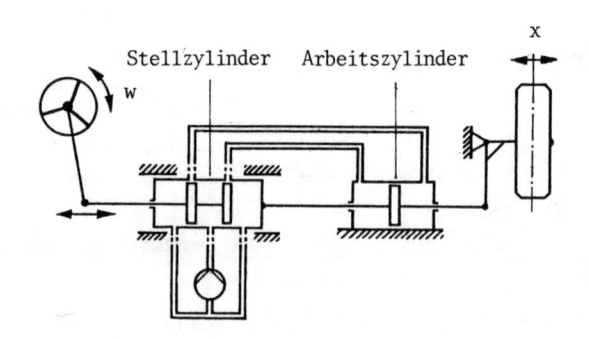

Bild 1.4.6 Servolenkung

linder mit der Regelgröße Radstellung x verglichen. Bei einer Regeldifferenz strömt von der Pumpe gefördertes Öl durch die vom Stellkolben freigegebene, bewegliche Druckleitung in den Arbeitszylinder. Dadurch verstellt der Arbeitskolben die Radstellung. Gleichzeitig wird durch die starre Verbindung (Rückführung) die relative Lage von Stellzylinder zu Stellkolben verändert. Wenn die Radstellung der Lenkradstellung entspricht, die Regeldifferenz also verschwunden ist, dann ist die relative Lage von Stellkolben und Stellzylinder so, daß die Öffnungen der beiden Drucköllleitungen wieder verschlossen sind.

Bei einer Nachlaufregelung stellt sich also die Aufgabe, den Verlauf der Regelgröße (hier Radstellung) dem vorgegebenen zeitlichen Verlauf der Führungsgröße (hier Lenkradstellung) nachfolgen zu lassen.

1.4.3.2 Verhältnisregelung

Eine andere Art der Folgeregelung ist die Verhältnis- oder Mischungsregelung, die bei vielen Anlagen der Verfahrenstechnik eine große Rolle spielt. Bei einer Verhältnisregelung stellt sich die Regelaufgabe, eine Prozeßgröße in einem bestimmten Verhältnis zu einer anderen Größe zu regeln. Bild 1.4.7 zeigt eine Mischungsregelung eines Säure-Lauge-Stromes, wobei die Säure in einem bestimmten Verhältnis zur Lauge dosiert wird. Die Führungsgröße w_2 für die Säure wird über einen Verhältniseinsteller S_V aus dem Durchfluß der Lauge gebildet: $w_2 = K \cdot x_1$. Der Faktor K kann von Hand oder abhängig von einer dritten Größe eingestellt werden (Bild 1.4.8).

1.5 Steuer- und Regelschaltungen

Zur Lösung der obigen Regelaufgaben sind eine Reihe von Steuer- und Regelschaltungen entwickelt worden, die in [24] zusammengestellt sind.

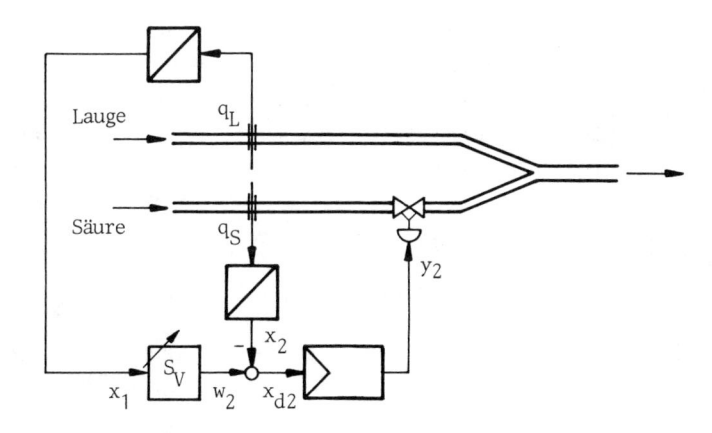

Bild 1.4.7 Mischungsregelung

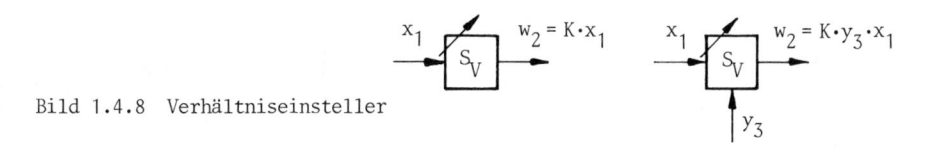

Bild 1.4.8 Verhältniseinsteller

1.5.1 Festwertregelschaltungen

Lautet die Regelaufgabe, eine Größe auf einem fest vorgegebenen Sollwert (w ist konstant) zu halten, so wird zu ihrer Lösung eine Festwertregelschaltung eingesetzt.

1.5.1.1 Einfachregelkreis

Die einfachste Festwertregelung erfolgt in einem einschleifigen Regelkreis (Bild 1.5.1), mit dem in vielen Fällen ein ausreichend gutes Regelergebnis erzielt wird. Die Regelgröße x wird gemessen und mit der Führungsgröße w verglichen. Weist die Regelgröße gegenüber der Führungsgröße eine z. B. durch Störgrößen z_i verursachte Abweichung auf, so wird entsprechend dieser Abweichung, der Regeldiffe-

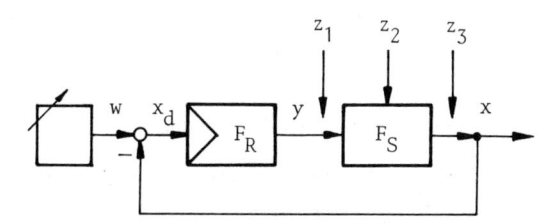

Bild 1.5.1 Einfachregelkreis

renz x_d, vom Regler eine Stellgröße y derart erzeugt, daß die Regelgröße der Führungsgröße möglichst genau angeglichen wird. Der Regler F_R ist so auszulegen, daß der Regelkreis ein gutes Störverhalten (kleine Regeldifferenzen, kurze Ausregelzeiten) aufweist. Beispiel für eine einfache Festwertregelung ist die Drehzahlregelung einer Dampfturbine (Bild 1.5.2). Entsprechend der Drehzahlabweichung wird die Dampfzufuhr eingestellt.

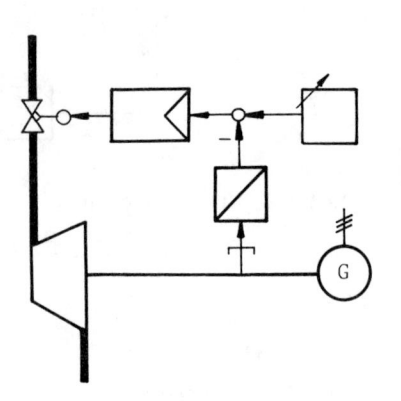

Bild 1.5.2
Drehzahlregelung einer Dampfturbine

Der einfache Regelkreis bringt ein gutes Regelergebnis, solange die Regelstrecke F_S nicht zu große Verzögerungen hat und eine auftretende Regeldifferenz durch eine korrigierende Stellgrößenverstellung schnell beseitigt wird. Bei trägen Regelstrecken jedoch werden im einschleifigen Regelkreis große Regeldifferenzen und lange Regelzeiten auftreten. Wählt man zur Regelung einer trägen Regelstrecke einen Regler mit großer Signalverstärkung, so reagiert er bereits beim Auftreten kleiner Regeldifferenzen kräftig dagegen. Da seine Wirkung aber wegen der Trägheit der Strecke zu spät kommt und wegen der großen Verstärkung u. U. zu stark dosiert ist, wird die Regelgröße nicht in einem gewünschten engen Toleranzbereich um die Führungsgröße gehalten, sondern führt selbsterregte Schwingungen aus, die auch aufklingen können. In einem solchen Fall ist der Regelkreis instabil.

Bei trägen Regelstrecken kann durch eine Aufschaltung im Sinne einer Steuerung das Störverhalten eines Einfachregelkreises meist wesentlich verbessert werden. Die Steuerung leistet dabei die Hauptarbeit, während die Regelung nur korrigierend eingreift.

1.5.1.2 Einfachregelkreis mit Aufschaltungen

Als Aufschaltgrößen eignen sich die wesentliche Störgröße oder eine entsprechende Hilfsgröße der Regelstrecke.

1.5 Steuer- und Regelschaltungen

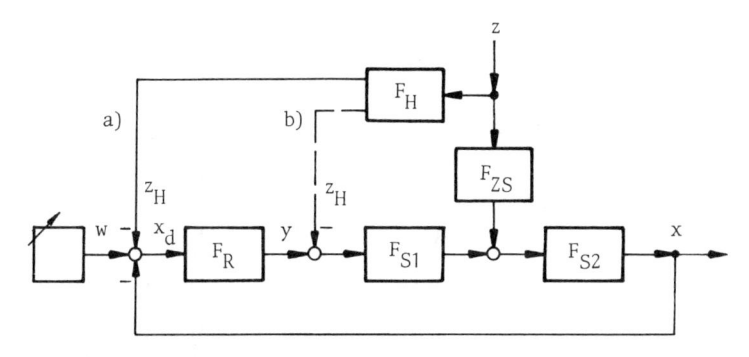

Bild 1.5.3 Störgrößenaufschaltung
  a) auf den Reglereingang
  b) auf den Reglerausgang

a) Störgrößenaufschaltung

Wenn es sich bei der auf die Regelstrecke einwirkenden Störgröße um eine wesentliche und meßbare Störgröße mit bekanntem Angriffspunkt handelt, so kann ein von dieser Störgröße abgeleiteter unmittelbarer Korrektureingriff im Sinne einer Steuerung schneller zur Ausregelung der Störung führen, da nicht erst eine Abweichung der Regelgröße am Ausgang der Strecke abgewartet werden muß. Die Aufschaltung der Störgröße über ein Kompensationsglied mit der Übertragungsfunktion F_H kann auf den Reglereingang oder Reglerausgang erfolgen (Bild 1.5.3). Die Aufschaltung kann dauernd einwirken (F_H hat proportionales Verhalten) oder nur vorübergehend (F_H hat differenzierendes Verhalten). Auf die richtige Dimensionierung des Kompensationsgliedes F_H wird in Abschnitt 5.5.1 eingegangen. Diese Regelschaltungen eignen sich sehr zur Verbesserung des Störverhaltens des Regelkreises. Sie versagen aber, wenn die Störgröße meßtechnisch nicht erfaßbar ist oder wenn mehrere einflußreiche Störgrößen vorhanden sind.

Als Beispiel für eine Festwertregelung mit Störgrößenaufschaltung diene die Temperaturregelung einer Speiseeismasse (Bild 1.5.4). Bei der Speiseeisherstellung wird zähflüssige Speiseeismasse aus einem Vorratsbehälter in den Freezer gepumpt. Hier wird sie durch den in einer Kühlschlange strömenden Ammoniak abgekühlt. Durch die gewählte Regelschaltung (Festwertregelung mit Störgrößenaufschaltung) wird die Temperatur ϑ der Eiskrem auch bei Schwankungen der Temperatur ϑ_M der Speiseeismasse aufgabengemäß konstant gehalten.

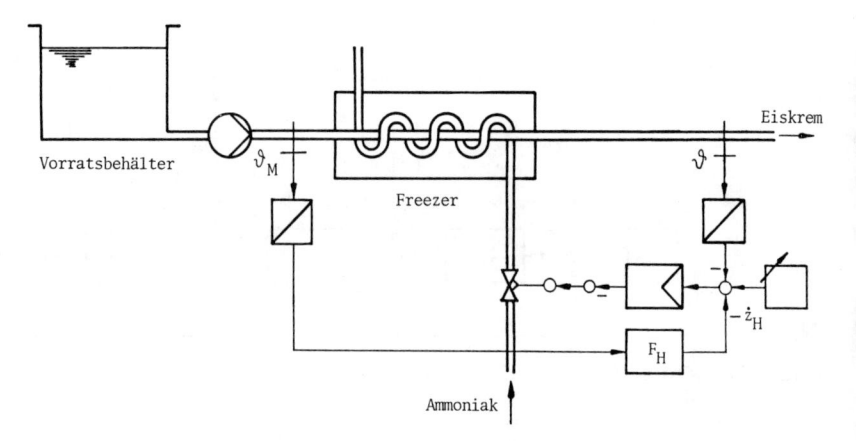

Bild 1.5.4 Temperaturregelung einer Speiseeismasse

b) Hilfsgrößenaufschaltung

Ist die Störgröße z selbst nicht meßbar, aber dafür eine aus der Regelstrecke stammende Hilfsgröße x_1, die sich ebenfalls unter dem Einfluß der Störgröße z und der Stellgröße y ändert, aber ein schnelleres Zeitverhalten als die eigentliche Regelgröße x aufweist, so kann eine Aufschaltung der Hilfsgröße auf den Regler eine zeitlich frühere Verstellung des Stellgliedes im korrigierenden Sinne hervorrufen und dadurch die Regelgüte verbessern. Bild 1.5.5 zeigt den Signalflußplan einer Festwertregelung mit Hilfsgrößenaufschaltung.

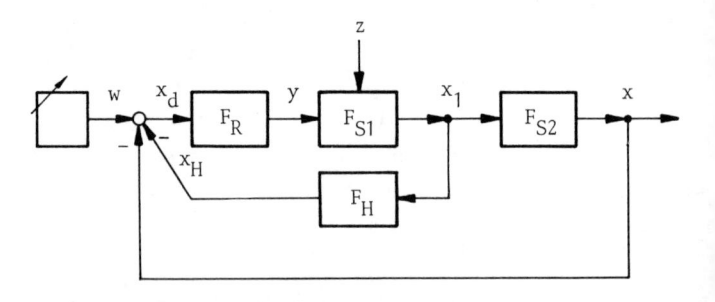

Bild 1.5.5 Festwertregelung mit Hilfsgrößenaufschaltung

Als Beispiel für eine Festwertregelung mit Hilfsgrößenaufschaltung diene die Temperaturregelung eines Dampfüberhitzers (Bild 1.5.6). Die Dampftemperatur ϑ_D am Austritt des Überhitzers wird durch Verstellen der Einspritzwassermenge $\dot{m}_{KW}$ geregelt. Treten kesselseitige Störungen z auf, so ändert sich die Temperatur ϑ_H hinter dem Einspritzkühler wesentlich früher als die zu regelnde Dampftemperatur ϑ_D nach dem Überhitzer. Durch Aufschaltung dieser Temperatur ϑ_H als Hilfsgröße kann bei einer kesselseitigen Störung die Einspritzwassermenge sofort entsprechend geändert werden, so daß sich die Störung wesentlich schwächer auf die Regelgröße Dampftemperatur ϑ_D auswirkt als ohne Hilfsgrößenaufschaltung.

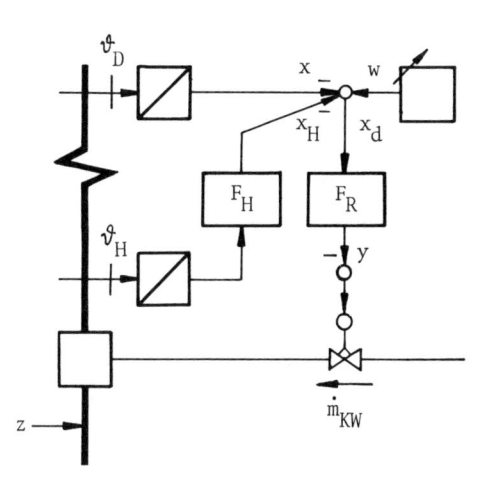

Bild 1.5.6   Dampftemperaturregelung

1.5.1.3 Kaskadenregelkreis

Versagen die einfachen Regelschaltungen, so kann mit einer Kaskadenregelung, einem zweischleifigen Regelkonzept, eine Verbesserung der Regelgüte erzielt werden. Bei einer Kaskadenregelung sind zwei Regelkreise so miteinander vermascht, daß einer dem anderen überlagert ist. Bild 1.5.7 zeigt den Signalflußplan einer Kaskadenregelung. Der innere Regelkreis (Kreis 2, Hilfsregelkreis) stellt einen Teil des äußeren Regelkreises (Kreis 1) dar. Das Zusammenwirken der beiden Regelkreise funktioniert nur dann, wenn der untergeordnete Regel-

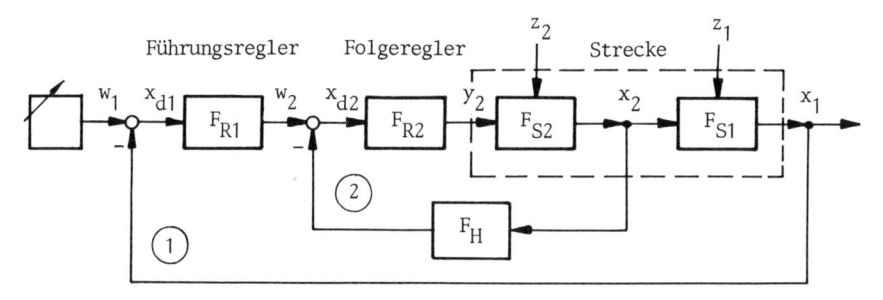

Bild 1.5.7   Kaskadenregelung

kreis ein schnelleres Zeitverhalten als der übergeordnete Kreis aufweist, wenn also die wesentlichen Verzögerungen in der Teilstrecke F_{S1} enthalten sind. Vom Standpunkt des übergeordneten Kreises ist der untergeordnete Kreis mit seinem Führungsverhalten nur ein schnelles Stellglied des übergeordneten Kreises. Vom Standpunkt des untergeordneten schnellen Kreises ist der übergeordnete langsame Kreis nur als Sollwerteinsteller zu betrachten, der so langsam ist, daß der Sollwert als nahezu konstant gelten kann. Störungen z_2 auf die Teilstrecke F_{S2} werden vom schnellen inneren Regelkreis ausgeregelt, so daß die Regelgröße x_1 des äußeren Regelkreises durch diese Störungen nur unwesentlich beeinflußt wird. Störungen z_1 auf die Teilstrecke F_{S1} beeinflussen die Regelgröße x_1 und werden vom äußeren Regelkreis ausgeregelt.

Mit Hilfe einer Kaskadenregelung lassen sich auch komplizierte Regelaufgaben lösen. Die Kaskadenregelung bietet folgende Vorteile:

Sie ermöglicht, die Regelstrecke zu unterteilen und die Regelaufgabe in mehreren Schritten mit einfachen Regelkreisen zu lösen.

Die Regeleinrichtung einer Kaskadenregelung läßt sich beim ersten Anfahren der Anlage in einzelnen Abschnitten in Betrieb nehmen, was von großem praktischen Nutzen ist.

Störungen z_2 auf den inneren Kreis werden schneller ausgeregelt, da sie bereits vom Folgeregler erfaßt und kompensiert werden und nicht erst die gesamte Regelstrecke durchlaufen müssen.

Wenn einer inneren Prozeßgröße ein eigener Regelkreis zugeordnet wird, so läßt sich diese Größe auf einfache Weise durch den Stellhub des Führungsreglers begrenzen.

Die Auswirkungen eines nichtlinearen Stellgliedes werden durch den untergeordneten Regelkreis begrenzt.

Diesen Vorteilen stehen folgende Nachteile gegenüber:

Jeder Regelkreis benötigt einen eigenen Fühler, Meßumformer und Regler, so daß diese Regelschaltung aufwendiger und teurer ist. Es ist aber zu bemerken, daß der äußere Regler auf einem niedrigen Leistungsniveau arbeitet und nur der innere Kreis das Leistungsstellglied enthält, das in den Energie- oder Massenstrom der Strecke eingreift.

Eine Kaskadenregelung ist bei Änderungen der übergeordneten Führungsgröße u. U. langsamer als ein Einfachregelkreis, sofern dieser verwirklicht werden kann.

1.5 Steuer- und Regelschaltungen

An zwei typischen Beispielen wird die Kaskadenregelschaltung erläutert. In Bild 1.5.8 ist eine Temperatur-Durchfluß-Kaskadenregelung dargestellt. Die Temperatur der Flüssigkeit in einem heißdampfbeheizten Behälter soll konstant gehalten werden. Damit Schwankungen in der Heißdampfmenge bei variablem Vordruck sich nicht auf die Temperatur auswirken, wird dem langsamen Temperaturregelkreis ein schneller Durchflußregelkreis untergeordnet.

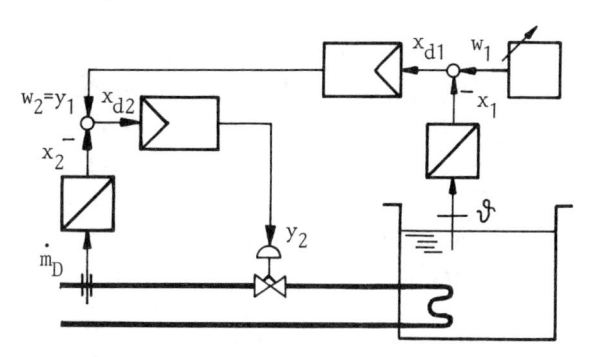

Bild 1.5.8 Temperatur-Durchfluß-Kaskadenregelung

Bild 1.5.9 zeigt eine Kaskadenregelschaltung zur Regelung der Papierbahnspannung in einer Papiermaschine. Die Aufgabe der Antriebe der Walzen besteht darin, die Papierbahn kontinuierlich durch die Maschine zu transportieren. Da beim Durchlauf der Papierbahn Dehnungen und Schrumpfungen auftreten, muß die Umfangsgeschwindigkeit der Walzen so angepaßt werden, daß die Papierbahn weder gestaucht wird noch reißt. Daher ist jeder Antrieb drehzahlgeregelt, wobei der Drehzahlsollwert durch die Papierbahnspannung geregelt eingestellt wird.

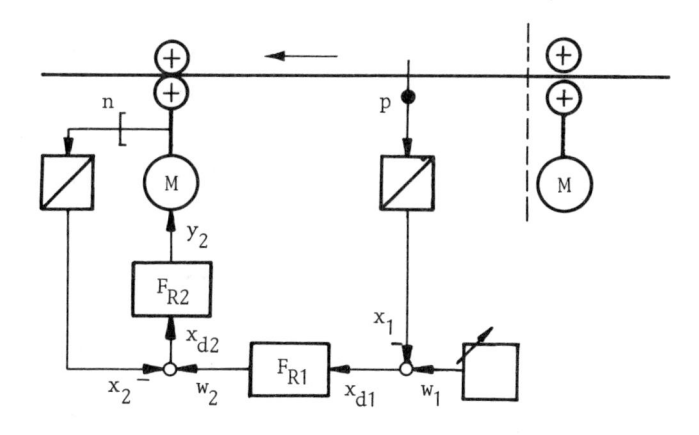

Bild 1.5.9 Bahnspannung-Drehzahl-Kaskadenregelung

1.5.2 Folgeregelschaltungen

Gemäß der Regelaufgabe, den Wert der Regelgröße laufend den veränderten Werten der Führungsgröße (w nicht konstant), wie z. B. einer Prozeßgröße oder einer nur zeitabhängigen Größe, nachzuführen, muß die Regeleinrichtung einer Folgeregelschaltung so ausgelegt werden, daß sich ein gutes Führungsverhalten mit kurzer Regelzeit und gut gedämpftem Einschwingen ergibt.

In Bild 1.5.10 ist der Signalflußplan einer Folgeregelung dargestellt. Die Größe x_1, die selbst ungeregelt oder geregelt sein kann (Folgeregelung mit ungeregelter oder geregelter Führungsgröße), verstellt über einen Sollwertverhältniseinsteller S_V die Führungsgröße w_2 des Regelkreises der abhängigen Regelgröße x_2.

Ein Beispiel für eine Verhältnisregelung, dem Sonderfall einer Folgeregelung, mit geregelter Führungsgröße ist die Feuerungsregelung eines Industrieofens (Bild 1.5.11). Der Luftdurchsatz $\dot{m}_L$ wird dem Gasdurchsatz $\dot{m}_G$ nachgeführt, um eine optimale Verbrennung zu gewährleisten und die Ofentemperatur ϑ aufgabengemäß zu steuern. Die Führungsgröße Gasdurchsatz wird entsprechend dem Sollwert w_1 selbst geregelt. Störungen in der Gasversorgung werden vom Gasdurchsatzre-

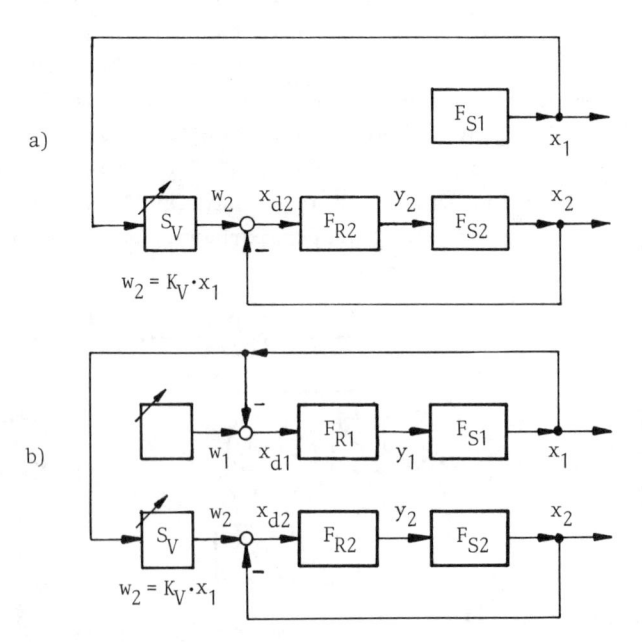

Bild 1.5.10 Folgeregelung
a) mit ungeregelter Führungsgröße
b) mit geregelter Führungsgröße

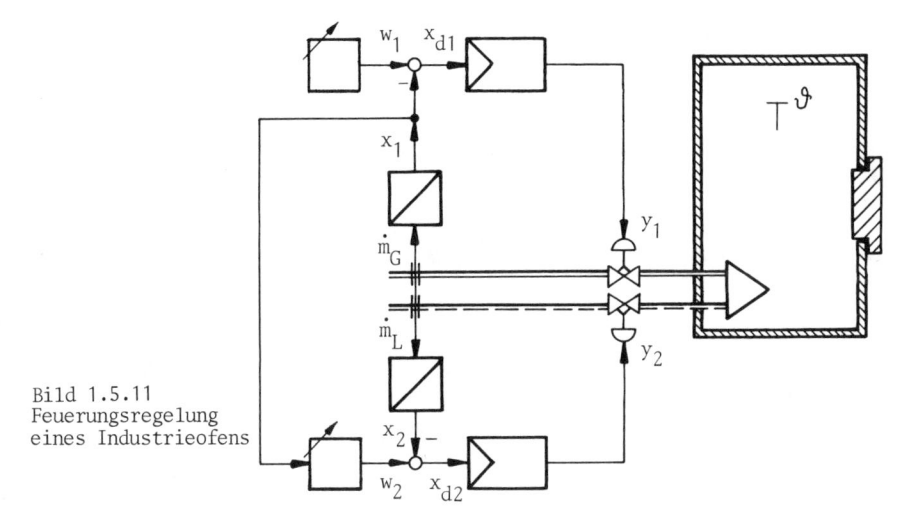

Bild 1.5.11
Feuerungsregelung
eines Industrieofens

gelkreis ausgeregelt und beeinflussen daher den Luftdurchsatzregelkreis nur mehr unwesentlich, so daß sich ein ruhiger Ofenbetrieb ergibt.

Die behandelten grundlegenden Regelschaltungen lassen sich - soweit es sinnvoll ist - auch kombinieren. Eine solche Regelschaltung ist z. B. die Kaskaden-Verhältnisregelung, wie sie zur Regelung der Temperatur eines Industrieofens eingesetzt wird (Bild 1.5.12).

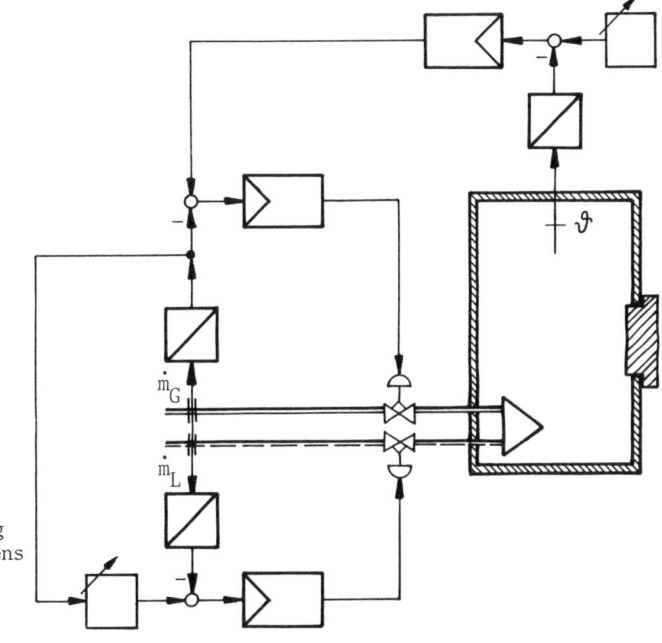

Bild 1.5.12
Temperaturregelung
eines Industrieofens

2. Beschreibung des Übertragungsverhaltens

Um eine Regelstrecke mit einer entsprechenden Regeleinrichtung zufriedenstellend regeln zu können, muß das dynamische Verhalten der Strecke wie das des Regelkreises bekannt sein. Das dynamische Verhalten eines Regelkreisgliedes oder eines gesamten Regelkreises läßt sich rechnerisch oder experimentell ermitteln.

2.1 Beschreibung mit Hilfe von Differentialgleichungen

2.1.1 Arten von Differentialgleichungen zur Beschreibung von Regelkreisgliedern

Die einzelnen Übertragungsglieder eines Regelkreises sind gerichtete Glieder (Bild 2.1.1). Ihr Verhalten, also die wirkungsmäßige Abhängigkeit der Ausgangsgröße $x_a(t)$ von der Eingangsgröße $x_e(t)$, wird im allgemeinen durch eine Differentialgleichung beschrieben.

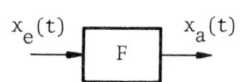

Bild 2.1.1 Übertragungsglied

Die Differentialgleichung für ein Übertragungsglied oder -system ergibt sich, wie die folgenden Beispiele zeigen, aus den physikalischen Gesetzmäßigkeiten, denen es unterliegt (z. B. Ohmsches Gesetz, Newtonsches Gesetz).

a) Bild 2.1.2 zeigt ein elektrisches Netzwerk, bestehend aus der Reihenschaltung eines Widerstandes und einer Kapazität, mit der Spannung $u_e(t)$ als Eingangsgröße und der Spannung $u_a(t)$ als Ausgangsgröße.

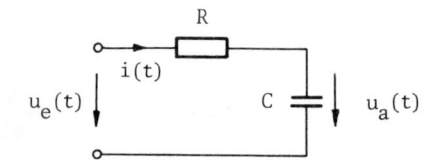

Bild 2.1.2 Elektrisches Netzwerk

Nach dem Kirchhoffschen Gesetz gilt die Maschengleichung:

$$R \cdot i + u_a = u_e$$

Da:

$$i = C \cdot \frac{du_a}{dt}$$

ergibt sich folgende Differentialgleichung:

(2.1.1) $\quad R \cdot C \cdot \dfrac{du_a}{dt} + u_a = u_e$

Dies ist eine gewöhnliche lineare Differentialgleichung mit konstanten Koeffizienten.

b) Für einen an einer Feder hängenden Wasserbehälter mit Leck (Bild 2.1.3) gilt nach dem Impulssatz die Bewegungsgleichung:

$$\frac{d}{dt}\left[m(t) \cdot \dot{x}\right] + c \cdot x = m(t) \cdot g$$

(2.1.2) $\quad m(t) \cdot \ddot{x} + \dot{m}(t) \cdot \dot{x} + c \cdot x = m(t) \cdot g$

Hier handelt es sich um eine gewöhnliche lineare Differentialgleichung mit zeitabhängigen Koeffizienten, da $m = m(t)$.

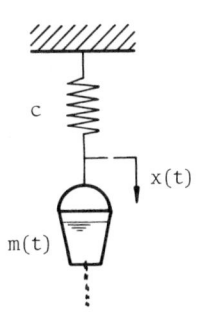

Bild 2.1.3 Behälter mit Leck

c) In Bild 2.1.4 ist ein mechanisches System dargestellt. Nach dem Newtonschen Gesetz gilt folgende Bewegungsgleichung, wenn die Reibungskraft R berücksichtigt wird und die Federkonstante c abhängig von der Auslenkung x ist:

(2.1.3) $\quad m \cdot \dfrac{d^2 x}{dt^2} + c(x) \cdot x + (\text{sign}\, \dfrac{dx}{dt}) \cdot \mu \cdot m \cdot g = K$

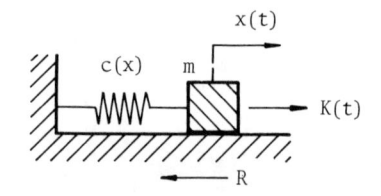

Bild 2.1.4 Mechanisches System

Für $\mu = 0$ und $c =$ konst. liegt eine gewöhnliche lineare Differentialgleichung mit konstanten Koeffizienten vor. Für $\mu \neq 0$ und $c =$ konst. ist die Differentialgleichung stückweise (je Geschwindigkeitsrichtung) linear. Für $c = c(x)$ ist die Differentialgleichung nichtlinear.

d) Bild 2.1.5 zeigt ein Fliehkraftpendel. Entsprechend den an einer Kugel angreifenden Kräften ergibt sich aus der Momentenbetrachtung um den Drehpunkt O folgende Differentialgleichung:

$$K_J \cdot 1 + K_g \cdot r - K_Z \cdot h = 0$$

Mit $h = 1 \cdot \cos\varphi$ und $r = 1 \cdot \sin\varphi$ gilt:

(2.1.4) $\quad \dfrac{d^2\varphi}{dt^2} + \dfrac{g}{1} \cdot \sin\varphi - \dfrac{1}{2} \cdot \sin 2\varphi \cdot \omega^2 = 0$

Dies ist eine gewöhnliche, aber in φ und ω nichtlineare Differentialgleichung.

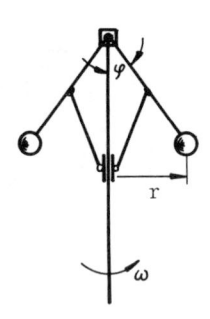

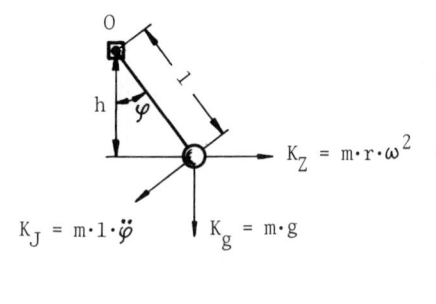

$K_Z = m \cdot r \cdot \omega^2$
$K_J = m \cdot 1 \cdot \ddot{\varphi}$
$K_g = m \cdot g$

Bild 2.1.5 Fliehkraftpendel

e) Ein Förderband (Bild 2.1.6) transportiert mit einer konstanten Geschwindigkeit v_o feinkörniges Material. Ändert sich die Schieberstellung $x_e(t)$, so entsteht auf dem Band ein Materialprofil $z(x,t)$, das sich gleichförmig bewegt. Dieses Profil läßt sich als Funktion der Zeit t und des Ortes x durch die partielle Differentialgleichung beschreiben:

$$(2.1.5) \quad \frac{\partial z(x,t)}{\partial t} = v_o \cdot \frac{\partial z(x,t)}{\partial x}$$

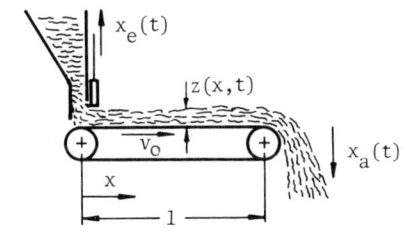

Bild 2.1.6 Förderband

Im folgenden werden bis auf wenige Ausnahmen nur solche Übertragungsglieder und Systeme von Übertragungsgliedern behandelt, deren Verhalten sich durch eine gewöhnliche lineare (oder linearisierbare) Differentialgleichung mit konstanten Koeffizienten beschreiben läßt. Eine solche Differentialgleichung hat allgemein folgendes Aussehen:

$$(2.1.6) \quad a_n \cdot \frac{d^n x_a}{dt^n} + a_{n-1} \cdot \frac{d^{n-1} x_a}{dt^{n-1}} + \ldots + a_1 \cdot \frac{dx_a}{dt} + a_0 \cdot x_a =$$

$$b_0 \cdot x_e + b_1 \cdot \frac{dx_e}{dt} + \ldots + b_{m-1} \cdot \frac{d^{m-1} x_e}{dt^{m-1}} + b_m \cdot \frac{d^m x_e}{dt^m}$$

wobei die a_i und b_i Konstante sind.

2.1.2 Eigenschaften linearer zeitinvarianter Regelkreisglieder

Ein Übertragungsglied oder Übertragungssystem, dessen Verhalten durch eine gewöhnliche lineare Differentialgleichung beschrieben wird, gehorcht dem Gesetz der Homogenität und der Superposition. Sind die Koeffizienten a_i und b_i konstant und zeitunabhängig, so weist das System zusätzlich die Eigenschaft der Zeitinvarianz auf.

2.1.2.1 Homogenität

Unter Homogenität versteht man folgendes: Wenn bei einem Übertragungsglied eine Eingangsgröße $x_e(t)$ eine Ausgangsgröße $x_a(t)$ hervorruft, dann erzeugt eine Eingangsgröße $c \cdot x_e(t)$ die Ausgangsgröße $c \cdot x_a(t)$, wenn c eine beliebige reelle, von Null verschiedene Konstante ist.

(2.1.7)
$$x_e(t) \succ x_a(t)$$
$$c \cdot x_e(t) \succ c \cdot x_a(t)$$

Eine Verdoppelung der Eingangsgröße hat also bei einem linearen Übertragungsglied auch eine Verdoppelung der Ausgangsgröße zur Folge.

2.1.2.2 Superposition

Unter Superposition oder Überlagerung versteht man folgendes: Wenn bei einem Übertragungsglied eine Eingangsgröße x_{e1} eine Ausgangsgröße x_{a1} und eine Eingangsgröße x_{e2} eine Ausgangsgröße x_{a2} hervorruft, dann erzeugt die Summe der Eingangsgrößen $x_{e1} + x_{e2}$ die Summe der Ausgangsgrößen $x_{a1} + x_{a2}$ für alle x_{e1} und x_{e2}.

(2.1.8)
$$x_{e1}(t) \succ x_{a1}(t)$$
$$x_{e2}(t) \succ x_{a2}(t)$$
$$x_{e1}(t) + x_{e2}(t) \succ x_{a1}(t) + x_{a2}(t)$$

2.1.2.3 Zeitinvarianz

Unter Zeitinvarianz versteht man folgendes: Wenn eine Eingangsgröße $x_e(t)$ eine Ausgangsgröße $x_a(t)$ hervorruft, dann erzeugt eine Eingangsgröße $x_e(t-\tau)$ eine Ausgangsgröße $x_a(t-\tau)$ für alle beliebigen x_e und τ.

(2.1.9)
$$x_e(t) \succ x_a(t)$$
$$x_e(t-\tau) \succ x_a(t-\tau)$$

In diesem Fall ist ein Differenzieren oder Integrieren einer ganzen Gleichung zulässig.

Lineare Rechenoperationen sind also die Summation, die Multiplikation mit einer Konstanten, die Differentiation, die Integration und Kombinationen dieser Operationen.

2.1.3 Linearisierung

In Wirklichkeit kann ein reales physikalisches System selten exakt durch eine gewöhnliche lineare Differentialgleichung mit konstanten Koeffizienten beschrieben werden. Viele Systeme lassen sich jedoch näherungsweise oder in einem begrenzten Bereich um den Arbeitspunkt durch eine lineare Differentialgleichung beschreiben.

Das Verfahren der sogenannten Linearisierung soll an einfachen Beispielen gezeigt werden.

2.1.3.1 Statischer Zusammenhang gemäß einer stetigen Kennlinie

Bild 2.1.7 zeigt eine typische Ventilkennlinie mit der Gleichung $q = f(H)$. Der Arbeitspunkt ist durch die Größen H_o und q_o gegeben.

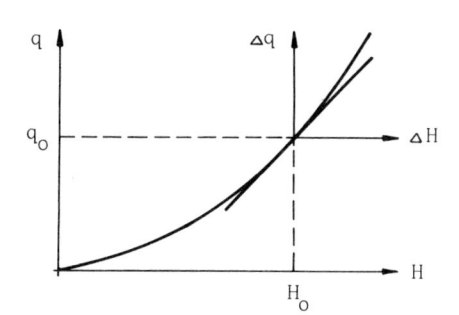

Bild 2.1.7 Stetige Ventilkennlinie

In der Umgebung dieses Punktes kann nun die Ventilgleichung in eine Taylorreihe entwickelt werden:

$$q - q_o = \left.\frac{dq}{dH}\right|_o \cdot (H - H_o) + \frac{1}{2} \cdot \left.\frac{d^2q}{dH^2}\right|_o \cdot (H - H_o)^2 + \ldots$$

Unter der Voraussetzung, daß die zweite Ableitung, die ein Maß für die Kurvenkrümmung ist, die höheren Ableitungen sowie die Auslenkung $H - H_o$ nicht zu groß sind, kann die Kennlinie in der Umgebung des Arbeitspunktes durch den ersten Term der Taylorreihe, d. h. durch die Tangente, angenähert werden:

$$q - q_o \approx \left.\frac{dq}{dH}\right|_o \cdot (H - H_o)$$

Führt man die Abweichungen ein:

$$\Delta q = q - q_o$$

$$\Delta H = H - H_o$$

und bezeichnet die Ableitung mit dem Übertragungsbeiwert:

$$K = \frac{dq}{dH}\bigg|_0$$

so erhält man folgende linearisierte Gleichung:

(2.1.10) $\Delta q = K \cdot \Delta H$

Für das Übertragungsglied Ventil läßt sich dann ein Signalflußplan nach Bild 2.1.8 angeben.

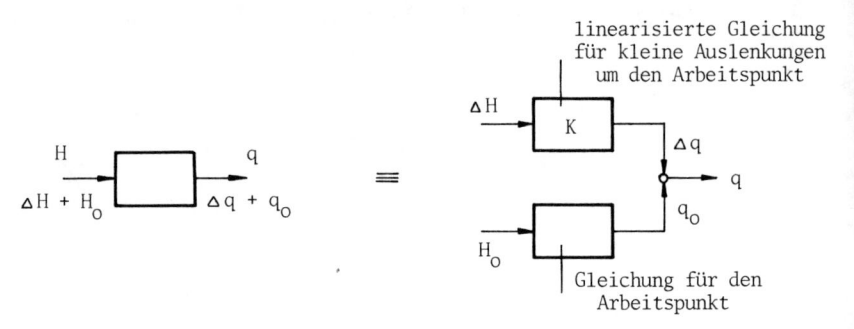

Bild 2.1.8 Signalflußplan des Ventils

Im folgenden wird nur der Signalzusammenhang bei kleinen Auslenkungen um den Arbeitspunkt betrachtet, wobei die Delta-Schreibweise der Gleichungen wieder fallen gelassen wird.

Kennlinienfelder können in analoger Weise oder durch Bilden des vollständigen Differentials linearisiert werden.

Eine Linearisierung ist fehl am Platz, wenn eine "ausgeprägte" Nichtlinearität, etwa eine unstetige Kennlinie mit Zweipunktverhalten, vorliegt.

2.1.3.2 Dynamischer Zusammenhang gemäß einer nichtlinearen Differentialgleichung

Nach Gleichung (2.1.4) lautet die Bewegungsgleichung für das Fliehkraftpendel:

(2.1.4) $\dfrac{d^2\varphi}{dt^2} + \dfrac{g}{l}\cdot\sin\varphi - \dfrac{1}{2}\cdot\sin 2\varphi \cdot \omega^2 = 0$

Für den Arbeitspunkt (φ_0, ω_0) gilt im stationären Zustand die Gleichung:

$$\frac{g}{l}\cdot\sin\varphi_0 - \frac{1}{2}\cdot\sin 2\varphi_0 \cdot \omega_0^2 = 0$$

Werden kleine Auslenkungen um den Arbeitspunkt betrachtet:

$$\Delta \varphi = \varphi - \varphi_o$$

$$\Delta \omega = \omega - \omega_o$$

so lautet die Differentialgleichung:

$$\frac{d^2(\varphi_o + \Delta\varphi)}{dt^2} + \frac{g}{l} \cdot \sin(\varphi_o + \Delta\varphi) - \frac{1}{2} \cdot \sin 2(\varphi_o + \Delta\varphi) \cdot (\omega_o + \Delta\omega)^2 = 0$$

Wird daraus die Arbeitspunktgleichung eliminiert und werden kleine Größen zweiter und höherer Ordnung vernachlässigt und wird für $\sin\Delta\varphi \approx \Delta\varphi$ und für $\cos\Delta\varphi \approx 1$ gesetzt, so gilt die linearisierte Differentialgleichung für kleine Auslenkungen um den Arbeitspunkt:

(2.1.11) $\quad \dfrac{d^2\Delta\varphi}{dt^2} + (\dfrac{g}{l}\cdot\cos\varphi_o - \omega_o^2\cdot\cos 2\varphi_o)\cdot\Delta\varphi = \omega_o \cdot \sin 2\varphi_o \cdot \Delta\omega$

Die Behandlung von Regelproblemen mit linearisierten Differentialgleichungen geht bereits auf Maxwell (1831 - 1879) zurück.

2.1.4 Lösung von gewöhnlichen linearen Differentialgleichungen mit konstanten Koeffizienten

Das dynamische Verhalten linearer Übertragungsglieder wird durch eine gewöhnliche lineare Differentialgleichung beschrieben. Diese Differentialgleichung läßt sich aus dem physikalisch-technischen Aufbau des Systems herleiten.

Für eine beliebige Eingangsgröße $x_e(t)$ und für gegebene Anfangsbedingungen wird der Verlauf der Ausgangsgröße $x_a(t)$ bestimmt durch Lösung der Differentialgleichung nach bekannten Rechenverfahren:

mit Hilfe von Lösungsansätzen,

mit Hilfe der Laplace-Transformation.

2.1.4.1 Lösung mit Hilfe von Lösungsansätzen

Die allgemeine gewöhnliche lineare Differentialgleichung mit konstanten Koeffizienten hat folgendes Aussehen:

(2.1.6) $\quad a_n \cdot \dfrac{d^n x_a}{dt^n} + a_{n-1} \cdot \dfrac{d^{n-1} x_a}{dt^{n-1}} + \ldots + a_1 \cdot \dfrac{dx_a}{dt} + a_o \cdot x_a =$

$$= b_o \cdot x_e + b_1 \cdot \frac{dx_e}{dt} + \ldots + b_{m-1} \cdot \frac{d^{m-1}x_e}{dt^{m-1}} + b_m \cdot \frac{d^m x_e}{dt^m}$$

mit a_i, b_k = konstant; $a_n \neq 0$; $a_o = 1$.

Für reale technische Systeme gilt $m \leq n$. Reale Systeme sind höchstens sprungfähig (m = n), sie können aber nicht differenzieren. Die Eingangsgröße x_e wirkt meist nicht unmittelbar auf die Ausgangsgröße x_a ein sondern nur über die im System enthaltenen Energiespeicher, die aufgeladen, umgeladen oder entladen werden. Reale Systeme sind also träge. Sie haben Tiefpaßcharakter.

Um eine eindeutige Lösung $x_a(t)$ zu erhalten, muß

das Zeitintervall gegeben sein, für das die Lösung erwünscht ist; hier z. B.

(2.1.12) $\quad 0 \leq t < +\infty$

ein Satz von n Anfangsbedingungen für die Ausgangsgröße und ihre (n - 1) Ableitungen gegeben sein; hier

(2.1.13) $\quad x_a(0); \quad \left.\frac{dx_a}{dt}\right|_{t=0}; \quad \ldots ; \quad \left.\frac{d^{n-1}x_a}{dt^{n-1}}\right|_{t=0}$

Ein Problem, das für obiges Zeitintervall und mit obigen Anfangswerten gegeben ist, wird Anfangswertproblem genannt.

Die Lösung der Differentialgleichung setzt sich aus zwei Teilen zusammen, der homogenen Lösung $x_{ah}(t)$ und der inhomogenen Lösung $x_{ap}(t)$. Wegen der Linearität des Systems gilt das Superpositionsgesetz, so daß die Gesamtlösung $x_a(t)$ lautet:

(2.1.14) $\quad x_a(t) = x_{ah}(t) + x_{ap}(t)$

Die homogene Lösung beschreibt die freie Bewegung des Systems, wenn die Eingangsgröße $x_e(t) \equiv 0$. Diese Lösung kennzeichnet das dynamische Übergangsverhalten des Systems und seine Stabilität.

Die inhomogene oder partikuläre Lösung beschreibt die Bewegung des Systems, die durch die einwirkende Eingangsgröße $x_e(t)$ erzwungen wird. Sie charakterisiert die Übertragungseigenschaften des Systems im Beharrungszustand.

a) Homogene Lösung

Die homogene Lösung erhält man, indem man zuerst den Lösungsansatz:

(2.1.15) $\quad x_{ah}(t) = C \cdot e^{\lambda \cdot t}$

in die homogene Differentialgleichung einsetzt und dann die n Eigenwerte λ_i als Wurzeln der sogenannten charakteristischen Gleichung:

(2.1.16) $\quad a_n \cdot \lambda^n + a_{n-1} \cdot \lambda^{n-1} + \ldots + a_1 \cdot \lambda + 1 = 0$

ermittelt. Die n Wurzeln können reell oder konjugiert komplex sein. Sie können auch mehrfach auftreten. Für $n \geq 3$ sind die Wurzeln nicht immer einfach bestimmbar. Sind alle Wurzeln reell und voneinander verschieden, so lautet die Lösung:

(2.1.17) $\quad x_{ah}(t) = \sum_{i=1}^{n} C_i \cdot e^{\lambda_i \cdot t}$

Befinden sich unter den n Wurzeln k gleiche mit dem Wert λ_1, so lautet die Lösung:

(2.1.18) $\quad x_{ah}(t) = (C_{10} + C_{11} \cdot t + \ldots + C_{1,k-1} \cdot t^{k-1}) \cdot e^{\lambda_1 \cdot t} + \sum_{i=k+1}^{n} C_i \cdot e^{\lambda_i \cdot t}$

Befindet sich unter den n Wurzeln ein komplexes Wurzelpaar (komplexe Wurzeln treten immer konjugiert komplex auf) mit dem Wert:

$$\lambda_1 = \sigma_1 + j \cdot \omega_1$$
$$\lambda_2 = \lambda_1^* = \sigma_1 - j \cdot \omega_1$$

so lautet die Lösung der homogenen Differentialgleichung:

(2.1.19) $\quad x_{ah}(t) = e^{\sigma_1 \cdot t} \cdot (C_1 \cdot \cos \omega_1 \cdot t + C_2 \cdot \sin \omega_1 \cdot t) + \sum_{i=3}^{n} C_i \cdot e^{\lambda_i \cdot t}$

b) Partikuläre Lösung

Die partikuläre Lösung $x_{ap}(t)$, ein Partikulärintegral der vollständigen Differentialgleichung, gibt das Verhalten des Systems im Beharrungszustand an, wenn der homogene Anteil, der das Übergangsverhalten darstellt, abgeklungen ist. Die partikuläre Lösung erhält man, wenn man in die vollständige Differentialgleichung einen Lösungsansatz vom Typ der Eingangsfunktion einsetzt (Tabelle 2.1.1). Setzt sich die Eingangsfunktion aus mehreren Teilfunktionen zusammen, so ist gemäß dem Superpositionsprinzip als Lösungsansatz die Summe der entsprechenden Lösungsansätze zu wählen. Die Ansatzpara-

Tabelle 2.1.1 Lösungsansätze für die partikuläre Lösung

Eingangsfunktion x_e	Lösungsansatz x_{ap}
E_0	A_0
$E_k \cdot t^k$	$\sum_{r=0}^{k} A_r \cdot t^r$
$E \cdot \sin \omega t$	$A_1 \cdot \sin \omega t + A_2 \cdot \cos \omega t$
$E \cdot \cos \omega t$	$A_1 \cdot \sin \omega t + A_2 \cdot \cos \omega t$
$E \cdot e^{ct}$	$A \cdot e^{ct}$

meter A_i werden durch Einsetzen des Ansatzes in die vollständige Differentialgleichung berechnet.

c) Vollständige Lösung

Die vollständige Lösung setzt sich aus der homogenen und der partikulären Lösung zusammen:

(2.1.14) $\quad x_a(t) = x_{ah}(t) + x_{ap}(t)$

Die Ansatzkonstanten C_i der homogenen Lösung werden nun durch die gegebenen Anfangsbedingungen festgelegt.

An einem Beispiel, einem Masse-Dämpfer-System nach Bild 2.1.9, wird das Aufstellen und Lösen einer gewöhnlichen linearen Differentialgleichung mit konstanten Koeffizienten gezeigt. Zuerst wird die Differentialgleichung für die Ausgangsgröße Geschwindigkeit v bei gegebener Eingangsgröße Kraft K_e aus dem Kräftegleichgewicht an der Masse aufgestellt:

$$m \cdot \frac{dv}{dt} + d \cdot v = K_e$$

Normiert gilt:

$$\frac{m}{d} \cdot \frac{dv}{dt} + v = \frac{1}{d} \cdot K_e$$

und verallgemeinert mit $x_a = v$, $x_e = K_e$, $T = m/d$ und $K = 1/d$:

$$T \cdot \frac{dx_a}{dt} + x_a = K \cdot x_e$$

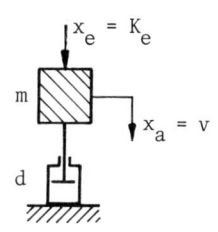

Bild 2.1.9 Masse-Dämpfer-System

Dies ist eine Differentialgleichung 1. Ordnung, die das Verhalten eines PT_1-Gliedes beschreibt. Sie soll nun für eine sprungförmige Änderung der Eingangsgröße $x_e(t) = 1(t)$ und mit der Anfangsbedingung $x_a(0) = 0$ gelöst werden. Die vollständige Lösung der Differentialgleichung lautet:

$$x_a(t) = x_{ah}(t) + x_{ap}(t)$$

Zuerst wird die homogene Lösung $x_{ah}(t)$ ermittelt. Die homogene Differentialgleichung lautet:

$$T \cdot \frac{dx_a}{dt} + x_a = 0$$

und der Lösungsansatz für die homogene Lösung ist:

$$x_{ah} = C \cdot e^{\lambda t}$$

Dieser wird in die homogene Differentialgleichung eingesetzt und es ergibt sich die folgende charakteristische Gleichung:

$$T \cdot \lambda + 1 = 0$$

Daraus folgt mit $\lambda = -1/T$ die homogene Lösung:

$$x_{ah}(t) = C \cdot e^{-t/T}$$

Nun wird ein Partikulärintegral der vollständigen Differentialgleichung:

$$T \cdot \frac{dx_a}{dt} + x_a = K \cdot x_e = K \cdot 1(t)$$

gesucht. Der Lösungsansatz für die partikuläre Lösung vom Typ der Eingangsfunktion:

$$x_{ap}(t) = A_o$$

wird in die vollständige Differentialgleichung eingesetzt und man erhält mit $A_o = K$ die partikuläre Lösung:

$$x_{ap}(t) = K$$

Damit lautet die vollständige Lösung:

$$x_a(t) = C \cdot e^{-t/T} + K$$

Die noch unbekannte Konstante C wird aus der vollständigen Lösung mit Hilfe der Anfangsbedingung $x_a(0) = 0$ ermittelt zu $C = -K$. Damit lautet die endgültige Lösung:

$$x_a(t) = K \cdot (1 - e^{-t/T})$$

2.1.4.2 Lösung mit Hilfe der Laplace-Transformation

Die Lösung der Differentialgleichung (2.1.6) für eine bestimmte Eingangsgröße und bei gegebenen Anfangsbedingungen kann auch mit Hilfe der Laplace-Transformation ermittelt werden. Der Lösungsablauf ist der folgende: Man transformiert die gegebene Differentialgleichung in den Bildbereich und erhält hier eine einfache algebraische Gleichung. Mit Hilfe einfacher Rechenoperationen ermittelt man die Lösung im Bildbereich und transformiert sie anschließend in den Zeitbereich zurück (Bild 2.1.10).

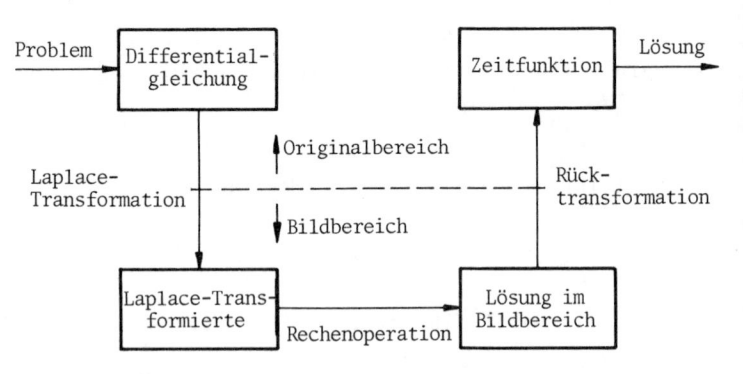

Bild 2.1.10 Lösungsablauf

Die Vorteile dieses Verfahrens sind, daß

der Übergang vom Originalbereich in den Bildbereich und zurück mit Hilfe von Tabellen leicht vollzogen werden kann und

im Bildbereich bei der Lösung einfachere Rechenoperationen auszuführen sind als im Originalbereich.

Im folgenden wird kurz auf die Definition, auf die Rechenregeln und die Korrespondenzen der Laplace-Transformation eingegangen. Näheres über die Laplace-Transformation kann der entsprechenden Literatur [7] entnommen werden.

Die Laplace-Transformierte F(p) einer Zeitfunktion f(t) wird durch folgende Gleichung definiert:

(2.1.20) $\quad F(p) = \int_0^\infty e^{-pt} \cdot f(t)\, dt \equiv \mathscr{L}\{f(t)\}$

Dabei wird vorausgesetzt, daß:

$$f(t) = 0 \quad \text{für} \quad t < 0$$

und:

$$|f(t)| < M \cdot e^{\alpha \cdot t}$$

wobei M und α positive Konstanten sind.

Mit Hilfe funktionentheoretischer Methoden läßt sich das Umkehrintegral angeben, das gestattet, die Originalfunktion f(t) zu ermitteln, wenn die Transformierte F(p) bekannt ist:

(2.1.21) $\quad f(t) = \dfrac{1}{2 \cdot \pi \cdot j} \cdot \int_{c-j\infty}^{c+j\infty} F(p) \cdot e^{pt}\, dp \equiv \mathscr{L}^{-1}\{F(p)\} \qquad$ für $t > 0$

Dabei ist c so gewählt, daß alle singulären Punkte des Integranden links von der Geraden Re$\{p\}$ = c liegen.

In Tabelle 2.1.2 sind die Rechenregeln der Laplace-Transformation zusammengestellt. Aus dem Differentiationssatz für die Originalfunktion ersieht man, daß einer Differentiation im Zeitbereich eine Multiplikation mit p im Bildbereich entspricht, wenn die Anfangsbedingungen identisch gleich Null sind. Formal kann also das Differentiationssymbol d/dt dem Operator p der Laplace-Transformation gleichgesetzt werden:

$$\frac{d}{dt} \equiv p$$

wenn alle Anfangsbedingungen identisch gleich Null sind.

Ferner sind für die Regelungstechnik noch die sogenannten Grenzwertsätze von besonderer Bedeutung. Mit ihrer Hilfe läßt sich aus den Funktionen im Bildbereich das Verhalten der Funktionen im Zeitbereich für $t \to 0$ und $t \to \infty$ angeben. Der Anfangswertsatz lautet:

Tabelle 2.1.2 Rechenregeln für die Laplace-Transformation

Satz	Originalfunktion	Bildfunktion
Linearitätssatz	$K \cdot f(t)$	$K \cdot F(p)$
	$f_1(t) + f_2(t)$	$F_1(p) + F_2(p)$
Verschiebungssatz	$f(t-a)$ $\quad t > a \geq 0$	$e^{-ap} \cdot F(p)$
Dämpfungssatz	$e^{-at} \cdot f(t)$	$F(p+a)$
Ähnlichkeitssatz	$f(at)$ $\quad a > 0$	$\frac{1}{a} \cdot F(\frac{p}{a})$
Differentiationssatz	$\frac{df(t)}{dt}$	$p \cdot F(p) - f(+0)$
	$\frac{d^n f(t)}{dt^n}$	$p^n \cdot F(p) - p^{n-1} \cdot f(+0) - p^{n-2} \cdot f'(+0) -$ $\ldots - p \cdot f^{(n-2)}(+0) - f^{(n-1)}(+0)$
Differentiationssatz für die Bildfunktion	$(-t)^n \cdot f(t)$	$\frac{d^n F(p)}{dp^n}$
Integrationssatz	$\int_0^t f(\tau) d\tau$	$\frac{1}{p} \cdot F(p)$
Integrationssatz für die Bildfunktion	$\frac{f(t)}{t}$	$\int_p^\infty F(\varrho) d\varrho$
Faltungssatz	$f_1(t) * f_2(t) = \int_0^t f_1(\tau) \cdot f_2(t-\tau) d\tau$	$F_1(p) \cdot F_2(p)$
Faltungssatz für die Bildfunktion	$f_1(t) \cdot f_2(t)$	$F_1(p) * F_2(p) = \frac{1}{2\pi j} \int_{c-j\infty}^{c+j\infty} F_1(\varrho) \cdot F_2(p-\varrho) d\varrho$

(2.1.22) $f(+0) = \lim_{p \to \infty} p \cdot F(p)$

und der Endwertsatz:

(2.1.23) $f(\infty) = \lim_{p \to 0} p \cdot F(p)$

Dabei wird vorausgesetzt, daß folgende Grenzwerte existieren:

$$\lim_{t \to 0} f(t) = f(+0)$$

und

$$\lim_{t \to \infty} f(t) = f(\infty)$$

Beim Rechnen mit der Laplace-Transformation bedient man sich im allgemeinen sogenannter Korrespondenz-Tabellen, in denen Zeitfunktionen und deren Laplace-Transformierte zusammengestellt sind. Tabelle 2.1.3 enthält einige wichtige Korrespondenzen. Bei der Rücktransformation der Bildfunktion in den Originalbereich wendet man in den seltensten Fällen das Umkehrintegral nach Gleichung (2.1.21) an. Man versucht vielmehr, die Bildfunktion durch Umformen aus möglichst einfachen Ausdrücken (Partialbrüchen) aufzubauen, für die dann aus Tabelle 2.1.3 gemäß den Korrespondenzen die zugehörigen Zeitfunktionen entnommen werden können.

Zur Lösung der Differentialgleichung (2.1.6) mit Hilfe der Laplace-Transformation stellt man zuerst mit Hilfe des Differentiationssatzes die zugehörige Bildgleichung auf. Mit:

$$x_e(0) = \dot{x}_e(0) = \ldots = x_e^{(m-1)}(0) = 0$$

folgt:

$$X_a(p) + a_1 \left[p \cdot X_a(p) - x_a(+0) \right] + a_2 \left[p^2 \cdot X_a(p) - p \cdot x_a(+0) - \dot{x}_a(+0) \right] +$$
$$+ \ldots + a_n \left[p^n \cdot X_a(p) - p^{n-1} \cdot x_a(+0) - \ldots - x_a^{(n-1)}(+0) \right] =$$
$$= b_0 \cdot X_e(p) + b_1 \cdot p \cdot X_e(p) + \ldots + b_m \cdot p^m \cdot X_e(p)$$

Aufgelöst nach $X_a(p)$ erhält man:

(2.1.24) $X_a(p) = \dfrac{b_0 + b_1 \cdot p + \ldots + b_m \cdot p^m}{1 + a_1 \cdot p + \ldots + a_n \cdot p^n} \cdot X_e(p) + \dfrac{P(p, \text{Anfangsbed.})}{1 + a_1 \cdot p + \ldots + a_n \cdot p^n}$

Tabelle 2.1.3 Korrespondenzen der Laplace-Transformation

Originalfunktion		Bildfunktion	Originalfunktion	Bildfunktion
$\delta(t)$	Einheitsimpuls	1	$\cos at$	$\dfrac{p}{p^2 + a^2}$
$1(t)$	Einheitssprung	$\dfrac{1}{p}$	$\cosh at$	$\dfrac{p}{p^2 - a^2}$
t		$\dfrac{1}{p^2}$	$\dfrac{1}{a} \cdot e^{-bt} \cdot \sin at$	$\dfrac{1}{(p+b)^2 + a^2}$
t^n		$\dfrac{n!}{p^{n+1}}$	$e^{-bt} \cdot \cos at$	$\dfrac{p+b}{(p+b)^2 + a^2}$
$\dfrac{1}{(n-1)!} \cdot t^{n-1}$		$\dfrac{1}{p^n}$	$\dfrac{1}{\omega_n \sqrt{1-\zeta^2}} \cdot e^{-\zeta \omega_n t} \cdot \sin(\omega_n \sqrt{1-\zeta^2} \cdot t)$	$\dfrac{1}{p^2 + 2\zeta \omega_n p + \omega_n^2}$ $\zeta < 1$
e^{-at}		$\dfrac{1}{p+a}$		
$t \cdot e^{-at}$		$\dfrac{1}{(p+a)^2}$		
$t^n \cdot e^{-at}$		$\dfrac{n!}{(p+a)^{n+1}}$		
$\dfrac{1}{(n-1)!} \cdot t^{n-1} \cdot e^{-at}$		$\dfrac{1}{(p+a)^n}$		
$\dfrac{1}{a} \cdot \sin at$		$\dfrac{1}{p^2 + a^2}$		
$\dfrac{1}{a} \cdot \sinh at$		$\dfrac{1}{p^2 - a^2}$		

Dies ist die Lösung im Bildbereich, wenn die entsprechende Transformierte der Eingangsgröße eingesetzt wird. Die Lösung im Zeitbereich erhält man durch Rücktransformation:

$$x_a(t) = \mathcal{L}^{-1}\{X_a(p)\}$$

Der zweite Term in Gleichung (2.1.24) hängt nur von den Anfangsbedingungen, aber nicht von der Eingangsgröße ab. Er stellt also die homogene Lösung dar. Der erste Term, der von der Eingangsgröße abhängt, ergibt die inhomogene Lösung, wobei die Abbildungsfunktion Übertragungsfunktion F(p) genannt wird:

(2.1.25) $$F(p) = \frac{b_o + b_1 \cdot p + \ldots + b_m \cdot p^m}{1 + a_1 \cdot p + \ldots + a_n \cdot p^n}$$

Als Beispiel soll nun die gewöhnliche lineare Differentialgleichung 1. Ordnung:

$$T \cdot \frac{dx_a}{dt} + x_a = K \cdot x_e$$

mit der Anfangsbedingung $x_a(0) = 0$ und für die Eingangsgröße $x_e(t) = 1(t)$ mit Hilfe der Laplace-Transformation gelöst werden. Durch Laplace-Transformation der Differentialgleichung erhält man die Ausgangsgröße im Bildbereich zu:

$$X_a = \frac{K}{1 + T \cdot p} \cdot \frac{1}{p}$$

Man führt nun, um die Rücktransformation zu erleichtern, eine Partialbruchzerlegung aus:

$$X_a = \frac{K}{1 + T \cdot p} \cdot \frac{1}{p} = \frac{R_1}{p} + \frac{R_2}{1 + T \cdot p}$$

und erhält durch Koeffizientenvergleich:

$$R_1 = K; \quad R_2 = -K \cdot T$$

Die Lösung im Bildbereich lautet also:

$$X_a = \frac{K}{p} - \frac{K \cdot T}{1 + T \cdot p}$$

Durch Rücktransformation in den Zeitbereich mit Hilfe der Korrespondenztabelle ergibt sich die gesuchte Lösung:

$$x_a(t) = K - K \cdot e^{-t/T} = K \cdot (1 - e^{-t/T})$$

2.2 Beschreibung mit Hilfe der Übertragungsfunktion

Die Übertragungsfunktion F(p) läßt sich durch Laplace-Transformation aus der Differentialgleichung (2.1.6) herleiten, wenn man den Quotienten aus der Ausgangsgröße und der Eingangsgröße bildet und alle Anfangsbedingungen identisch gleich Null setzt:

$$(2.2.1) \quad F(p) = \frac{X_a(p)}{X_e(p)} = \frac{b_0 + b_1 \cdot p + \ldots + b_m \cdot p^m}{1 + a_1 \cdot p + \ldots + a_n \cdot p^n}$$

mit:

$$x_a(0) = \dot{x}_a(0) = \ldots = x_a^{(n-1)}(0) = 0$$

Die Übertragungsfunktion charakterisiert also die inhomogene Lösung der Differentialgleichung im Bildbereich. Der Übergang für die Beschreibung eines Systems vom Originalbereich in den Bildbereich ist in Bild 2.2.1 dargestellt. Man erhält die Übertragungsfunktion auch formal aus der Differentialgleichung, indem man das Differentiationssymbol d/dt durch den Operator p der Laplace-Transformation ersetzt.

Wie man aus Gleichung (2.2.1) sieht, weist der Nenner der Übertragungsfunktion das charakteristische Polynom P_n auf:

$$(2.2.2) \quad P_n = 1 + a_1 \cdot p + a_2 \cdot p^2 + \ldots + a_n \cdot p^n$$

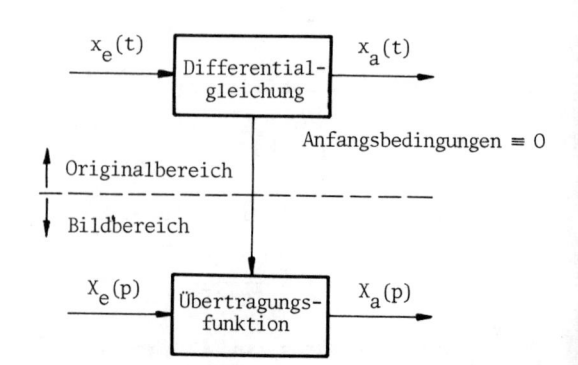

Bild 2.2.1
Beschreibung eines Systems

Setzt man dieses Polynom gleich Null, so erhält man die bereits bekannte charakteristische Gleichung eines allgemeinen Übertragungssystems:

(2.2.3) $\quad 1 + a_1 \cdot p + a_2 \cdot p^2 + \ldots + a_n \cdot p^n = 0$

Diese Gleichung ist identisch mit der Lösungsgleichung der homogenen Differentialgleichung, die sich ergab durch Einsetzen des Lösungsansatzes aus Gleichung (2.1.15) in die homogene Differentialgleichung.

Aus der charakteristischen Gleichung eines Übertragungssystems läßt sich seine Stabilität ermitteln (vergl. Abschnitt 5.1.2).

Mit Übertragungsfunktionen läßt sich sehr leicht rechnen, da Differentiationen und Integrationen im Originalbereich auf Multiplikationen und Divisionen im Bildbereich zurückgeführt werden.

2.3 Beschreibung mit Hilfe von Antwortfunktionen

Das dynamische Verhalten eines Übertragungsgliedes oder -systems läßt sich mathematisch mit Hilfe von Differentialgleichungen beschreiben oder experimentell durch Aufschalten von sogenannten Testfunktionen ermitteln. Als Eingangsgröße $x_e(t)$ des Systems wählt man eine anschauliche und leicht realisierbare Testfunktion, wie

die Impulsfunktion,
die Sprungfunktion,
die Anstiegsfunktion oder
die Cosinusfunktion

und nimmt graphisch den zeitlichen Verlauf der Ausgangsgröße $x_a(t)$ als Antwort auf die gewählte Eingangsgröße auf (Bild 2.3.1). Der Verlauf der Ausgangsgröße ist dann kennzeichnend für das Verhalten, das sogenannte Übergangsverhalten, des Systems. Welche Testfunktion als Eingangsgröße ausgewählt wird, ist allein eine Frage der Zweckmäßigkeit. Gibt man einem System verschiedene Testfunktionen ein, so sind die Aussagen der jeweiligen Antwortfunktionen gleichbedeutend.

Für eine näherungsweise analytische Beschreibung des Übergangsverhaltens können dem gemessenen Verlauf der Ausgangsgröße charakteristische Kenngrößen entnommen werden.

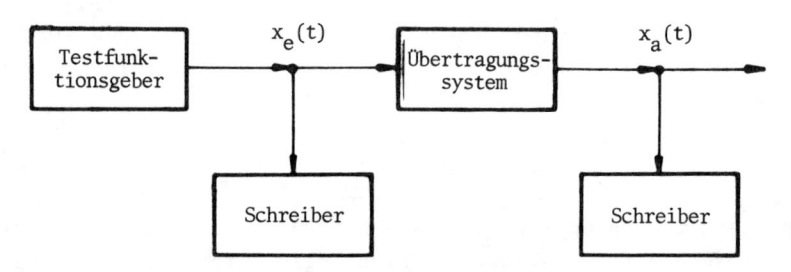

Bild 2.3.1 Experimentelle Aufnahme der Übergangsfunktion

Im folgenden sollen auf ein PT_1-Glied mit der Differentialgleichung:

(2.3.1) $\quad T \cdot \dfrac{dx_a}{dt} + x_a = K \cdot x_e$

die typischen Testfunktionen aufgeschaltet und die sich ergebenden Antwortfunktionen untersucht werden.

2.3.1 Impulsfunktion, Impulsantwort

Die Impulsfunktion besteht aus einem Impuls der Breite Δt und der Höhe $k/\Delta t$. Die Umpulsantwort ist der zeitliche Verlauf der Ausgangsgröße eines Systems, auf das am Eingang eine Impulsfunktion wirkt. Wird ein PT_1-Glied mit einer Impulsfunktion beaufschlagt, so ergibt sich der in Bild 2.3.2 dargestellte Verlauf der Impulsantwort.

Impulsfunktion:

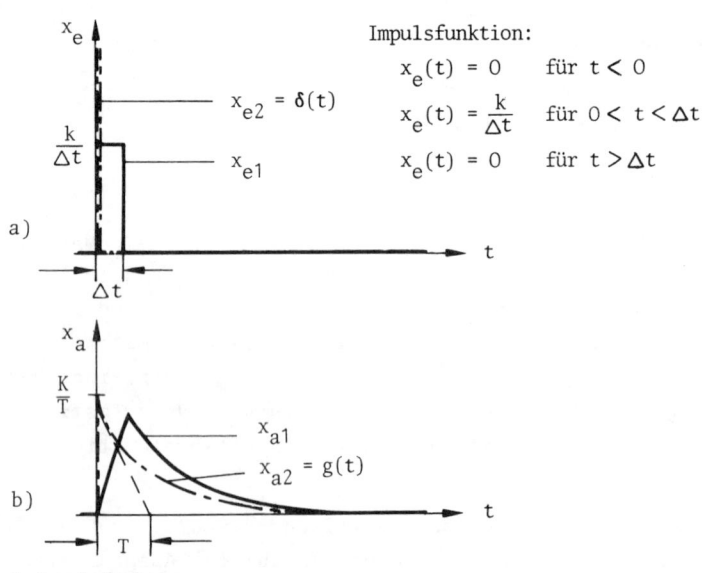

$x_e(t) = 0 \quad$ für $t < 0$

$x_e(t) = \dfrac{k}{\Delta t} \quad$ für $0 < t < \Delta t$

$x_e(t) = 0 \quad$ für $t > \Delta t$

Bild 2.3.2 a) Impulsfunktion
                 b) Impulsantwort eines PT_1-Gliedes

2.3 Beschreibung mit Hilfe von Antwortfunktionen

Die Impulsfunktion entartet zur Deltafunktion $\delta(t)$, wenn die Impulsbreite $\Delta t \to 0$ und die Impulsfläche $k \to 1$ gehen. Wird ein System mit einer Deltafunktion erregt, so tritt am Ausgang die Gewichtsfunktion $g(t)$ auf:

(2.3.2) $\quad g(t) = x_a(t) \quad \text{für} \quad x_e(t) = \delta(t)$

2.3.2 Sprungfunktion, Sprungantwort

Die Sprungfunktion ist gleich Null für alle Zeiten kleiner Null; sie springt im Zeitpunkt $t = 0$ auf den Wert k_o und behält diesen Wert für alle Zeiten größer Null. Die Sprungantwort ist der zeitliche Verlauf der Ausgangsgröße eines Systems, das am Eingang mit einer Sprungfunktion beaufschlagt wird. Bild 2.3.3 zeigt die Sprungfunktion und die Sprungantwort eines PT_1-Gliedes.

Wird die Ausgangsgröße durch Quotientenbildung auf die Sprunghöhe der Eingangsgröße bezogen, dann entsteht die bezogene Sprungantwort, die sogenannte Übergangsfunktion. Die Übergangsfunktion $h(t)$ ist also auch die Sprungantwort eines Systems als Reaktion auf einen Einheitssprung $x_e(t) = 1(t)$ am Eingang:

(2.3.3) $\quad h(t) = x_a(t) \quad \text{für} \quad x_e(t) = 1(t)$

Bei linearen Systemen mit konstanten Koeffizienten ist die Übergangsfunktion das Zeitintegral der Gewichtsfunktion:

(2.3.4) $\quad h(t) = \int g(t)\, dt$

a)

Sprungfunktion:
$x_e(t) = 0 \quad \text{für} \quad t < 0$
$x_e(t) = k_o \quad \text{für} \quad t \geq 0$

b)

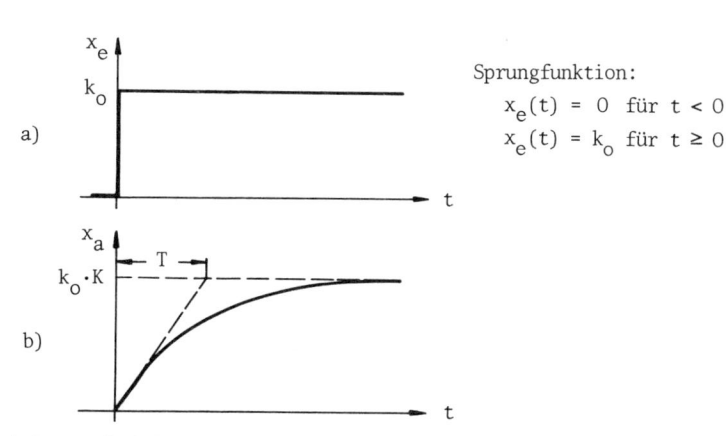

Bild 2.3.3   a) Sprungfunktion
b) Sprungantwort eines PT_1-Gliedes

2.3.3 Anstiegsfunktion, Anstiegsantwort

Die Anstiegsfunktion, auch Rampenfunktion genannt, ist eine linear mit der Zeit ansteigende Funktion. Die Anstiegsantwort ist der zeitliche Verlauf der Ausgangsgröße eines Systems, auf das am Eingang eine Anstiegsfunktion einwirkt. Wird ein PT_1-Glied mit einer Anstiegsfunktion beaufschlagt, so ergibt sich der in Bild 2.3.4 dargestellte Verlauf der Anstiegsantwort.

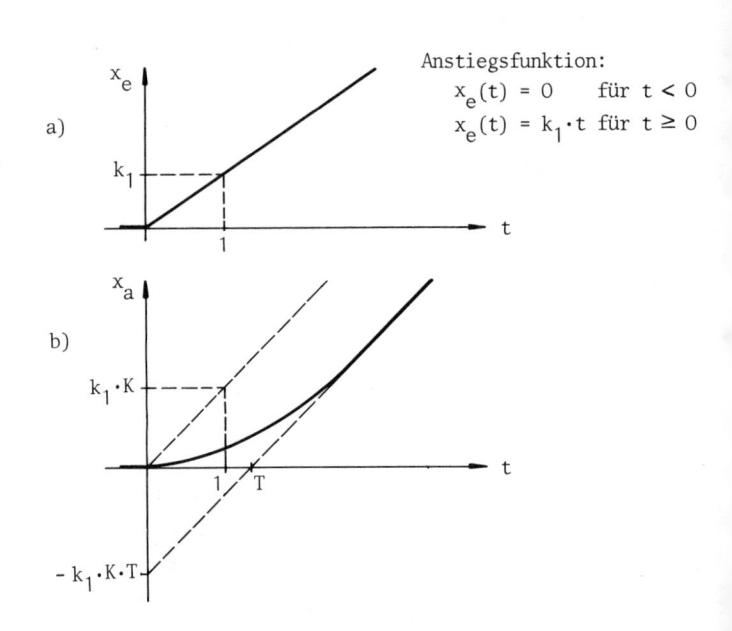

Anstiegsfunktion:
$x_e(t) = 0$ für $t < 0$
$x_e(t) = k_1 \cdot t$ für $t \geq 0$

Bild 2.3.4 a) Anstiegsfunktion
b) Anstiegsantwort eines PT_1-Gliedes

2.3.4 Cosinusfunktion, Schwingungsantwort

Das Zeitverhalten von Übertragungsgliedern oder -systemen kann (außer durch das Übergangsverhalten) eindeutig auch durch die Zuordnung der Änderung des Ausgangssignals zu zeitlich cosinusförmigen Änderungen des Eingangssignals im eingeschwungenen Zustand für alle Frequenzen zwischen Null und Unendlich beschrieben werden.

Als Testfunktion wird eine harmonische cosinusförmige Schwingung mit der Frequenz ω aufgeschaltet. Nach einem Einschwingvorgang füh die Ausgangsgröße $x_a(t)$ im Beharrungszustand ebenfalls eine gleich förmige Schwingung (Schwingungsantwort) mit derselben Frequenz ω

jedoch mit anderer Amplitude und Phasenlage als die Eingangsgröße aus. Der Verlauf der Ausgangsgröße eines PT_1-Gliedes als Reaktion auf eine cosinusförmige Eingangsfunktion ist in Bild 2.3.5 dargestellt.

Bildet man für alle Frequenzen $0 < \omega < \infty$ im Beharrungszustand das Verhältnis der Ausgangsgröße zur Eingangsgröße, so erhält man den sogenannten Frequenzgang $F(j\omega)$ des Übertragungsgliedes:

(2.3.5) $\quad F(j\omega) = \left|\dfrac{X_a}{X_e}\right| \cdot e^{j\varphi}$

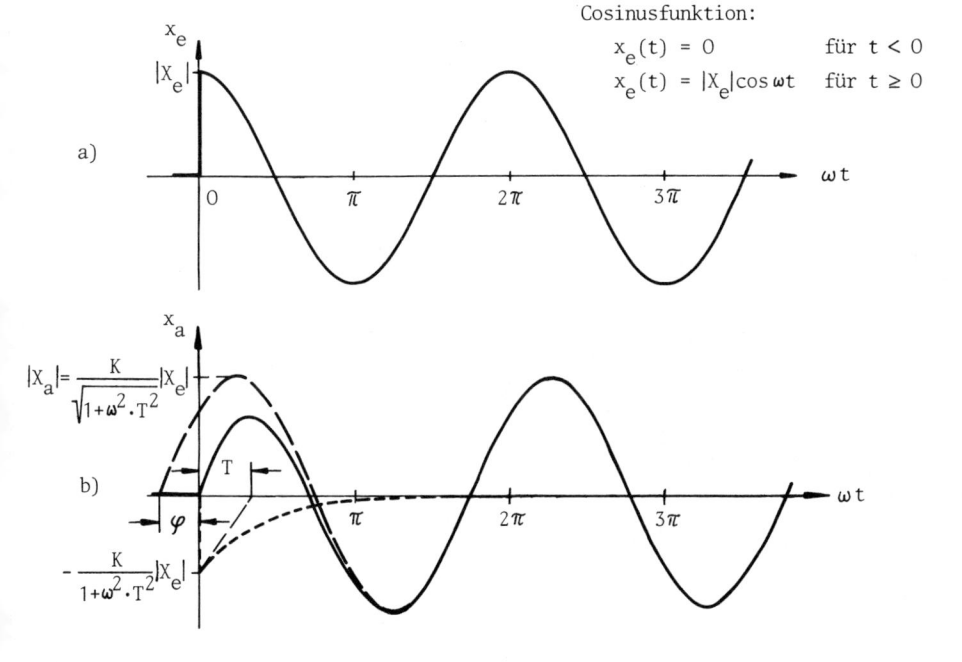

Cosinusfunktion:
$x_e(t) = 0 \quad$ für $t < 0$
$x_e(t) = |X_e|\cos\omega t \quad$ für $t \geq 0$

$|X_a| = \dfrac{K}{\sqrt{1+\omega^2 \cdot T^2}} |X_e|$

$-\dfrac{K}{1+\omega^2 \cdot T^2}|X_e|$

Bild 2.3.5 a) Cosinusfunktion
　　　　　　b) Schwingungsantwort eines PT_1-Gliedes

3. Lineare Übertragungsglieder

Um das dynamische Verhalten eines Übertragungsgliedes oder -systems ermitteln zu können, wird ein mathematisches Modell zur Beschreibung entwickelt. Dieses Modell ist für lineare Systeme mit räumlich konzentrierten Parametern einfach zu erstellen, wenn das Prinzip der Kausalität, eine Ursache ruft eine Wirkung hervor, zugrunde gelegt wird.

3.1 Analogien

Jedes technische System ist aus Baugliedern (Elementen) aufgebaut, die zusammenwirken und einen bestimmten Zweck erfüllen. Die wirkungsmäßigen Zusammenhänge der Elemente bestimmen das Verhalten des Systems. Will man das Verhalten analytisch beschreiben, so

- stellt man die an den einzelnen Baugliedern aufgrund der physikalischen Gesetze herrschenden Beziehungen auf, wie z. B. Ohmsches Gesetz für einen elektrischen Widerstand oder Massenerhaltungssatz für einen Stoffbehälter und
- ermittelt die geltenden Verknüpfungsbeziehungen, wie z. B. die Kirchhoffschen Knotenpunkts- und Maschengleichungen für elektrische Systeme.

Diese analytischen Beziehungen bilden das mathematische Modell des Systems. Als Bauglieder treten in elektrischen Systemen Widerstände, Kondensatoren und Spulen auf, in mechanischen Systemen Massen, Federn und Dämpfer, in hydraulischen Systemen Rohrleitungen und Behälter. Zur Beschreibung der Beziehungen an den Baugliedern verwendet man

- physikalische Größen, wie z. B. Spannung und Stromstärke in elektrischen Systemen, Kraft und Geschwindigkeit in mechanischen Systemen und Druck und Volumenstrom in hydraulischen Systemen und
- Kenngrößen der Bauglieder, wie z. B. die Induktivität einer Spule, die Masse eines Bauteils und den Widerstand einer Rohrleitung.

Für allgemeine Betrachtungen wäre es vorteilhaft, könnte man das Verhalten von Systemen und ihren Elementen ohne Rücksicht auf die Art und das Medium des Systems verallgemeinert beschreiben. Es läßt sich zeigen, daß dies möglich ist.

Für lineare Systeme mit räumlich konzentrierten Baugliedern werden nur zwei zeitabhängige physikalische Größen, von denen die eine die Ursache und die andere die Wirkung darstellt, benötigt, um die Beziehungen an den Elementen anzugeben. Diese Größen sind das verallgemeinerte Potential $p(t)$ und der verallgemeinerte Strom $q(t)$. Der an den Baugliedern vorkommende Kausalzusammenhang läßt sich darstellen als proportionale Abhängigkeit $q(t) \sim p(t)$, integrierend wirkende Abhängigkeit $q(t) \sim \int p(t)\,dt$ und als differenzierend wirkende Abhängigkeit $q(t) \sim dp(t)/dt$.

Das Produkt der verallgemeinerten Größen Potential und Strom ist gleich der Momentanleistung $P(t) = p(t) \cdot q(t)$. Die Bauglieder eines Systems können daher als Energieumsetzer betrachtet werden, wobei zwischen Energiequellen (Quellelementen), Energieverbrauchern (Widerstandselementen) und Energiespeichern (Speicherelementen) unterschieden wird.

3.1.1 Verallgemeinerte Größen

Die beiden Größen Potential und Strom bilden die Grundlage für die Verallgemeinerung. Die Zuordnung der physikalischen Größen von Systemen der verschiedenen technischen Gebiete zu den verallgemeinerten Größen Potential und Strom ist im Grundsatz willkürlich. Eine Zuordnung kann z. B. anhand der Meßverfahren erfolgen, mit denen Potential und Strom bestimmt werden. Die Größe Potential wird von einem Punkt des Systems relativ zu einem Bezugspunkt gemessen. Potentialdifferenzen werden allgemein auch als Quervariable bezeichnet. Quervariable sind z. B. elektrische Spannung, Geschwindigkeit und Druck. Die Größe Strom, allgemein als Längsvariable bezeichnet, wird direkt im Zweig eines Systems gemessen. Längsvariable sind also Stromstärke, Kraft, Volumenstrom und Massenstrom.

In Tabelle 3.1.1 sind die analogen physikalischen Größen von Systemen verschiedener technischer Gebiete zusammengestellt und den verallgemeinerten Größen Potentialdifferenz und Strom zugeordnet. In mechanischen Systemen ist gemäß der Zuordnung nach dem Meßverfahren die Geschwindigkeit eine Quervariable und die Kraft eine Längsvariable. In Tabelle 3.1.1 wird jedoch der klassischen Analogie der Vorzug gegeben, bei der die Kraft der Potentialdifferenz und die

Tabelle 3.1.1 Analoge Größen

Größe	elektrisch	mech.-transl.	mech.-rot.	hydraulisch	pneumatisch	thermisch	chemisch
Quantität	Ladung Q C	Weg x m	Auslenkung α	Volumen V m^3	Gasmasse m kg	Wärmemenge Q kJ	Anzahl der Mole n mol
Potential	Spannung u V	Kraft K N	Drehmoment M N·m	Druck p_d $\frac{N}{m^2}$	Druck p_d $\frac{N}{m^2}$	Temperatur ϑ K	Konzentration C $\frac{mol}{m^3}$
Strom	Stromstärke $i = \frac{dQ}{dt}$ A	Geschwindigkeit $v = \frac{dx}{dt}$ $\frac{m}{s}$	Winkelgeschw. $\omega = \frac{d\alpha}{dt}$ $\frac{1}{s}$	Volumenstrom $q = \frac{dV}{dt}$ $\frac{m^3}{s}$	Massenstrom $\dot{m} = \frac{dm}{dt}$ $\frac{kg}{s}$	Wärmestrom $\dot{\emptyset} = \frac{dQ}{dt}$	Diffusionsstrom $\frac{dn}{dt}$ $\frac{mol}{s}$
Widerstand	El. Widerstand $R = \frac{u}{i}$ Ω	Dämpfungswid. $d = \frac{K}{v}$ $\frac{N \cdot s}{m}$	Dämpfungswid. $d_R = \frac{M}{\omega}$ N·m·s	Strömungswid. $r_L = \frac{p_d}{q}$ $\frac{kg}{m^4 \cdot s}$	Pneumat. Wid. $r = \frac{p_d}{\dot{m}}$ $\frac{1}{m \cdot s}$	Wärmewiderstand $R_W = \frac{\vartheta}{\emptyset}$ $\frac{K \cdot h}{kJ}$	Diffusionswid. $R = \frac{C}{dn/dt}$ $\frac{s}{m^3}$
Speicher für pot. Energie	El. Kapazität $C = \frac{Q}{u}$ F	Feder $\frac{1}{c} = \frac{x}{K}$ $\frac{m}{N}$	Torsionsfeder $\frac{1}{c_R} = \frac{\alpha}{M}$ $\frac{1}{N \cdot m}$	Speicherkap. $k = \frac{V_o}{p_o}$ $\frac{m^4 \cdot s^2}{kg}$	Speicherkap. $k = \frac{m}{p_d}$ $m \cdot s^2$	Wärmekap. $k = \frac{Q}{\vartheta}$ $\frac{kJ}{K}$	
Speicher für kin. Energie	Induktivität $L = \frac{u}{di/dt}$ H	Masse $m = \frac{K}{dv/dt}$ kg	Trägheitsmoment $J = \frac{M}{d\omega/dt}$ kg·m^2	Trägheit $L_L = \frac{p_d}{dq/dt}$ $\frac{kg}{m^4}$	Trägheit $L = \frac{p_d}{d\dot{m}/dt}$ $\frac{1}{m}$		

Geschwindigkeit dem Strom zugeordnet sind gemäß der Betrachtung von Ursache und Wirkung. Bei thermischen Systemen werden als verallgemeinerte Größen Temperatur und Wärmestrom herangezogen. Die Wahl dieser Größen führt zu analogen Baugliedern, wie Wärmewiderstand und Wärmekapazität. Das Produkt aus Temperatur und Wärmestrom jedoch stellt nicht wie das Produkt der verallgemeinerten Größen in anderen Systemen eine Leistung dar.

3.1.2 Analoge Bauglieder

Bei den räumlich konzentrierten Baugliedern linearer Systeme unterscheidet man Energiequellen, Energieverbraucher und Energiespeicher.

3.1.2.1 Energiequellen

Es existieren zwei Arten von Energiequellen, Spannungsquellen und Stromquellen (Bild 3.1.1). Eine ideale Spannungsquelle liefert eine eingeprägte Potentialdifferenz unabhängig vom Strom. Eine ideale Stromquelle liefert hingegen einen eingeprägten Strom unabhängig vom anliegenden Potential. Die Leistung, die die Quelle liefert, ist gleich dem Produkt aus Potentialdifferenz und Strom.

Bild 3.1.1 Energiequellen
  a) Spannungsquelle
  b) Stromquelle

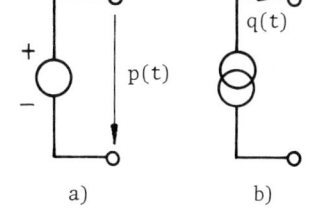

3.1.2.2 Energieverbraucher

Energieverbraucher sind Widerstandselemente, an denen Energie irreversibel umgesetzt wird. Sie werden durch folgende Gleichung beschrieben:

(3.1.1) $q(t) = \frac{1}{R} \cdot p(t)$

Der Strom ist proportional der Potentialdifferenz. Energieverbraucher sind in ihrer Wirkung also proportionale Übertragungsglieder. Die Ausgangsgröße Strom (Wirkung) ist proportional der Eingangsgröße Potentialdifferenz (Ursache). Proportionalglieder bleiben in ihrer Wirkung Proportionalglieder, auch wenn, entgegen der Kausalität, der Strom als Eingangsgröße und die Potentialdifferenz als Ausgangsgröße betrachtet werden:

(3.1.2) $p(t) = R \cdot q(t)$

3.1.2.3 Energiespeicher

Bei den Energiespeichern unterscheidet man zwei Arten von Speicherelementen, Speicher für kinetische Energie und Speicher für potentielle Energie. Ein Speicher für kinetische Energie wird durch folgende Gleichung beschrieben:

(3.1.3) $q(t) = \dfrac{1}{L} \int p(t)\, dt$

Ein Speicher für kinetische Energie ist in seiner Wirkung ein integrierendes Übertragungsglied. Die Ausgangsgröße Strom ist proportional dem Zeitintegral der Eingangsgröße Potentialdifferenz. Eine Masse im mechanischen System ist z. B. ein Speicherelement für kinetische Energie.

Für einen Speicher für potentielle Energie gilt die Beziehung:

(3.1.4) $q(t) = C \cdot \dfrac{dp(t)}{dt}$

Ein Speicher für potentielle Energie ist in seiner Wirkung also ein differenzierendes Übertragungsglied. Die Ausgangsgröße Strom ist proportional dem Differentialquotienten der Eingangsgröße Potentialdifferenz. Eine Feder in einem mechanischen System ist z. B. ein Speicherelement für potentielle Energie.

Betrachtet man bei einem Speicherelement für kinetische Energie entgegen der Kausalität den Strom als Eingangsgröße und die Potentialdifferenz als Ausgangsgröße, so weist dieser Speicher eine differenzierende Wirkung auf. Ein Speicherelement für potentielle Energie besitzt dann analog eine integrierende Wirkung. In Tabelle 3.1.2 sind die analogen Bauglieder von Systemen verschiedener technischer Gebiete zusammengestellt und ihre Übertragungsfunktionen angegeben.

3.1.3 Entwurf eines mathematischen Modells

Am Beispiel eines elektrischen Reihenschwingkreises nach Bild 3.1.2 wird nun gezeigt, wie ein Signalflußplan entworfen, die Übertra-

3.1 Analogien 85

Tabelle 3.1.2 Übertragungsfunktionen analoger Bauglieder

System	elektrisch	mech.-transl.	mech.-rot.	hydraulisch	pneumatisch	thermisch
Übertragungsblock	$u \to \boxed{F(p)} \to i$ $i \to \boxed{\frac{1}{F(p)}} \to u$	$K \to \boxed{F(p)} \to v$ $v \to \boxed{\frac{1}{F(p)}} \to K$	$M \to \boxed{F(p)} \to \omega$ $\omega \to \boxed{\frac{1}{F(p)}} \to M$	$p_d \to \boxed{F(p)} \to q$ $q \to \boxed{\frac{1}{F(p)}} \to p_d$	$p_d \to \boxed{F(p)} \to \dot m$ $\dot m \to \boxed{\frac{1}{F(p)}} \to p_d$	$\vartheta \to \boxed{F(p)} \to \emptyset$ $\emptyset \to \boxed{\frac{1}{F(p)}} \to \vartheta$
Energieverbraucher						
Bauglied	R Widerstand	d Dämpfer	d_R Tors.dämpfer	r_L Leitung	r Drossel	R_W Ebene Wand
Phys. Gesetz	$i = \frac{1}{R}\cdot u$	$v = \frac{1}{d}\cdot K$	$\omega = \frac{1}{d_R}\cdot M$	$q = \frac{1}{r_L}\cdot p_d$	$\dot m = \frac{1}{r}\cdot p_d$	$\emptyset = \frac{1}{R_W}\cdot \vartheta$
Übertragungsfunktion F(p)	$\frac{1}{R}$	$\frac{1}{d}$	$\frac{1}{d_R}$	$\frac{1}{r_L}$	$\frac{1}{r}$	$\frac{1}{R_W}$
Energiespeicher						
Bauglied	C Kondensator	C Feder	$\frac{1}{c_R}$ Tors.feder	k Speicher	k Speicher	k Speicher
Phys. Gesetz	$i = C\cdot\frac{du}{dt}$	$v = \frac{1}{c}\cdot\frac{dK}{dt}$	$\omega = \frac{1}{c_R}\cdot\frac{dM}{dt}$	$q = k\cdot\frac{dp_d}{dt}$	$\dot m = k\cdot\frac{dp_d}{dt}$	$\emptyset = k\cdot\frac{d\vartheta}{dt}$
Übertragungsfunktion F(p)	$C\cdot p$	$\frac{p}{c}$	$\frac{p}{c_R}$	$k\cdot p$	$k\cdot p$	$k\cdot p$
Bauglied	L Spule	m Masse	J Trägheit	L_L Trägheit	L Trägheit	
Phys. Gesetz	$i = \frac{1}{L}\int u\,dt$	$v = \frac{1}{m}\int K\,dt$	$\omega = \frac{1}{J}\int M\,dt$	$q = \frac{1}{L_L}\int p_d\,dt$	$\dot m = \frac{1}{L}\int p_d\,dt$	
Übertragungsfunktion F(p)	$\frac{1}{L\cdot p}$	$\frac{1}{m\cdot p}$	$\frac{1}{J\cdot p}$	$\frac{1}{L_L\cdot p}$	$\frac{1}{L\cdot p}$	

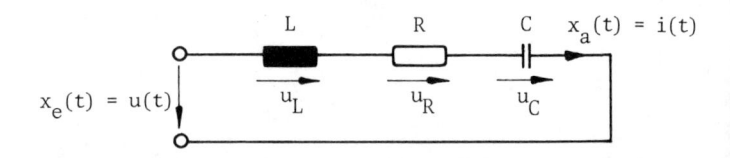

Bild 3.1.2 Reihenschwingkreis

gungsfunktion berechnet, die Differentialgleichung aufgestellt und ein analoges mechanisches System ermittelt werden können.

Der Reihenschwingkreis besteht aus drei Baugliedern: einer Spule, einem Widerstand und einem Kondensator. Im Signalflußplan wird jedes Glied durch einen Übertragungsblock mit entsprechender Übertragungsfunktion gemäß den physikalischen Gesetzmäßigkeiten dargestellt. Als Eingangs- und Ausgangsgrößen wirken die Spannung und der Strom des jeweiligen Übertragungsgliedes. Durch Anlegen der äußeren Spannung u(t) (Ursache) fließt im Netzwerk der Strom i(t) (Wirkung) und ruft an den Baugliedern die Spannungsabfälle $u_L(t)$, $u_R(t)$ und $u_C(t)$ hervor, deren Summe gleich der angelegten Spannung ist:

$$u(t) = u_L(t) + u_R(t) + u_C(t)$$

Um den ersten Übertragungsblock für die Spule zeichnen zu können, muß der Spannungsabfall $u_L(t)$ an der Spule bekannt sein. Nach obiger Gleichung gilt:

$$u_L(t) = u(t) - u_R(t) - u_C(t)$$

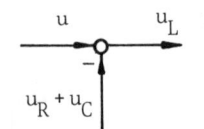

Bild 3.1.3 Summationsstelle

Im Signalflußplan führt diese Gleichung auf eine Summationsstelle (Bild 3.1.3). Der Spannungsabfall $u_L(t)$ wird als Ursache für den Stromfluß in der Spule gesehen. Für das Speicherelement Spule gilt:

$$i_L(t) = \frac{1}{L}\int u_L(t)\,dt$$

und Laplace-transformiert:

$$i_L(p) = \frac{1}{L \cdot p} \cdot u_L(p)$$

Die Übertragungsfunktion des ersten Blockes lautet also $1/(L \cdot p)$ (Bild 3.1.4). Die Ausgangsgröße dieses Blockes, der Strom i(t), ist

Bild 3.1.4 Übertragungsblock

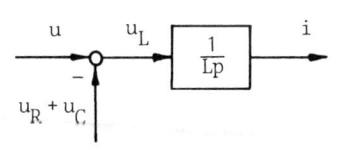

bereits die gesuchte Ausgangsgröße des Signalflußplanes. Im nächsten Schritt wird der Block für den Energieverbraucher Ohmscher Widerstand entworfen. Es gilt:

$$u_R(t) = R \cdot i(t)$$

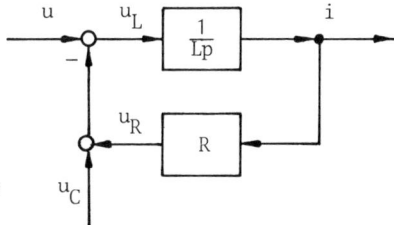

Bild 3.1.5 Übertragungsblöcke

Eingangsgröße für diesen Block ist also der Strom i(t) und Ausgangsgröße der Spannungsabfall $u_R(t)$. Die Übertragungsfunktion ist R (Bild 3.1.5). Damit ist ein Term der an der Summationsstelle rückgeführten Größen gefunden. Über den Energiespeicher Kondensator wird der noch fehlende Spannungsabfall $u_C(t)$ ermittelt. Es gilt:

$$u_C(t) = \frac{1}{C} \int i(t)\, dt$$

und

$$u_C(p) = \frac{1}{C \cdot p} \cdot i(p)$$

Die Übertragungsfunktion dieses Blockes ist also $1/(C \cdot p)$ (Bild 3.1.6). Damit ist der andere Term der Rückführgrößen ermittelt und der Signalflußplan komplett entworfen. Dieser Signalflußplan ist nicht die einzig richtige Lösung. Wird die Maschengleichung für die Spannungen z. B. nach $u_R(t)$ aufgelöst, so ergibt sich ein Si-

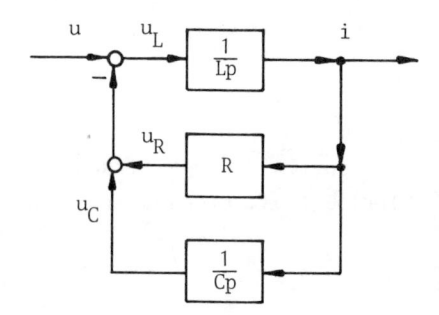

Bild 3.1.6
Signalflußplan des Reihenschwingkreises

gnalflußplan nach Bild 3.1.7. Dieser weist einen differenzierenden Übertragungsblock auf. Reine Differenzierglieder treten aber in physikalischen Systemen nicht auf. Daher ist beim Entwerfen von Signalflußplänen darauf zu achten, daß die Speicherelemente als Integrierglieder nachgebildet werden.

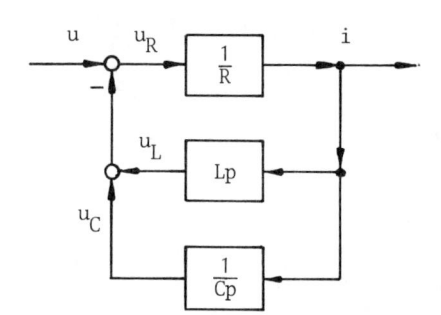

Bild 3.1.7
Signalflußplan des Reihenschwingkreises

Um die resultierende Übertragungsfunktion das Schwingkreises zu ermitteln, wird mit Hilfe der Blockschaltbildalgebra der Signalflußplan zu einem Einzelblock umgeformt. Zuerst wird die Parallelstruktur in der Rückführung aufgelöst und dann die Kreisstruktur zusammengefaßt, so daß man den resultierenden Einzelblock nach Bild 3.1.8 erhält. Somit lautet für diesen Schwingkreis die Übertragungsfunktion zwischen der Ausgangsgröße Strom und der Eingangsgröße Spannung:

$$F(p) = \frac{i(p)}{u(p)} = \frac{1}{Lp + R + \frac{1}{Cp}} = \frac{Cp}{1 + RCp + LCp^2}$$

Das System hat ein DT_2-Verhalten.

Bild 3.1.8 Resultierender Einzelblock

Ersetzt man den Operator p formal durch das Differentiationssymbol
d/dt, so läßt sich aus der Übertragungsfunktion sehr einfach die
Differentialgleichung des Systems angeben:

$$LC \cdot \frac{d^2 i(t)}{dt^2} + RC \cdot \frac{di(t)}{dt} + i(t) = C \cdot \frac{du(t)}{dt}$$

Nun soll noch ein dem elektrischen System analoges mechanisch-
translatorisches System bestimmt werden. Für die Größen und die
Bauglieder gelten die Analogien der Tabelle 3.1.1 und der Tabelle
3.1.2. Im elektrischen System setzt sich die Gesamtspannung aus
den Spannungsabfällen an Spule, Widerstand und Kondensator zusammen:

$$u = u_L + u_R + u_C$$

$$u = L \cdot \frac{di}{dt} + R \cdot i + \frac{1}{C} \int i \, dt$$

Analog muß also für das mechanische System gelten:

$$K = K_m + K_d + K_c$$

$$K = m \cdot \frac{dv}{dt} + d \cdot v + c \int v \, dt$$

Im elektrischen System fließt der Strom i durch alle Bauglieder.
Im mechanischen System müssen also analog alle Bauglieder mit der
gleichen Geschwindigkeit bewegt werden. Damit ergibt sich der Aufbau für das dem elektrischen System analoge mechanische System
nach Bild 3.1.9.

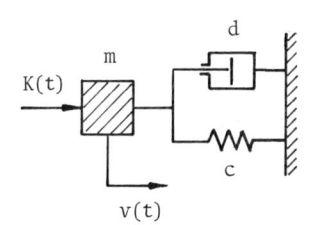

Bild 3.1.9 Analoges mechanisches System

3.2 Elementare Übertragungsglieder

In Tabelle 3.2.1 sind typische elementare Übertragungsglieder mit
ihrem Verhalten zusammengestellt. Die Tabelle enthält sowohl Übertragungsglieder, die als Regelstrecke auftreten, als auch Glieder,

Tabelle 3.2.1 Verhalten elementarer Übertragungsglieder

Nr.	Glied	Gleichung im Zeitbereich	Übertragungsfunktion	Übergangsfunktion	Beispiel
1	P	$x_a = K_P x_e$	$F(p) = K_P$		$x_e = p_e$
2	PT_1	$T\dot{x}_a + x_a = K_P x_e$	$F(p) = \dfrac{K_P}{1+Tp}$		$x_e = u_e$
3	PT_2	$T^2\ddot{x}_a + 2yT\dot{x}_a + x_a = K_P x_e$	$F(p) = \dfrac{K_P}{1+2yTp+T^2p^2}$		$x_e = K_e$
4	T_t	$x_a(t) = x_e(t-T_t)$	$F(p) = e^{-pT_t}$		
5	PT_1T_t	$T\dot{x}_a(t) + x_a(t) = K_P x_e(t-T_t)$	$F(p) = \dfrac{K_P}{1+Tp}e^{-pT_t}$		
6	I	$x_a = K_I \int x_e\, dt$	$F(p) = \dfrac{K_I}{p}$		$x_e = u_e$
7	IT_1	$T\dot{x}_a + x_a = K_I \int x_e\, dt$	$F(p) = \dfrac{K_I}{p(1+Tp)}$		$x_e = K_e$

Nr.	Glied	Gleichung im Zeitbereich	Übertragungsfunktion	Übergangsfunktion	Beispiel
8	D	$x_a = K_D \dot{x}_e$	$F(p) = K_D p$		
9	DT_1	$T\dot{x}_a + x_a = K_D \dot{x}_e$	$F(p) = \dfrac{K_D p}{1+Tp}$		
10	PI	$x_a = K_P(x_e + \dfrac{1}{T_n}\int x_e\,dt)$	$F(p) = K_P(1+\dfrac{1}{T_n p})$		
11	PIT_1	$T\dot{x}_a + x_a = K_P(x_e + \dfrac{1}{T_n}\int x_e\,dt)$	$F(p) = K_P \dfrac{1+\dfrac{1}{T_n p}}{1+Tp}$		
12	PD	$x_a = K_P(x_e + T_v \dot{x}_e)$	$F(p) = K_P(1+T_v p)$		
13	PDT_1	$T\dot{x}_a + x_a = K_P(x_e + T_v \dot{x}_e)$	$F(p) = K_P \dfrac{1+T_v p}{1+Tp}$		
14	PID	$x_a = K_P(x_e + \dfrac{1}{T_n}\int x_e\,dt + T_v \dot{x}_e)$	$F(p) = K_P(1+\dfrac{1}{T_n p}+T_v p)$		
15	$PIDT_1$	$T\dot{x}_a + x_a = K_P(x_e + \dfrac{1}{T_n}\int x_e\,dt + T_v \dot{x}_e)$	$F(p) = K_P \dfrac{1+\dfrac{1}{T_n p}+T_v p}{1+Tp}$		

die als Regler eingesetzt werden. Die Glieder 1 mit 7 sind typische Regelstrecken-Übertragungsglieder, unterteilt in solche

mit proportionalem Verhalten (1 mit 5), das sind Strecken mit Ausgleich, bei denen eine sprungförmige Stellgrößenänderung Δy eine Änderung der Regelgröße Δx hervorruft, die einem neuen Beharrungswert zustrebt, und solche

mit integrierendem Verhalten (6 und 7), das sind Strecken ohne Ausgleich, bei denen eine sprungförmige Stellgrößenänderung Δy dazu führt, daß die Regelgröße unaufhörlich ansteigt, bis sie auf Grund sekundärer Effekte (z. B. Anschlag) begrenzt wird.

Reine P- und I-Glieder werden auch als Regler eingesetzt. Die Glieder 8 und 9, das D- und das DT_1-Glied, werden im wesentlichen in Regeleinrichtungen und Rückführungen eingesetzt. Die Glieder 10 mit 15 sind typische Regler-Übertragungsglieder mit proportional-, integrierend- und differenzierend-wirkendem Verhalten.

Tabelle 3.2.2 zeigt, wie diese elementaren Übertragungsglieder, abstrahiert von der Gerätetechnik, durch ihre Übergangsfunktion oder ihre Übertragungsfunktion in Signalflußplänen dargestellt werden.

3.2.1 Regelstrecken

3.2.1.1 Regelstrecken mit proportionalem Verhalten

Die allgemeine Übertragungsfunktion $F_S(p)$ für Regelstrecken mit proportionalem Verhalten lautet:

$$(3.2.1) \quad F_S(p) = \frac{K_{PS}}{1 + a_1 \cdot p + a_2 \cdot p^2 + \ldots + a_n \cdot p^n}$$

wobei alle $a_i > 0$. In Tabelle 3.2.3 sind solche Regelstrecken und ihre Eigenschaften zusammengestellt.

a) Unverzögertes Proportionalglied

Beim unverzögerten P- Glied folgt die Ausgangsgröße direkt proportional der Eingangsgröße. Die Übertragungsfunktion des P- Gliedes lautet:

$$(3.2.2) \quad F_S(p) = K_{PS}$$

Der Proportionalbeiwert K_{PS} ist die Kenngröße des P-Gliedes. Bild

3.2 Elementare Übertragungsglieder 93

Tabelle 3.2.2 Darstellung elementarer Übertragungsglieder im Signalflußplan

Glied	Signalflußplan		Glied	Signalflußplan	
	Übergangsfunktion	Übertragungsfunktion		Übergangsfunktion	Übertragungsfunktion
P	K_P (Sprung)	K_P	D	K_D (Impuls)	$K_D p$
PT_1	K, T	$\dfrac{K}{1+Tp}$	DT_1	K_D, T	$\dfrac{K_D p}{1+Tp}$
PT_2	K, T,ϑ	$\dfrac{K}{1+2\vartheta Tp+T^2 p^2}$	PI	K_P, T_n	$K_P(1+\dfrac{1}{T_n p})$
T_t	T_t	e^{-pT_t}	PD	K_P, T_v	$K_P(1+T_v p)$
I	K_I	$\dfrac{K_I}{p}$	PID	K_P, T_n, T_v	$K_P(1+\dfrac{1}{T_n p}+T_v p)$

3.2.1 zeigt die Einheitssprungantwort des P- Gliedes:

(3.2.3) $x_a(t) = K_{PS} \cdot 1(t)$

b) Verzögerungsglied 1. Ordnung

Das Verzögerungsglied 1. Ordnung (PT_1-Glied), das sich aus einem Energiespeicher und einem Energieverbraucher zusammensetzt, wird durch die Übertragungsfunktion $F_S(p)$:

(3.2.4) $F_S(p) = \dfrac{K_{PS}}{1 + T \cdot p}$

Bild 3.2.1 Sprungantwort eines P-Gliedes

3. Lineare Übertragungsglieder

Tabelle 3.2.3 Regelstrecken mit proportionalem Verhalten

Glied	Nenner d. Übertraggsfkt. Parameter	Nullstellen Anzahl	Größe	Übertragungsfunktion $F_S(p)$	Kenngrößen	Einheitssprungantwort Verlauf	Einheitssprungantwort Gleichung	Beispiele für Regelstrecken	Bemerkungen
P	$a_i = 0$	keine		K_{PS}	K_{PS}	⎍	$x_a(t) = K_{PS}$	Durchfluß	$K_{PS} = \frac{\Delta x}{\Delta y}\big|_{t\to\infty}$
PT_1	$a_1 \neq 0$ $a_2 = \ldots = a_n = 0$	eine	$p_1 = -\frac{1}{a_1} = -\frac{1}{T}$	$\frac{K_{PS}}{1+Tp}$	K_{PS}, T	⌢	$x_a(t) = K_{PS}(1 - e^{-t/T})$	Drehzahl Spannung	
PT_2	$a_1 \neq 0$ $a_2 \neq 0$ $a_3 = \ldots = a_n = 0$	zwei	$p_{1,2} = \delta_1 \pm j\omega_1$ $\delta_1 = -\frac{\zeta}{T}$ $\omega_1 = \frac{\sqrt{1-\zeta^2}}{T}$	$\frac{K_{PS}}{1+2\zeta Tp + T^2 p^2}$	K_{PS}, T, ζ	⌢	$x_a(t) = K_{PS}\left[1 - \frac{e^{-\zeta t/T}}{\sqrt{1-\zeta^2}} \sin\left(\frac{\sqrt{1-\zeta^2}}{T} t + \psi\right)\right]$ $\tan\psi = \sqrt{1-\zeta^2}/\zeta \;;\; 0<\psi<90°$		period. Fall: $\zeta<1$
			$p_{1,2} = -\frac{1}{T}$	$\frac{K_{PS}}{(1+Tp)^2}$	K_{PS}, T	⌢	$x_a(t) = K_{PS}\left[1 - (1+\frac{t}{T})e^{-t/T}\right]$	Zwei-Speicher-System	aperiod. Grenzfall: $\zeta=1$
			$p_1 = -\frac{1}{T_1}$ $p_2 = -\frac{1}{T_2}$	$\frac{K_{PS}}{(1+T_1 p)(1+T_2 p)}$	K_{PS}, T_1, T_2	⌢	$x_a(t) = K_{PS}\left(1 - \frac{T_1}{T_1-T_2} e^{-t/T_1} + \frac{T_2}{T_1-T_2} e^{-t/T_2}\right)$		aperiod. Fall: $\zeta>1$
PT_n	$a_i \neq 0$	viele reelle	$p_i = -\frac{1}{T_i}$	$\frac{K_{PS}}{\prod(1+T_i p)}$	K_{PS}, T_i	⌢		Temperatur	Ersatzrechenmodell: $PT_1 T$-Glied

mit den Kenngrößen Proportionalbeiwert K_{PS} und Zeitkonstante T beschrieben. Die Zeitkonstante T hängt von Eigenschaften der Regelstrecke ab. Bei elektronischen Strecken liegt sie im Bereich von Millisekunden, bei verfahrenstechnischen Strecken im Bereich von Minuten. Die Zeitkonstante ist beim Lade- und Entladevorgang oft, aber nicht immer, gleich groß. Bild 3.2.2 zeigt die Sprungantwort $x_a(t)$ des PT_1-Gliedes:

(3.2.5) $\quad x_a(t) = K_{PS} \cdot (1 - e^{-t/T})$

als Reaktion auf den Einheitssprung $x_e(t) = 1(t)$ am Eingang. Nach einer Zeit von etwa $t = 4 \cdot T$ erreicht die Sprungantwort 98 % ihres Endwertes.

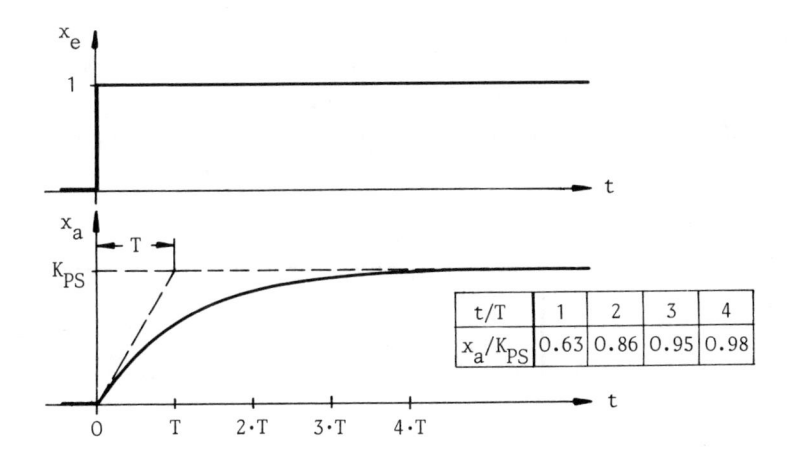

t/T	1	2	3	4
x_a/K_{PS}	0.63	0.86	0.95	0.98

Bild 3.2.2 Sprungantwort eines PT_1-Gliedes

c) Schwingendes Verzögerungsglied 2. Ordnung

Das Verzögerungsglied 2. Ordnung (PT_2-Glied), das neben einem Energieverbraucher ein Speicherglied für potentielle und ein Speicherglied für kinetische Energie enthält, wird durch folgende Übertragungsfunktion $F_S(p)$:

(3.2.6) $\quad F_S(p) = \dfrac{K_{PS}}{1 + 2 \cdot \mathfrak{z} \cdot T \cdot p + T^2 \cdot p^2}$

mit den Kenngrößen Proportionalbeiwert K_{PS}, Zeitkonstante T und Dämpfungsgrad $\mathfrak{z}$ beschrieben. Der Verlauf der Einheitssprungantwort:

$$(3.2.7) \qquad x_a(t) = K_{PS} \cdot \left[1 - \frac{e^{-\frac{\zeta}{T} \cdot t}}{\sqrt{1-\zeta^2}} \cdot \sin(\frac{\sqrt{1-\zeta^2}}{T} \cdot t + \arctan \frac{\sqrt{1-\zeta^2}}{\zeta}) \right]$$

bei gegebenem Dämpfungsgrad ζ ist in Bild 3.2.3 dargestellt. Für verschiedene Dämpfungsgrade ergibt sich der in Bild 3.2.4 gezeichnete Verlauf der Sprungantworten, die sich durch verschieden große Überschwingweiten und verschieden lange Einschwingzeiten auszeichnen. Das Verhältnis von zwei aufeinander folgenden Schwingungsamplituden, das sogenannte logarithmische Dekrement, beträgt:

$$(3.2.8) \qquad \left| \frac{x_{m+1}}{x_m} \right| = e^{-\pi \cdot \frac{\zeta}{\sqrt{1-\zeta^2}}}$$

und ist in Bild 3.2.5 als Funktion des Dämpfungsgrades dargestellt. Aus einem gemessenen Amplitudenverhältnis eines Übertragungsgliedes läßt sich also auf seinen Dämpfungsgrad rückschließen.

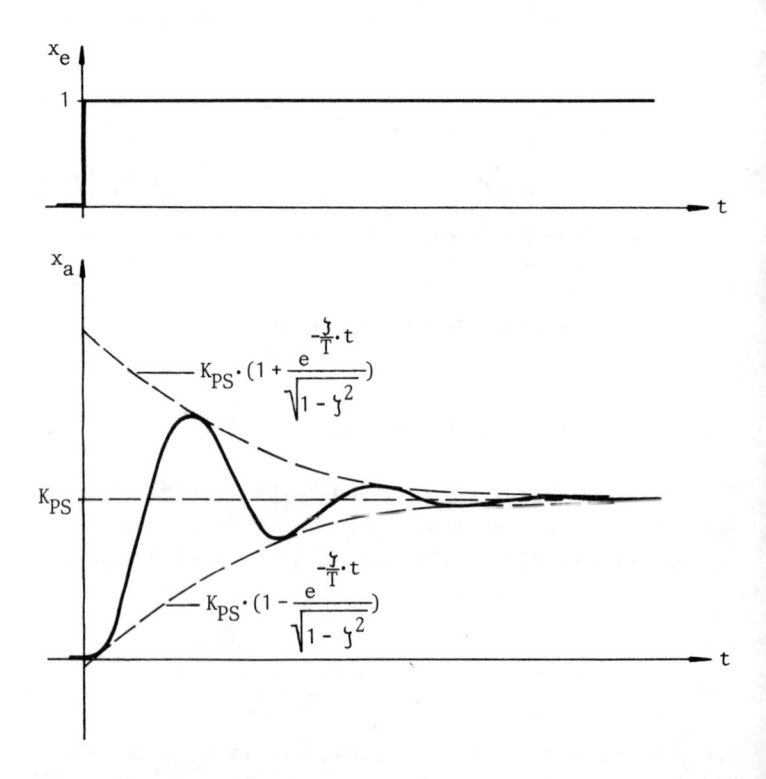

Bild 3.2.3 Sprungantwort eines PT_2-Gliedes

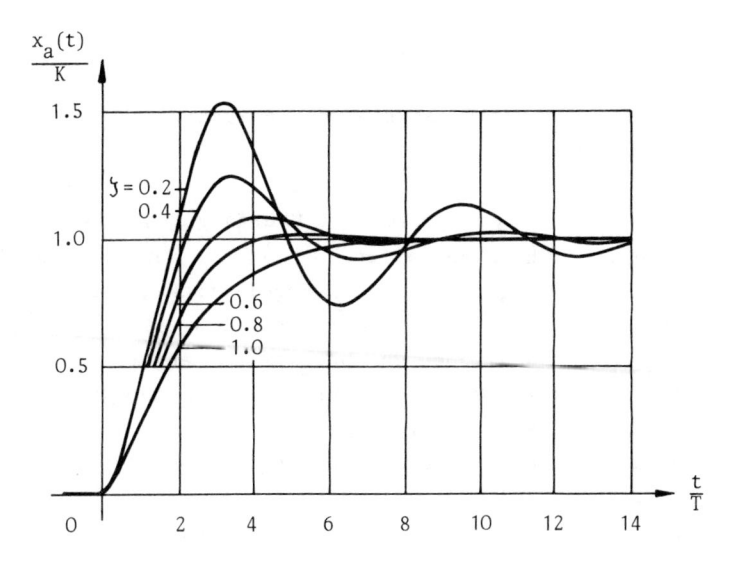

Bild 3.2.4 Sprungantworten eines PT_2-Gliedes mit dem Dämpfungsgrad ζ als Parameter

Ergibt sich in Gleichung (3.2.6) ein Dämpfungsgrad $\zeta \geq 1$, so liegt ein nicht schwingendes PT_2-Glied vor, dessen Wurzeln reell sind (s. Tabelle 3.2.3). Das PT_2-Glied läßt sich dann durch eine Kettenstruktur zweier PT_1-Glieder ersetzen.

$$\left|\frac{x_{m+1}}{x_m}\right| = e^{-\pi \frac{\zeta}{\sqrt{1-\zeta^2}}}$$

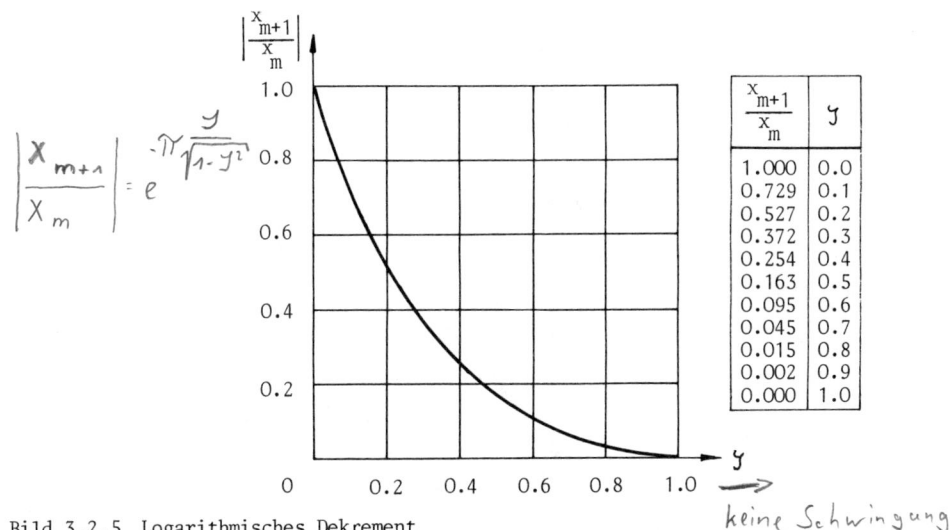

$\frac{x_{m+1}}{x_m}$	ζ
1.000	0.0
0.729	0.1
0.527	0.2
0.372	0.3
0.254	0.4
0.163	0.5
0.095	0.6
0.045	0.7
0.015	0.8
0.002	0.9
0.000	1.0

keine Schwingung

Bild 3.2.5 Logarithmisches Dekrement

d) PT_1T_t-Glied als Ersatzrechenmodell für ein Verzögerungsglied n-ter Ordnung

Ein der mathematischen Behandlung zugänglicheres Ersatzmodell zur näherungsweisen Beschreibung des Eingangs-Ausgangsverhaltens einer proportionalen Regelstrecke mit Verzögerungen n-ter Ordnung (n groß) läßt sich aus dem Verlauf der Übergangsfunktion mit Hilfe der Wendetangentenmethode herleiten. Dabei geht man folgendermaßen vor: Man ändert die Eingangsgröße der Regelstrecke, also die Stellgröße, sprungförmig um einen bestimmten Betrag Δy, z. B. durch plötzliches Öffnen oder Schließen des pneumatisch angetriebenen Stellventils, und nimmt den Verlauf der Ausgangsgröße der Regelstrecke, also die Regelgröße, als Sprungantwort auf. Bezieht man die Sprungantwort auf die Sprunghöhe der Eingangsgröße, so ergibt sich die Übergangsfunktion $h(t)$ der Regelstrecke (Bild 3.2.6). Diese Übergangsfunktion wird nach Anlegen der Wendetangente durch eine Ersatzübergangsfunktion mit Totzeit und Verzögerung 1. Ordnung (PT_1T_t-Verhalten) angenähert. Die Übertragungsfunktion des Ersatzmodells lautet dann:

$$(3.2.9) \qquad F_S(p) = \frac{K_{PS}}{1 + T_g \cdot p} \cdot e^{-T_u \cdot p}$$

Aus Bild 3.2.6 lassen sich die Kenngrößen K_{PS}, T_u und T_g der Ersatzübergangsfunktion ermitteln. Der Proportionalbeiwert K_{PS} der Regelstrecke läßt sich aus dem neuen Beharrungswert der Übergangs-

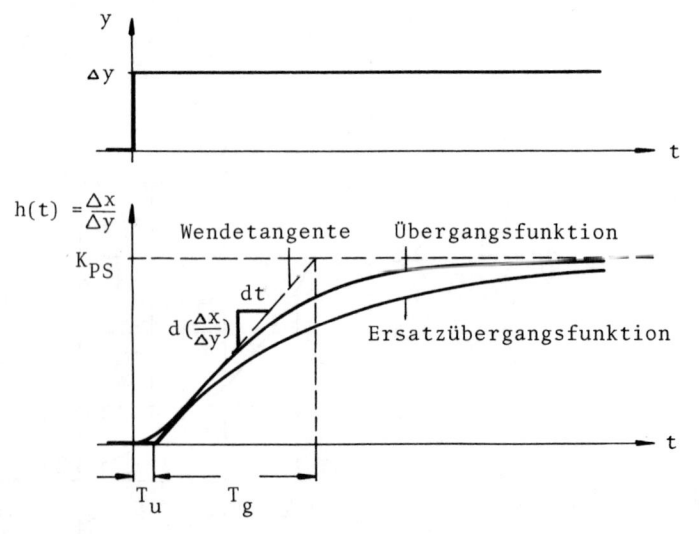

Bild 3.2.6 Übergangsfunktion einer PT_n-Regelstrecke und Ersatzübergangsfunktion

funktion bestimmen zu:

(3.2.10) $\quad K_{PS} = \dfrac{\Delta x}{\Delta y}\bigg|_{t \to \infty}$

Er ist eine statische Kenngröße. Dynamische Kenngrößen sind die Verzugszeit T_u und die Ausgleichszeit T_g.

Legt man im Punkt der größten Steigung der Übergangsfunktion die Wendetangente an, so schneidet diese auf der Zeitachse die Verzugszeit T_u ab. Die Verzugszeit T_u ist also jene Zeit, die vergeht, bis eine Änderung der Stellgröße am Eingang der Regelstrecke eine von Null verschiedene Ersatzübergangsfunktion verursacht.

Die Ausgleichszeit T_g ist die durch die Schnittpunkte der Wendetangente mit der Abszisse und der Abszissenparallelen durch den neuen Beharrungswert der Übergangsfunktion bestimmte Zeit. Die Ausgleichszeit ist ein Maß für die Geschwindigkeit, mit der der Ausgleich erfolgt.

Anhand der Größen Verzugszeit T_u und Ausgleichszeit T_g einer Regelstrecke läßt sich ihre Regelbarkeit beurteilen. Die Regelbarkeit wird umso schwieriger,

je größer T_u ist, weil während dieser Zeit die Strecke voll dem Einfluß einer Störgröße ausgeliefert ist, ohne daß die Regelgröße sich merklich ändert und der Regler korrigierend eingreifen kann, und

je kleiner T_g ist, weil dann der Regler nach Ablauf der Verzugszeit von der plötzlichen Änderung der Regelgröße überrascht wird und nun schnell und richtig dosiert der Störung entgegenwirken soll.

Inbezug auf die Regelbarkeit kommt es also nicht nur auf die absoluten Werte von T_u und T_g an, sondern auch auf das Verhältnis T_u/T_g. Gute Regelbarkeit liegt vor, wenn T_u klein und gleichzeitig T_g groß ist, schlechte Regelbarkeit, wenn T_u groß und gleichzeitig T_g klein ist. In Tabelle 3.2.4 sind für T_u/T_g Erfahrungswerte aus der Praxis zur Beurteilung der Regelbarkeit und des für ein ausreichend gutes Regelergebnis notwendigen Regelaufwandes zusammengestellt.

Anstelle der Ausgleichszeit kann zur Kennzeichnung des dynamischen Verhaltens auch der Anlaufwert herangezogen werden. Der Anlaufwert A einer Regelstrecke ist der Kehrwert der größten Änderungsgeschwindigkeit der Übergangsfunktion der Regelstrecke bei einer sprungförmigen Verstellung der Stellgröße um den vollen Stellbereich Y_h:

Tabelle 3.2.4 Erfahrungswerte zur Beurteilung der Regelbarkeit

T_u/T_g	Regelbarkeit	Regelaufwand
< 0.1	sehr gut regelbar	gering
0.1 ... 0.2	gut regelbar	mittel
0.2 ... 0.4	noch regelbar	groß
0.4 ... 0.8	schlecht regelbar	sehr groß
> 0.8	kaum regelbar	besondere Maßnahmen und Regelschaltungen erforderlich

$$(3.2.11) \quad A = \frac{1}{\left[d(\frac{\Delta x}{\Delta y})/dt\right]_{max}} \cdot \frac{1}{Y_h}$$

Der Stellbereich Y_h ist der Bereich, innerhalb dessen die Stellgröße einstellbar ist. Aus Bild 3.2.6 folgt:

$$\left[d\frac{\Delta x}{\Delta y}/dt\right]_{max} = K_{PS}/T_g$$

Somit ergibt sich für den Anlaufwert einer Regelstrecke mit Ausgleich auch:

$$(3.2.12) \quad A = \frac{T_g}{K_{PS} \cdot Y_h}$$

In Tabelle 3.2.5 sind für verschiedene Regelstrecken charakteristische Daten für die dynamischen Kenngrößen T_u, T_g und A zusammengestellt.

3.2.1.2 Regelstrecken mit integrierendem Verhalten

Die allgemeine Übertragungsfunktion $F_S(p)$ für Regelstrecken mit integrierendem Verhalten lautet:

$$(3.2.13) \quad F_S(p) = \frac{K_{IS}}{p \cdot (1 + a_1 \cdot p + \ldots + a_{n-1} \cdot p^{n-1})}$$

In Tabelle 3.2.6 sind die Eigenschaften solcher Regelstrecken zusammengestellt.

Tabelle 3.2.5 Dynamische Kenngrößen von Regelstrecken (nach [20])

Regelstrecke	Verzugszeit T_u	Ausgleichszeit T_g	Anlaufwert A
Temperatur			
kl. el. Laborofen	0.5 ... 1 min	5 ... 15 min	1 s/K
gr. el. Laborofen	1 ... 3 min	10 ... 20 min	3 s/K
Destillationskolonne	1 ... 7 min	5 ... 10 min	3 s/K
Raumheizung	1 ... 5 min	10 ... 60 min	60 s/K
Ammoniak-Absorber	1 ... 9 min		6 s/K
Dampferzeuger	10 ... 70 s	1 ... 5 min	
Überhitzer	50 ... 150 s	100 ... 200 s	0.5 s/K
Autoklav	30 ... 40 s	10 ... 20 min	
Hochdruckautoklav	10 ... 15 min	200 ... 250 min	
Durchfluß	0	0	
Wasserstand			
Dampfkessel	0		1 ... 20 s/cm
Druck			
Dampfkessel		1 ... 8 min	
Drehzahl			
kl. el. Antriebe	0	0.2 ... 10 s	
gr. el. Antriebe	0	5 ... 40 s	
Dampfturbine	0		20 s / 1000 min^{-1}
Spannung			
kl. Generator	0	1 ... 5 s	
gr. Generator	0	5 ... 10 s	

3.2.2 Regler

In Tabelle 3.2.1 ist das Verhalten linearer, idealer und realer (d. h. mit Verzögerung behafteter), kontinuierlich wirkender Regler zusammengestellt.

3.2.2.1 Proportional wirkender Regler

Beim proportional wirkenden Regler ist jeder Regeldifferenz x_d = w - x ein bestimmter Wert der Stellgröße $\Delta y = y - y_0$ zugeordnet. Diese Zuordnung wird durch die Kennlinie des P-Reglers dargestellt (Bild 3.2.7). Der Proportionalbereich (P-Bereich) X_p ist der Bereich, um den sich die Regeldifferenz ändern muß, um die Stellgröße über den ganzen Stellbereich Y_h von y_{min} bis y_{max} zu ändern. Gemäß der

Tabelle 3.2.6 Regelstrecken mit integrierendem Verhalten

Glied	Nenner d. Übertraggsfkt. Parameter	Nullstellen Anzahl	Nullstellen Größe	Übertragungs-funktion $F_S(p)$	Kenn-größen	Einheitssprungantwort Verlauf	Einheitssprungantwort Gleichung	Beispiele für Regelstrecken	Bemerkungen
I	$a_1=0$	eine	$p_1=0$	$\dfrac{K_{IS}}{p}$	K_{IS}	⟋	$x_a(t)=K_{IS}\,t$	Höhenstand	$K_{IS}=\dfrac{\Delta\dot{x}}{\Delta y}$
IT_1	$a_1\neq 0$ $a_2=\ldots=$ $=a_{n-1}=0$	zwei	$p_1=0$ $p_2=-\dfrac{1}{T}$	$\dfrac{K_{IS}}{p(1+Tp)}$	K_{IS},T	⟋	$x_a(t)=K_{IS}[t-T(1-e^{-t/T})]$		

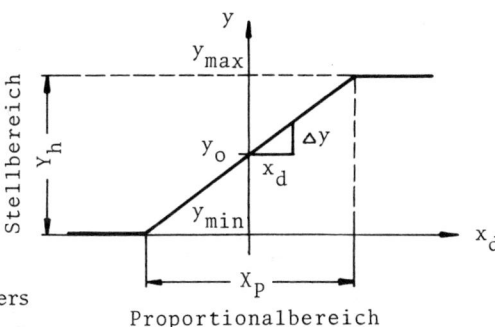

Bild 3.2.7 Kennlinie des P-Reglers

Kennlinie gilt für den verzögerungsfreien P-Regler dann folgende Gleichung:

$$(3.2.14) \quad \Delta y = y - y_o = \frac{Y_h}{X_p} \cdot x_d = K_{PR} \cdot x_d$$

wobei y_o der Wert der Stellgröße bei $w = x$ ist. Die Kenngröße des P-Reglers ist der Proportionalbeiwert $K_{PR} = Y_h/X_p$. Bei handelsüblichen Reglern ist der P-Bereich X_p kontinuierlich oder in Stufen zwischen 5 und 500 % des Meßbereichs X_M einstellbar.

Die Sprungantwort des verzögerungsfreien P-Reglers ist in Bild 3.2.8 dargestellt.

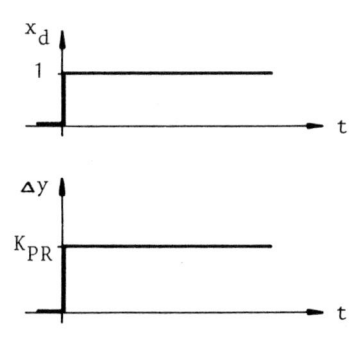

Bild 3.2.8 Sprungantwort des P-Reglers

In Bild 3.2.9 ist als Beispiel eine einfache P-Regeleinrichtung ohne Hilfsenergie zur Regelung des Flüssigkeitsstandes in einem Behälter dargestellt. Bei der Regelung des Flüssigkeitsstandes wird das Zuflußventil über einen Differentialhebel von einem Schwimmer angetrieben, der den Flüssigkeitsstand mißt. Zu jedem Wert des Flüssigkeitsstandes x gehört eine bestimmte Stellung des Schwimmers und über die Hebelübersetzung (Proportionalbeiwert) eine bestimmte Stellung y des Ventils. Die Zuordnung der Kennlinie des P-Reglers zum

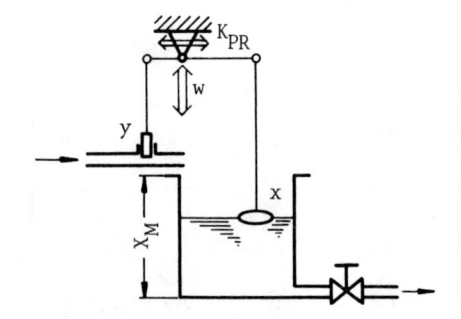

Bild 3.2.9 P-Regeleinrichtung

Meßbereich X_M des Flüssigkeitsstandes zeigt Bild 3.2.10 mit der Annahme, daß X_M = 2 m und w = 1.5 m, wobei die Führungsgröße w in der Mitte des P-Bereichs liegen soll. Für kleine Werte von x, also für große Werte von x_d (bis $x_d \geq 0.3$ m), wird die volle Stellgröße Y_h eingeschaltet (Zuflußventil voll offen). Der Regler ist übersteuert Ab einem Stand von x = 1.2 m, was einer Regeldifferenz von x_d = 0.3 m entspricht, beginnt der Regler in seinem P-Bereich, der sich hier von 1.2 m bis 1.8 m erstreckt, die Stellgröße y von Y_h an stetig zu verkleinern. Bei einem Flüssigkeitsstand von 1.8 m wird das Zulaufventil ganz geschlossen. In diesem Beispiel ist also der P-Bereich X_p = 0.6 m, das sind 30 % des Meßbereichs X_M.

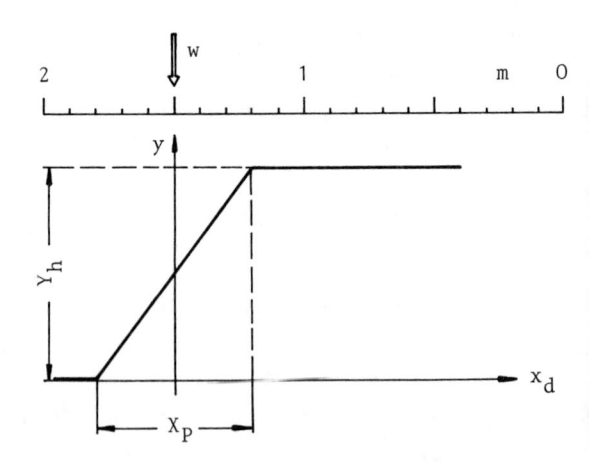

Bild 3.2.10
Kennlinie des Standreglers

3.2.2.2 Integrierend wirkender Regler

Beim integrierend wirkenden Regler ist jeder Regeldifferenz x_d eine bestimmte Stellgeschwindigkeit dy/dt zugeordnet. Bild 3.2.11 zeigt die Kennlinie des I-Reglers. Der Regelbereich $2 \cdot X_h$ eines I-Reglers ist der Bereich der Regeldifferenz x_d, in dem die Stellgeschwindig-

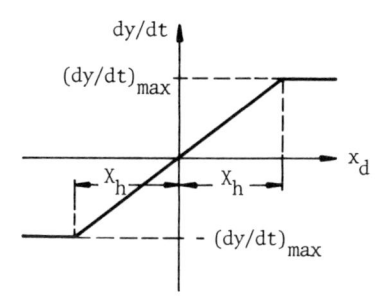

Bild 3.2.11 Kennlinie des I-Reglers

keit linear ausgesteuert werden kann. Für den I-Regler gilt dann folgende Gleichung:

$$(3.2.15) \quad \frac{dy}{dt} = \frac{(dy/dt)_{max}}{X_h} \cdot x_d = K_{IR} \cdot x_d$$

und integriert:

$$(3.2.16) \quad \Delta y = y - y_0 = K_{IR} \int x_d \, dt$$

Die Größe y_0 stellt den Anfangswert der Stellgröße bei $t = 0$ dar. Die Kenngröße des I-Reglers ist der Integrierbeiwert K_{IR}. Zur Kennzeichnung des I-Reglers wird neben dem Integrierbeiwert K_{IR} auch die Stellzeit T_I herangezogen. Wird der vorhandene Stellbereich Y_h mit maximaler Stellgeschwindigkeit $(dy/dt)_{max}$ durchlaufen, so wird dazu die Stellzeit T_I benötigt:

$$(3.2.17) \quad T_I = \frac{Y_h}{(dy/dt)_{max}} = \frac{Y_h}{K_{IR} \cdot X_h}$$

Die Stellzeiten für hydraulisch oder elektrisch betätigte Stellmotoren liegen üblicherweise zwischen 1 und 30 s. Eine integrierend wirkende Regeleinrichtung ergibt sich meist bei Verwendung von elektrischen oder hydraulischen Stellantrieben. Sie besitzt keinen P-Bereich, da ja mit jeder beliebigen Regeldifferenz x_d - entsprechend der Zeitdauer - jeder beliebige Wert der Stellgröße, also auch der Stellbereich Y_h erreicht wird. Diese Eigenschaft der I-Regeleinrichtung ist von Vorteil, wenn die Regeldifferenz voll beseitigt werden soll. Von Nachteil ist, daß die I-Regeleinrichtung an bestimmten Regelstrecken zu langsam arbeitet oder gar keinen stabilen Zustand einstellt (vergl. Abschnitte 5.1.3.1 und 5.2.2.1).

In Bild 3.2.12 ist die Sprungantwort des I-Reglers dargestellt.

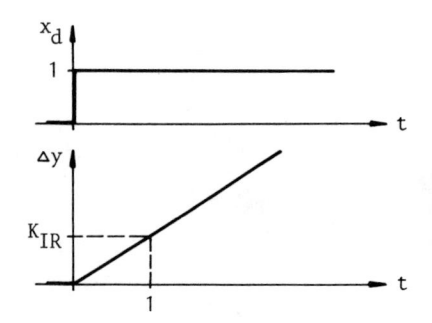

Bild 3.2.12 Sprungantwort des I-Reglers

Als Beispiel für eine I-Regeleinrichtung ist in Bild 3.2.13 ein Strahlrohrregler zur Konstanthaltung des Druckes in einer Rohrleitung dargestellt. Der Druck p übt auf die Membranfläche der Meßeinrichtung eine Kraft aus (Regelgröße), die durch die Federkraft (Führungsgröße) im Gleichgewicht gehalten wird. Aus dem Kraftvergleich resultiert die Stellung des Strahlrohres und daraus ergibt sich ein entsprechender Ölstrom zum Stellantrieb. Der Stellkolben erhält einen der Auslenkung des Strahlrohres proportionalen Ölstrom und damit eine entsprechende Stellgeschwindigkeit, mit der das Stellglied verstellt wird.

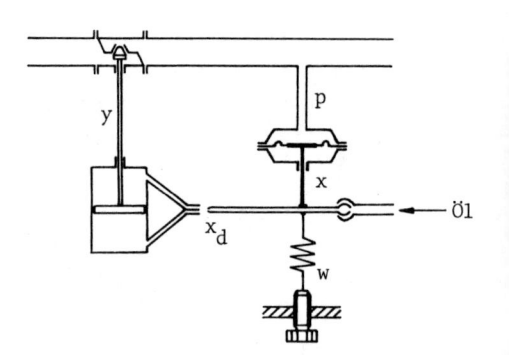

Bild 3.2.13 Strahlrohrregler

3.2.2.3 Differenzierend wirkender Regler

Bei einem differenzierend wirkenden Regler ist dem Differentialquotient der Regeldifferenz ein bestimmter Wert der Stellgröße zugeordnet. Für den D-Regler gilt die Gleichung:

$$(3.2.18) \quad \Delta y = y - y_o = K_{DR} \cdot \frac{dx_d}{dt}$$

Der Differenzierbeiwert K_{DR} ist die Kenngröße des D-Reglers. Daneben wird auch die Differenzierzeit T_D verwendet:

$$(3.2.19) \quad T_D = \frac{K_{DR} \cdot X_h}{Y_h}$$

Ein rein differenzierend wirkender Regler ist technisch aber nicht realisierbar. Eine D-Wirkung allein reicht auch nicht aus, die Regelgröße x aufgabengemäß an die Führungsgröße w anzugleichen, da der Regler nur dann eine Stellgröße liefert, wenn sich die Regeldifferenz ändert. Er wird daher nur in Verbindung mit P- oder PI-Reglern verwendet.

In Bild 3.2.14 ist die Anstiegsantwort eines D-Reglers dargestellt.

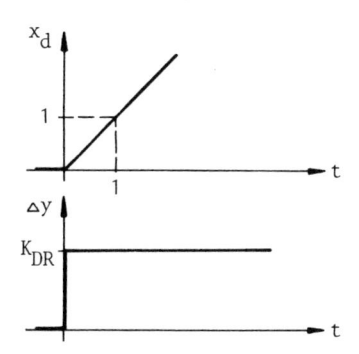

Bild 3.2.14 Anstiegsantwort eines D-Reglers

D-Glieder mit Verzögerungen werden häufig in Rückführungen eingesetzt. Solche DT_1-Glieder lassen sich leicht durch eine Kreisstruktur realisieren, die im Vorwärtspfad ein P-Glied mit dem P-Beiwert K_v und in der Rückführung ein I-Glied mit dem I-Beiwert K_{Ir} aufweist (Bild 3.2.15). Aus dem Signalflußplan läßt sich folgende Gleichung herleiten:

$$(X_e - K_{Ir} \cdot \frac{1}{p} \cdot X_a) \cdot K_v = X_a$$

Daraus ergibt sich die Übertragungsfunktion des DT_1-Gliedes zu:

$$(3.2.20) \quad F(p) = \frac{X_a}{X_e} = \frac{K_D \cdot p}{1 + T \cdot p}$$

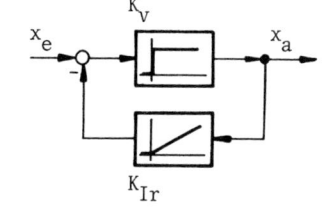

Bild 3.2.15 Kreisstruktur für ein DT_1-Glied

mit $K_D = 1/K_{Ir}$ und $T = 1/(K_{Ir} \cdot K_v)$. Diese Kreisstruktur besitzt für tiefere Frequenzen eine differenzierende und für höhere Frequenzen eine dämpfende Wirkung. Die dem Eingangssignal überlagerten höherfrequenten Störungen werden durch dieses Übertragungsglied also nicht verstärkt, wie es bei einer reinen Differentiation der Fall wäre.

3.2.2.4 Proportional und integrierend wirkender Regler

Beim proportional und integrierend wirkenden Regler setzt sich die Stellgröße aus der Summe der Ausgangsgrößen eines P- und eines I-Reglers zusammen (Bild 3.2.16). Der PI-Regler wird beschrieben durch folgende Gleichung:

$$(3.2.21) \quad \Delta y = y - y_o = K_{PR} \cdot x_d + K_{IR} \int x_d \, dt$$

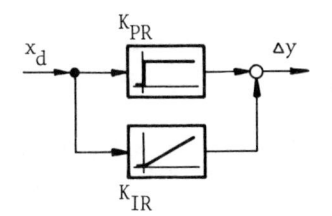

Bild 3.2.16 PI-Regler

K_{PR} und K_{IR} sind die Kenngrößen des PI-Reglers. Um die Wirkungsweise des PI-Reglers aufzuzeigen, ist im Bild 3.2.17 die Sprungantwort dargestellt. Sie ergibt sich durch Superposition des P- und des I-Anteils. Anstelle der Kenngröße K_{IR} benützt man beim PI-Regler häufig die Kenngröße Nachstellzeit T_n. Die Nachstellzeit ist jene Zeit welche bei der Sprungantwort benötigt wird, um auf Grund der I-Wirkung eine gleichgroße Stellgrößenänderung zu erzielen, wie sie infolge der P-Wirkung sofort entsteht. Im Vergleich zum reinen I-Regler ist der PI-Regler gewissermaßen um die Nachstellzeit T_n schneller.

Nach der Zeit $t = T_n$ hat also das Stellglied zurückgelegt:

auf Grund der P-Wirkung: $\quad \Delta y_1 = K_{PR} \cdot x_d$

auf Grund der I-Wirkung: $\quad \Delta y_2 = K_{IR} \int_0^{T_n} x_d \, dt = K_{IR} \cdot T_n \cdot x_d$

Gemäß der Definition der Nachstellzeit ist aber $\Delta y_1 = \Delta y_2$ und somit

$$(3.2.22) \quad T_n = K_{PR}/K_{IR}$$

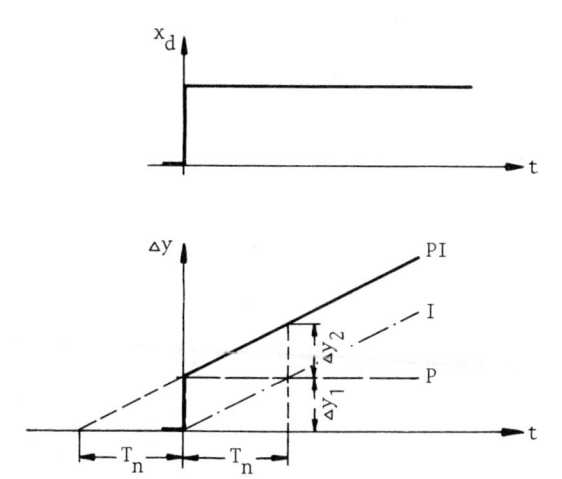

Bild 3.2.17 Sprungantwort des PI-Reglers

Damit läßt sich die Gleichung für den PI-Regler auch folgendermaßen schreiben:

$$(3.2.23) \quad \Delta y = K_{PR} \cdot (x_d + \frac{1}{T_n} \int x_d \, dt)$$

Der PI-Regler ist zur Regelung fast aller Regelstrecken gut geeignet. Deshalb ist er auch der am häufigsten verwendete Reglertyp. Die Kennwerte P-Bereich X_P und Nachstellzeit T_n der handelsüblichen Regler sind kontinuierlich oder in Stufen in weiten Bereichen einstellbar:

$$X_P = 5 \ldots 500 \, \% \, X_M$$
$$T_n = 1 \, s \ldots 60 \, min$$

So können diese Regler an die jeweils zu regelnde Strecke, sei es eine schnelle Durchfluß- oder Drehzahlregelstrecke oder sei es eine langsame Temperaturregelstrecke, gut angepaßt werden. Es sind auch Regler auf dem Markt, bei denen die Nachstellzeit T_n von außen steuerbar ist und eine Variation der eingestellten Nachstellzeit um den Faktor 0.2 bis 0.8 erlaubt. Ein solcher Regler kann mit Vorteil dort eingesetzt werden, wo sich im Betrieb, z. B. aufgrund von Laständerungen, die Zeitkonstanten der Regelstrecke stark ändern, aber trotzdem in allen Betriebsbereichen eine optimale Regelung erforderlich ist.

PI-Regler lassen sich realisieren durch entsprechend beschaltete Regelverstärker, sowie durch geeignete Parallel- und Kreisstrukturen.

Einen Regelverstärker mit entsprechender Beschaltung im Eingangs- und Rückkopplungspfad zeigt Bild 3.2.18. Nach Gleichung (1.3.4) ergibt sich für diesen Regelverstärker folgende Übertragungsfunktion:

$$F_R(p) = \frac{U_a}{U_e} = -\frac{Z_r}{Z_e} = -\frac{R_r + \frac{1}{p \cdot C_r}}{R_e}$$

$$= -K_{PR} \cdot (1 + \frac{1}{T_n \cdot p})$$

mit $K_{PR} = R_r/R_e$ und $T_n = C_r \cdot R_r$.

Die Kennwerte des Reglers lassen sich voneinander unabhängig einstellen, wenn die Nachstellzeit T_n durch Verstellen von C_r des Kondensators (Drehkondensators) und der P-Beiwert K_{PR} durch Verstellen von R_e des ohmschen Widerstandes (Potentiometers) geändert werden.

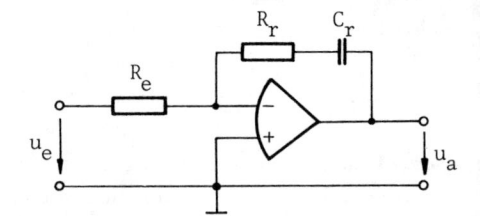

Bild 3.2.18
Regelverstärker als PI-Regler

Einen PI-Regler bestehend aus einer Parallelstruktur eines P- und eines I-Gliedes zeigt Bild 3.2.19. Die Übertragungsfunktion dieser Struktur ergibt sich zu:

$$F_R(p) = \frac{X_a}{X_e} = K_{PR} + \frac{K_{IR}}{p} = K_{PR} \cdot (1 + \frac{1}{T_n \cdot p})$$

Ein PI-Regler, aufgebaut durch eine Kreisstruktur mit hoher Vorwärtsverstärkung und nachgebender Rückführung, ist in Bild 3.2.20 dargestellt.

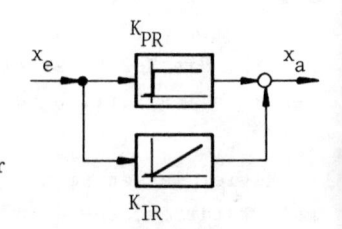

Bild 3.2.19 Parallelstruktur für einen PI-Regler

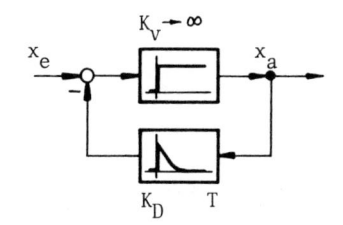

Bild 3.2.20 Kreisstruktur für einen PI-Regler

stellt. Die Übertragungsfunktion der Kreisstruktur lautet:

$$F_R(p) = \frac{X_a}{X_e} = \frac{F_v(p)}{1 + F_v(p) \cdot F_r(p)} = \frac{1}{\frac{1}{F_v(p)} + F_r(p)}$$

Erhält der Vorwärtspfad ein Übertragungsglied mit großer Verstärkung, also ein Glied mit steiler Kennlinie, so gilt wegen $F_v = K_v \rightarrow \infty$:

$$F_R(p) \approx \frac{1}{F_r(p)}$$

Das Verhalten der Kreisstruktur besitzt dann das inverse Verhalten der Rückführung. Hat die Rückführung nachgebendes Verhalten (DT_1-Verhalten):

$$F_r(p) = \frac{K_D \cdot p}{1 + T \cdot p}$$

so weist die Kreisstruktur PI-Verhalten auf:

$$F(p) \approx \frac{1}{F_r(p)} = \frac{1 + T \cdot p}{K_D \cdot p} = K_{PR} \cdot (1 + \frac{1}{T_n \cdot p})$$

mit $K_{PR} = T/K_D$ und $T_n = T$.

3.2.2.5 Proportional und differenzierend wirkender Regler

Beim proportional und differenzierend wirkenden Regler setzt sich die Stellgröße aus der Summe der Ausgangsgrößen eines P- und eines D-Reglers zusammen (Bild 3.2.21). Gerätetechnisch wird ein PD-Regler aber auf diese Weise nicht realisiert. Die Gleichung des PD-Reglers lautet:

(3.2.24) $\Delta y = y - y_o = K_{PR} \cdot x_d + K_{DR} \cdot \frac{dx_d}{dt}$

K_{PR} und K_{DR} sind die Kenngrößen des PD-Reglers. Um die Wirkung des

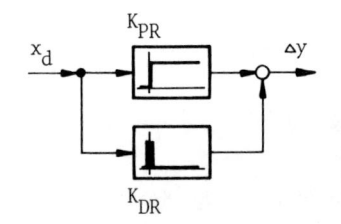

Bild 3.2.21 PD-Regler

PD-Reglers aufzuzeigen, wählt man hier anstelle der Sprungantwort die Anstiegsantwort (Bild 3.2.22). Sie setzt sich aus dem P- und dem D-Anteil zusammen.

Anstelle der Kenngröße K_{DR} wird häufig die Kenngröße Vorhaltzeit T_v benutzt. Die Vorhaltzeit T_v ist jene Zeit, die bei der Anstiegsantwort benötigt wird, um auf Grund der P-Wirkung eine gleichgroße Stellgrößenänderung zu erzielen, wie sie infolge der D-Wirkung sofort entsteht. Im Vergleich zum reinen P-Regler ist der PD-Regler um die Vorhaltzeit T_v schneller.

Nach der Zeit $t = T_v$ hat das Stellglied zurückgelegt:

auf Grund der P-Wirkung: $\quad \Delta y_1 = K_{PR} \cdot x_d$

auf Grund der D-Wirkung: $\quad \Delta y_3 = K_{DR} \cdot \dfrac{dx_d}{dt} = K_{DR} \cdot \dfrac{x_d}{T_v}$

Gemäß der Definition der Vorhaltzeit ist $\Delta y_1 = \Delta y_3$ und somit:

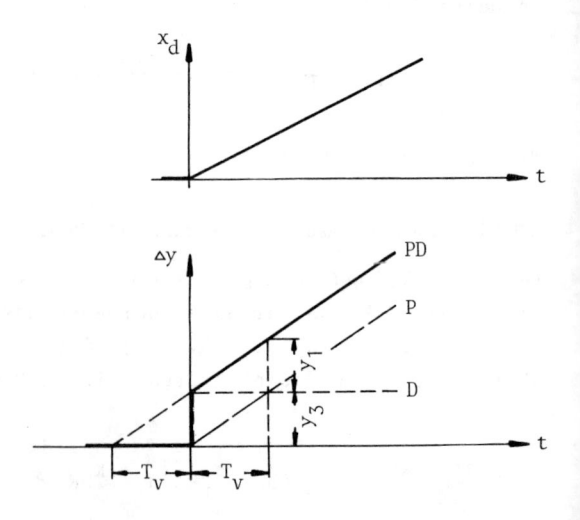

(3.2.25) $\quad T_v = K_{DR}/K_{PR}$

Bild 3.2.22 Anstiegsantwort des PD-Reglers

Die Gleichung des PD-Reglers läßt sich also auch schreiben:

(3.2.26) $\quad \Delta y = K_{PR} \cdot (x_d + T_v \cdot \dfrac{dx_d}{dt})$

Zur Anpassung des PD-Reglers an die zu regelnde Strecke sind die Kennwerte X_p und T_v handelsüblicher PD-Regler einstellbar.

Proportional und differenzierend wirkende Regler lassen sich durch entsprechend beschaltete Regelverstärker und geeignete Kreisstrukturen realisieren.

Bei Verwendung von Regelverstärkern sind zwei Schaltungen denkbar. Bei der einen wird ein Kondensator im Eingangspfad, bei der anderen im Querpfad der Rückführung eingesetzt. Bei der ersten Schaltung weist der Regelverstärker im Rückführpfad einen Widerstand und im Eingangspfad eine Parallelschaltung von Widerstand und Kondensator nach Bild 3.2.23 auf. Die Übertragungsfunktion des Regelverstärkers ergibt sich zu:

$$F_R(p) = \dfrac{U_a}{U_e} = - \dfrac{Z_r}{Z_e} = - \dfrac{R_r}{\dfrac{1}{\dfrac{1}{R_e} + p \cdot C_e}}$$

$$= - K_{PR} \cdot (1 + T_v \cdot p)$$

mit $K_{PR} = R_r/R_e$ und $T_v = C_e \cdot R_e$.

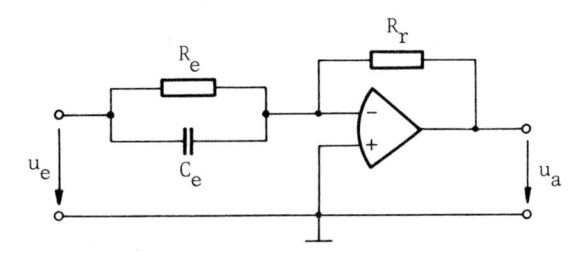

Bild 3.2.23 Regelverstärker mit Eingangskondensator als PD-Regler

Bei einem Sprung in der Eingangsspannung u_e müßte dieser Regler zum Zeitpunkt des Sprunges mit einer unendlich großen Ausgangsspannung $-u_a$ antworten. Eine solche Ausgangsspannung kann aber nicht realisiert werden. Durch Begrenzungen im Regler wie im nachfolgenden Stellglied kommt also der D-Anteil nicht voll zu Wirkung. Diese Schaltung mit dem differenzierenden Kondensator im Eingang wird nur selten verwendet, da sie bei Übersteuerung nicht fehlerfrei arbeitet.

Die Schaltung mit dem Kondensator im Querpfad der Rückführung (Bild 3.2.24) arbeitet günstiger. Damit der Querkondensator C_r weder den Eingang noch den Ausgang des Verstärkers kurzschließt, wird der ohmsche Rückkopplungswiderstand geteilt in R_{r1} und R_{r2} (T-Schaltung). Zur Bedämpfung von Eigenschwingungen des Verstärkers wird im Querpfad der Dämpfungswiderstand R_D vorgesehen. Diese Schaltung hat folgende Übertragungsfunktion:

$$F_R(p) = \frac{U_a}{U_e} = -\frac{Z_r}{Z_e} = -K_{PR} \cdot \frac{1 + T_v \cdot p}{1 + T \cdot p}$$

mit dem Proportionalbeiwert:

$$K_{PR} = \frac{R_{r1} + R_{r2}}{R_e}$$

der Vorhaltzeit:

$$T_v = \left(\frac{R_{r1} \cdot R_{r2}}{R_{r1} + R_{r2}} + R_D\right) \cdot C_r$$

und der parasitären Zeitkonstante:

$$T = R_D \cdot C_r$$

Diese parasitäre Zeitkonstante bringt die Dämpfung der Eigenschwingungen. Sie hat üblicherweise die Größe $T = (0.1 \ldots 0.5) \cdot T_v$. Dieser Regler besitzt also PDT_1-Verhalten.

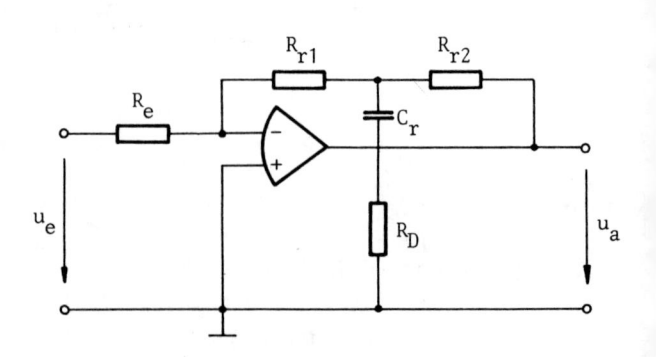

Bild 3.2.24 Regelverstärker mit Querkondensator als PDT_1-Regler

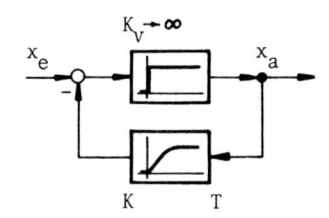

Bild 3.2.25 Kreisstruktur für einen PD-Regler

Ein PD-Regler bestehend aus einer Kreisstruktur mit hoher Vorwärtsverstärkung und verzögernder Rückführung ist in Bild 3.2.25 dargestellt. Mit $F_v(p) = K_v \to \infty$ ergibt sich folgende Übertragungsfunktion:

$$F_R(p) \approx \frac{1}{F_r(p)} = \frac{1 + T \cdot p}{K} = K_{PR} \cdot (1 + T_v \cdot p)$$

mit $K_{PR} = 1/K$ und $T_v = T$.

3.2.2.6 Proportional, integrierend und differenzierend wirkender Regler

Beim proportional, integrierend und differenzierend wirkenden Regler setzt sich die Stellgröße aus der Summe der Ausgangsgrößen eines P-, I- und D-Reglers zusammen (Bild 3.2.26). Die Gleichung des PID-reglers lautet:

$$(3.2.27) \quad \Delta y = y - y_o = K_{PR} \cdot x_d + K_{IR} \int x_d \, dt + K_{DR} \cdot \frac{dx_d}{dt}$$

K_{PR}, K_{IR} und K_{DR} sind die Kenngrößen des PID-Reglers. Mit den Gleichungen (3.2.22) und (3.2.25) läßt sich die Gleichung des PID-Reglers auch angeben zu:

$$(3.2.28) \quad \Delta y = K_{PR} \cdot (x_d + \frac{1}{T_n} \int x_d \, dt + T_v \cdot \frac{dx_d}{dt})$$

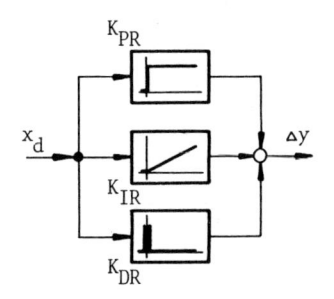

Bild 3.2.26 PID-Regler

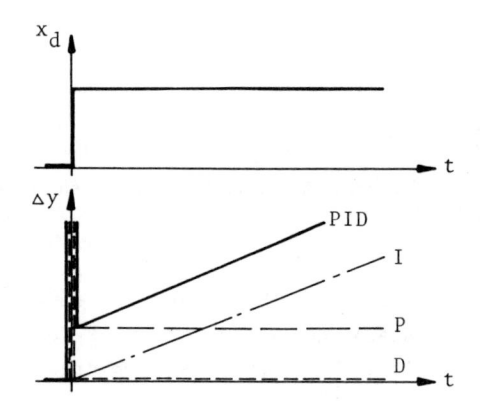

Bild 3.2.27
Sprungantwort des PID-Reglers

Um die Wirkung des PID-Reglers aufzuzeigen, ist in Bild 3.2.27 die Sprungantwort dargestellt. Sie läßt sich aus den drei Anteilen P-Anteil, I-Anteil und D-Anteil zusammensetzen. Beim PID-Regler sind also drei Kenngrößen vorhanden, nämlich der P-Bereich X_P, die Nachstellzeit T_n und die Vorhaltzeit T_v, die für einen optimalen Verlauf der Regelgröße zahlenmäßig entsprechend zu wählen sind. Die Einstellung günstiger Werte ist nicht immer leicht zu ermitteln. Handelsübliche Regler weisen folgende Einstellbereiche auf:

$X_P = 5 \ldots 500 \, \% \, X_M$

$T_n = 1 \, s \ldots 60 \, min$

$T_v = 0 \ldots 3 \, min$

Der Bereich für die Nachstellzeit ist meist in zwei umschaltbare Teilbereiche unterteilt von etwa 1 s ... 10 min und 1 min ... 60 min. In Tabelle 3.2.7 sind vorzusehende Einstellbereiche für die Reglerkennwerte bei Einsatz des Reglers an verschiedenen Regelstrecken angegeben.

Tabelle 3.2.7 Einstellbereiche für Reglerkennwerte

Regelstrecke	P-Bereich X_P	Nachstellzeit T_n	Vorhaltzeit T_v
El. Spannung	1 ... 5 % X_M	0.5 ... 10 s	0.05 ... 1 s
Drehzahl	2 ... 5 % X_M	5 ... 30 s	0.5 ... 5 s
Druck	5 ... 30 % X_M	5 ... 60 s	1 ... 10 s
Temperatur	5 ... 50 % X_M	1 ... 20 min	0.1 ... 3 min
Durchfluß	20 ... 200 % X_M	1 ... 60 s	0.5 ... 5 s
Analyse	200 ... 500 % X_M	10 ... 20 min	1 ... 5 min

PID-Regler lassen sich durch entsprechend beschaltete Regelverstärker sowie durch geeignete Strukturen realisieren.

Aus den Erkenntnissen, die für den PI- und den PD-Regler gewonnen wurden, läßt sich die Beschaltung eines Regelverstärkers zum PID-Regler ableiten (Bild 3.2.28). Die Übertragungsfunktion dieses Regelverstärkers berechnet sich zu:

$$F_R(p) = \frac{U_a}{U_e} = -K_{PR} \cdot \frac{1 + \frac{1}{T_n \cdot p} + T_v \cdot p}{1 + T \cdot p}$$

mit den Kenngrößen:

$$K_{PR} = \frac{R_{r1} \cdot C_{r1} + R_{r2} \cdot C_{r1} + R_{r2} \cdot C_{r2} + R_D \cdot C_{r2}}{R_e \cdot C_{r1}}$$

$$T_n = R_{r1} \cdot C_{r1} + R_{r2} \cdot C_{r1} + R_{r2} \cdot C_{r2} + R_D \cdot C_{r2}$$

$$T_v = \frac{(R_{r1} \cdot R_{r2} + R_D \cdot R_{r1} + R_D \cdot R_{r2}) \cdot C_{r1} \cdot C_{r2}}{R_{r1} \cdot C_{r1} + R_{r2} \cdot C_{r1} + R_{r2} \cdot C_{r2} + R_D \cdot C_{r2}}$$

$$T = R_D \cdot C_{r2}$$

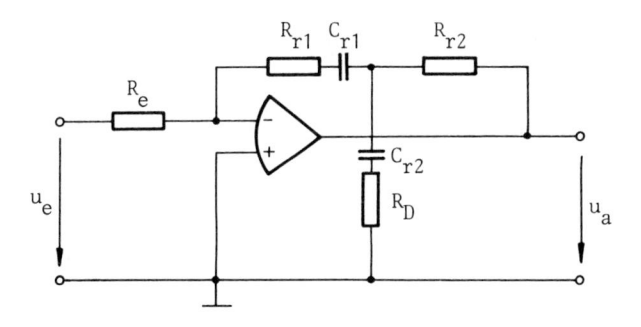

Bild 3.2.28 Regelverstärker als $PIDT_1$-Regler

Einen PID-Regler, bestehend aus einer Parallelstruktur von I- und PD-Regler, zeigt Bild 3.2.29. Diese Struktur hat die Übertragungsfunktion:

$$F_R(p) = \frac{X_a}{X_e} = \frac{K_I}{p} + K_{PR} \cdot (1 + T_v \cdot p) = K_{PR} \cdot (1 + \frac{1}{T_n \cdot p} + T_v \cdot p)$$

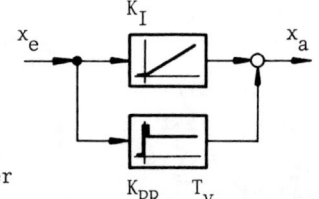

Bild 3.2.29 Parallelstruktur für einen PID-Regler

In Bild 3.2.30 ist ein PID-Regler als Kettenstruktur eines PI- und eines PD-Reglers dargestellt. Die Übertragungsfunktion dieser Struktur lautet:

$$F_R(p) = K_{PR}^* \cdot (1 + \frac{1}{T_n^* \cdot p}) \cdot (1 + T_v^* \cdot p)$$

Dies ist die Übertragungsfunktion des PID-Reglers in Produktform. Die bisher bekannte Form lautete:

(3.2.29) $\quad F_R(p) = K_{PR} \cdot (1 + \frac{1}{T_n \cdot p} + T_v \cdot p) = \frac{K_{PR}}{T_n \cdot p} \cdot (1 + T_n \cdot p + T_n \cdot T_v \cdot p^2)$

Die Nullstellen dieser Übertragungsfunktion liegen bei:

(3.2.30) $\quad p_{1,2} = -\frac{1}{2 \cdot T_v} \pm \frac{1}{2 \cdot T_v} \cdot \sqrt{1 - \frac{4 \cdot T_v}{T_n}}$

Diese Nullstellen sind reell für $T_n \geq 4 \cdot T_v$. Die in der Praxis verwendeten Regler weisen meist reelle Nullstellen auf, so daß die Übertragungsfunktion auch in Produktform angegeben werden kann:

(3.2.31) $\quad F_R(p) = K_{PR}^* \cdot (1 + \frac{1}{T_n^* \cdot p}) \cdot (1 + T_v^* \cdot p)$

Aus dem Koeffizientenvergleich der Gleichungen (3.2.29) und (3.2.31) läßt sich die Zuordnung der Größen angeben:

$$K_{PR} = K_{PR}^* \cdot (1 + \frac{T_v^*}{T_n^*})$$

Bild 3.2.30
Kettenstruktur für einen PID-Regler

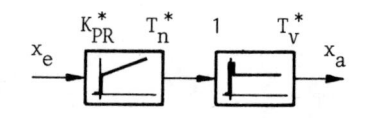

$$T_n = T_n^* + T_v^*$$

$$T_v = \frac{T_n^* \cdot T_v^*}{T_n^* + T_v^*}$$

Da für reelle Nullstellen beide Gleichungen ineinander überführt werden können, werden sie gleichwertig nebeneinander benutzt, wobei die Kennzeichnung durch * wieder fallen gelassen wird.

Ein PID-Regler kann auch durch eine Kreisstruktur mit hoher Vorwärtsverstärkung und nachgebender und verzögernder Rückführung realisiert werden. Bild 3.2.31 zeigt zwei mögliche Schaltungen. Die Schaltung a) weist einen Verstärker mit einer Rückführung auf, die aus einer Reihenschaltung eines DT_1- und eines PT_1-Gliedes besteht. Bei der Schaltung b) wird das PI- wie das PD-Glied durch eine Kreisstruktur mit je einem Verstärker im Vorwärtspfad und einer entsprechenden Rückführung erzeugt. Die Übertragungsfunktionen beider Schaltungen ergeben sich zu:

$$F_R(p) = \frac{X_a}{X_e} \approx \frac{1}{F_r(p)} = \frac{1}{\frac{K_P}{1+T_1 \cdot p} \cdot \frac{K_D \cdot p}{1+T_2 \cdot p}} = K_{PR} \cdot (1+\frac{1}{T_n \cdot p}) \cdot (1+T_v \cdot p)$$

mit $K_{PR} = T_2/(K_P \cdot K_D)$, $T_n = T_2$ und $T_v = T_1$.

Bei diesen Schaltungen werden also die Reglerkennwerte in der Rückführung eingestellt. Durch diese Art der Verwirklichung des PID-Reglers können nur reelle Pole in $F_r(p)$ auftreten.

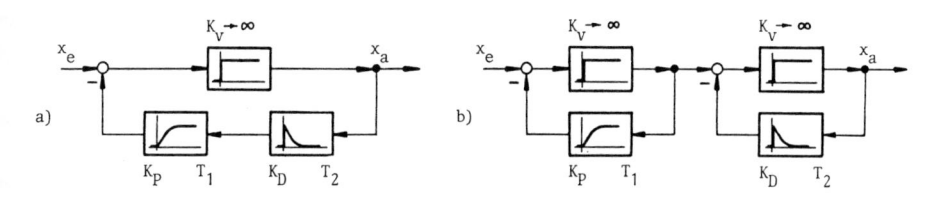

Bild 3.2.31 Kreisstrukturen für PID-Regler

4. Grafische Darstellung der Übertragungsfunktion

Zur Stabilitätsuntersuchung und Synthese eines Regelkreises ist es von praktischem Nutzen, seine Übertragungsfunktion grafisch darzustellen. Die Übertragungsfunktion kann durch Laplace-Transformation der Funktionalbeziehungen des Regelkreises ermittelt werden (vergl. Abschnitt 2.2). Als Arten der Darstellung haben sich bewährt die Pol-Nullstellen-Verteilung und die Frequenzgangdarstellung als Ortskurve oder als Frequenzkennlinien.

4.1 Pol-Nullstellen-Verteilung

Bei der Pol-Nullstellen-Verteilung werden die Pole und Nullstellen der Übertragungsfunktion $F(p)$ eines rationalen Übertragungssystems in der p-Ebene dargestellt. Zähler und Nenner der Übertragungsfunktion $F(p)$ sind Polynome in p:

$$(4.1.1) \quad F(p) = \frac{Z(p)}{N(p)} = \frac{b_o + b_1 \cdot p + \ldots + b_m \cdot p^m}{1 + a_1 \cdot p + \ldots + a_n \cdot p^n}$$

Nach Gauß läßt sich ein Polynom n-ten Grades, wie z. B. das Nennerpolynom:

$$(4.1.2) \quad N(p) = 1 + a_1 \cdot p + \ldots + a_n \cdot p^n$$

mit den Nullstellen $p_1, p_2 \ldots p_n$ auch in folgender Produktform schreiben:

$$(4.1.3) \quad N(p) = a_n \cdot (p - p_1) \cdot (p - p_2) \cdot \ldots \cdot (p - p_n) = a_n \cdot \prod_{k=1}^{n} (p - p_k)$$

So folgt für die Übertragungsfunktion:

$$(4.1.4) \quad F(p) = \frac{Z(p)}{N(p)} = \frac{b_m}{a_n} \cdot \frac{\prod_{l=1}^{m} (p - p_{zl})}{\prod_{k=1}^{n} (p - p_k)}$$

wobei p_{Z1} die Nullstellen des Zählerpolynoms Z(p), bzw. die Nullstellen der Übertragungsfunktion F(p) und p_k die teilerfremden Nullstellen des Nennerpolynoms N(p), bzw. die Polstellen der Übertragungsfunktion F(p) sind. Es gilt also:

$$F(p_{Z1}) = 0$$
$$F(p_k) \rightarrow \infty$$

Die Pole sowie die Nullstellen der Übertragungsfunktion sind reell oder konjugiert komplex. Die Pole sind identisch mit den Lösungen (Wurzeln) der charakteristischen Gleichung (2.2.3). Enthält das Zählerpolynom Z(p) einen Faktor $(p-p_{Z1})^q$, so hat die Übertragungsfunktion F(p) in $p=p_{Z1}$ eine q-fache Nullstelle. Enthält das Nennerpolynom N(p) einen Faktor $(p-p_k)^r$, so hat die Übertragungsfunktion F(p) in $p=p_k$ einen r-fachen Pol.

Zeichnet man die Pole und Nullstellen der Übertragungsfunktion F(p) in die komplexe Zahlenebene (p-Ebene) mit:

(4.1.5) $p = \text{Re}\{p\} + j \cdot \text{Im}\{p\} = \sigma + j\omega$

ein, so erhält man die Pol-Nullstellen-Verteilung des Übertragungssystems.

Die Übertragungsfunktion des Übertragungssystems nach Gleichung (4.1.4) läßt sich auch als Übertragungsfunktion einer Reihenstruktur elementarer Übertragungsglieder deuten:

(4.1.6) $F(p) = \prod^{i} F_i(p)$

so daß die Pol-Nullstellen-Verteilung des Übertragungssystems sich aus der Überlagerung der Pol-Nullstellen-Verteilungen elementarer Glieder ergibt. In Tabelle 4.1.1 sind die Pol-Nullstellen-Verteilungen elementarer Übertragungsglieder zusammengestellt, wobei die Pole durch x und die Nullstellen durch o gekennzeichnet sind.

Aus der Lage der Pole und Nullstellen eines Übertragungssystems in der p-Ebene läßt sich auf sein Zeitverhalten und seine Stabilität schließen. Pole kennzeichnen z. B. das verzögernde Verhalten des Übertragungssystems. Für ein Verzögerungsglied 1. Ordnung mit der Übertragungsfunktion:

(3.2.4) $F(p) = \dfrac{K}{1 + T_1 \cdot p}$

Tabelle 4.1.1 Pol-Nullstellen-Verteilungen elementarer Übertragungsglieder

Glied	Übertragungsfunktion	Pol-Nullstellen-Verteilung	Glied	Übertragungsfunktion	Pol-Nullstellen-Verteilung
I	$F(p) = \dfrac{K_I}{p}$		DT_1	$F(p) = \dfrac{K_D p}{1+Tp}$	
PT_1	$F(p) = \dfrac{K_P}{1+Tp}$		PI	$F(p) = \dfrac{K_P}{T_n p}(1+T_n p)$	
PT_2	$F(p) = \dfrac{K_P}{1+2\zeta Tp+T^2p^2}$ $0<\zeta<1$ $\zeta=1$ $\zeta>1$		PDT_1	$F(p) = K_P \dfrac{1+T_v p}{1+Tp}$ $T_v > T$ $T_v < T$	
			PID	$F(p) = \dfrac{K_P}{T_n p}(1+T_n p)(1+T_v p)$	

ist in Bild 4.1.1 die Pol-Nullstellen-Verteilung und das zugehörige Zeitverhalten dargestellt. Das PT_1-Glied besitzt also einen reellen Pol bei $p_1 = \sigma_1 = -1/T_1$ und keine Nullstelle. Der Verlauf der Sprungantwort ist nach Gleichung (3.2.5):

(3.2.5) $\quad x_a(t) = K \cdot (1 - e^{-t/T_1})$

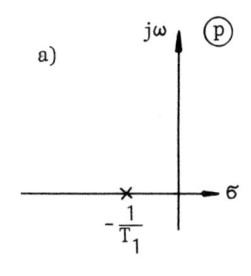

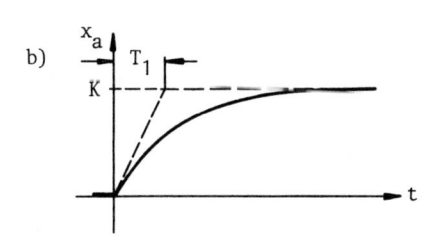

Bild 4.1.1 PT_1-Glied
    a) Pol-Nullstellen-Verteilung
    b) Einheitssprungantwort

durch die Kenngrößen Proportionalbeiwert K und Zeitkonstante T_1 bestimmt. Für eine Zeitkonstante $T_2 < T_1$ ist in Bild 4.1.2 die Pol-Nullstellen-Verteilung und die Einheitssprungantwort dargestellt.

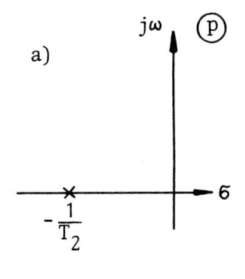

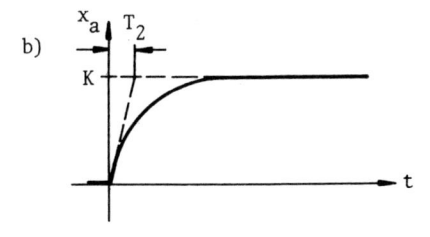

Bild 4.1.2 PT_1-Glied
    a) Pol-Nullstellen-Verteilung
    b) Einheitssprungantwort

Die Sprungantwort erreicht also umso schneller ihren neuen Beharrungszustand, je kleiner der Wert der Zeitkonstante ist, je weiter also der Pol der Übertragungsfunktion auf der negativ reellen Achse nach links rückt. Liegt der Pol auf der positiv reellen Achse, so klingt der Übergangsvorgang exponentiell auf, was ein instabiles Verhalten charakterisiert.

Ein schwingendes Verzögerungsglied 2. Ordnung mit der Übertragungsfunktion:

$$(3.2.6) \quad F(p) = \frac{K}{1 + 2 \cdot \zeta \cdot T \cdot p + T^2 \cdot p^2}$$

besitzt zwei konjugiert komplexe Pole, die symmetrisch zur reellen Achse liegen:

$$p_{1,2} = -\frac{\zeta}{T} \pm \frac{j}{T} \cdot \sqrt{1 - \zeta^2} = \sigma_1 \pm j\omega_1$$

Bild 4.1.3 zeigt deren Verteilung und den Verlauf der Einheitssprungantwort:

$$(3.2.7) \quad x_a(t) = K \cdot \left[1 - \frac{e^{-\frac{\zeta}{T} \cdot t}}{\sqrt{1 - \zeta^2}} \cdot \sin(\frac{\sqrt{1 - \zeta^2}}{T} \cdot t + \arctan\frac{\sqrt{1 - \zeta^2}}{\zeta}) \right]$$

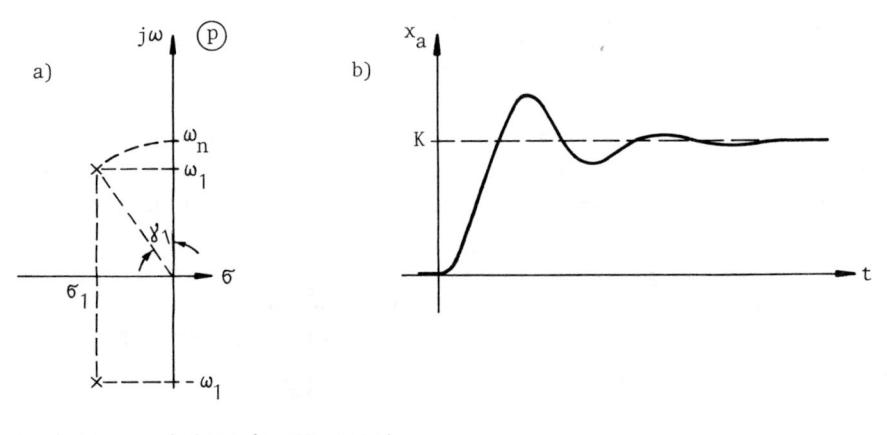

Bild 4.1.3 Schwingendes PT_2-Glied
   a) Pol-Nullstellen-Verteilung
   b) Einheitssprungantwort

mit der reziproken Zeitkonstanten der Hüllkurve:

$$\sigma_1 = -\zeta/T,$$

der Kreisfrequenz der gedämpften Schwingung:

$$\omega_1 = \sqrt{1 - \zeta^2}/T,$$

der Kreisfrequenz der ungedämpften Schwingung:

$$\omega_n = \sqrt{\sigma_1^2 + \omega_1^2} = 1/T$$

und dem Dämpfungsgrad:

$$\sin \vartheta_1 = |\sigma_1|/\sqrt{\sigma_1^2 + \omega_1^2} = \zeta$$

Ein PDT_1-Glied mit der Übertragungsfunktion:

$$F(p) = K_p \cdot \frac{1 + T_v \cdot p}{1 + T \cdot p}$$

besitzt einen Pol bei $p_1 = -1/T$ und eine Nullstelle bei $p_{Z1} = -1/T_v$. Pol und Nullstelle beeinflussen sich in ihrer Wirkung auf das Zeitverhalten des Gliedes. Für $p_1 < p_{Z1} < 0$ überwiegt der Einfluß der Nullstelle (Vorhalt), wie Bild 4.1.4 zeigt. Für $p_1 = p_{Z1}$ kompensieren sich Pol und Nullstelle (Bild 4.1.5). Für $p_{Z1} < p_1 < 0$ überwiegt der Einfluß des Pols (Verzögerung), wie Bild 4.1.6 zeigt. Für $p_1 < 0$ und $p_{Z1} > 0$ ist in Bild 4.1.7 die Pol-Nullstellen-Verteilung und die Einheitssprungantwort, die zuerst gegensinnig verläuft, dargestellt.

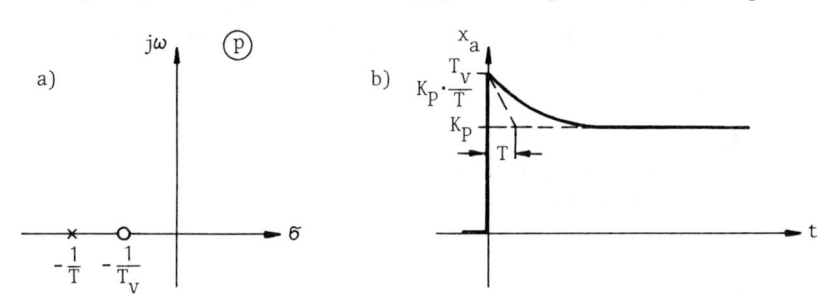

Bild 4.1.4 PDT_1-Glied mit $p_1 < p_{Z1} < 0$
  a) Pol-Nullstellen-Verteilung
  b) Einheitssprungantwort

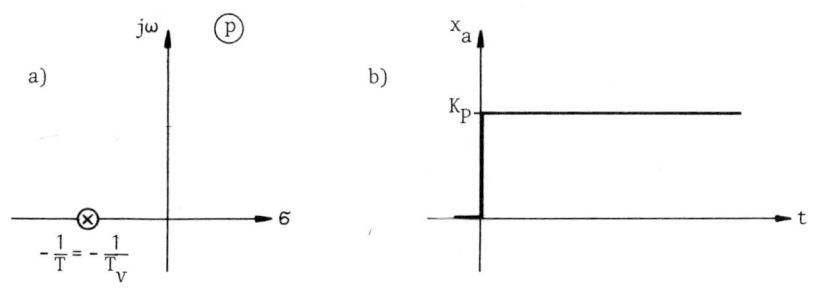

Bild 4.1.5 PDT_1-Glied mit $p_1 = p_{Z1}$
  a) Pol-Nullstellen-Verteilung
  b) Einheitssprungantwort

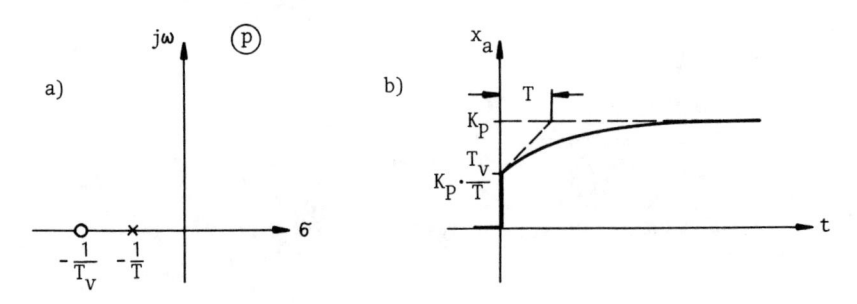

Bild 4.1.6 PDT$_1$-Glied mit $p_{Z1} < p_1 < 0$
 a) Pol-Nullstellen-Verteilung
 b) Einheitssprungantwort

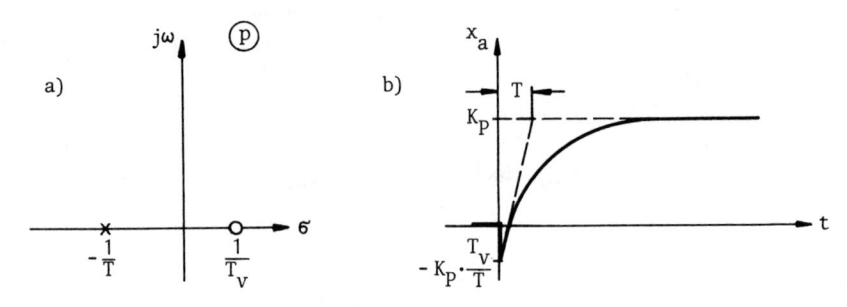

Bild 4.1.7 PDT$_1$-Glied mit $p_1 < 0$ und $p_{Z1} > 0$
 a) Pol-Nullstellen-Verteilung
 b) Einheitssprungantwort

4.2 Frequenzgang

Die Übertragungsfunktion F(p) eines Übertragungssystems läßt sich durch Laplace-Transformation der Funktionalbeziehung zwischen der Eingangsgröße und der Ausgangsgröße des Systems ermitteln:

$$F(p) = \frac{X_a(p)}{X_e(p)}$$

Die Übertragungsfunktion ordnet der komplexen Größe $p = \sigma + j\omega$ die komplexe Größe F(p) zu:

(4.2.1) $F(p) = \text{Re}\{F(p)\} + j \cdot \text{Im}\{F(p)\}$

Sie bildet also die gesamte p-Ebene in die F(p)-Ebene ab. Ein Spezialfall ist die Abbildung der imaginären Achse der p-Ebene in die F(p)-Ebene, wobei man sich gewöhnlich auf positive Werte $\omega \geq 0$ be-

4.2 Frequenzgang

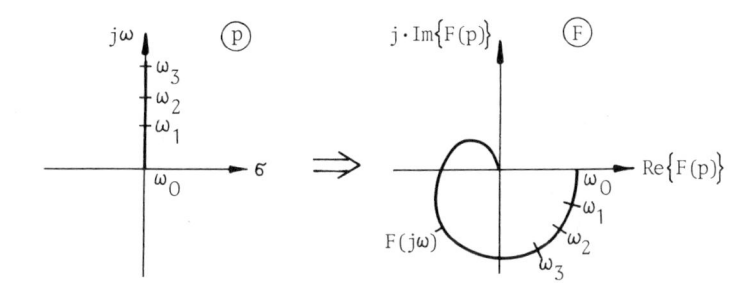

Bild 4.2.1 Abbildung der positiven imaginären Achse der p-Ebene in die F(p)-Ebene

schränkt. Bild 4.2.1 zeigt die Abbildung der positiven imaginären Achse der p-Ebene in die F(p)-Ebene mit Hilfe einer bestimmten Übertragungsfunktion als Abbildungsfunktion. Die sich ergebende Funktion F(jω) wird Frequenzgang genannt:

(4.2.2) $\quad F(j\omega) = \dfrac{X_a(j\omega)}{X_e(j\omega)}$

Der Frequenzgang F(jω) eines Systems gibt das Verhältnis der Ausgangsschwingung zur sinusförmigen Eingangsschwingung im eingeschwungenen Zustand für alle Frequenzen ω an. Wie die Übergangsfunktion das Verhalten eines Systems oder Übertragungsgliedes im Zeitbereich bei sprungförmiger Testfunktion charakterisiert, so kennzeichnet es der Frequenzgang im Frequenzbereich bei einer harmonischen Schwingung als Eingangstestfunktion (vergl. Abschnitt 2.3.4). Wie aus Bild 4.2.1 ersichtlich, ist der Frequenzgang F(jω) im allgemeinen Fall eine komplexe Größe, die sich entweder durch Real- und Imaginärteil

(4.2.3) $\quad F(j\omega) = \text{Re}\{F(j\omega)\} + j \cdot \text{Im}\{F(j\omega)\}$

oder durch Betrag und Phase darstellen läßt:

(4.2.4) $\quad F(j\omega) = |F(j\omega)| \cdot e^{j\,\arg\{F(j\omega)\}}$

wobei $|F(j\omega)|$ den Betrag und $\arg\{F(j\omega)\}$ die Phase bezeichnet. Für den Betrag des Frequenzganges gilt dann:

(4.2.5) $\quad |F(j\omega)| = \sqrt{\text{Re}^2\{F(j\omega)\} + \text{Im}^2\{F(j\omega)\}}$

und für die Phase:

(4.2.6) $\quad \varphi(\omega) = \arg\{F(j\omega)\} = \arctan\dfrac{\text{Im}\{F(j\omega)\}}{\text{Re}\{F(j\omega)\}}$

So lautet z. B. für ein PT_1-Glied der Frequenzgang:

$$F(j\omega) = \frac{K}{1 + j\omega T} = \frac{K}{\sqrt{1 + \omega^2 \cdot T^2}} \cdot e^{j \arctan(-\omega T)}$$

mit dem Betrag:

$$|F(j\omega)| = \frac{K}{\sqrt{1 + \omega^2 \cdot T^2}}$$

und der Phase:

$$\varphi(\omega) = \arctan(-\omega T)$$

Die folgenden Betrachtungen verdeutlichen die Bedeutung des Frequenzganges.

a) Die imaginäre Achse der p-Ebene stellt die Trennungslinie zwischen dem stabilen Gebiet ($\sigma < 0$) und dem instabilen Gebiet ($\sigma > 0$) dar. Ihrer konformen Abbildung in der F(p)-Ebene, also dem Frequenzgang, kommt inbezug auf Stabilitätsbetrachtungen eine besondere Rolle zu (vergl. Abschnitt 5.1.2).

b) Der Frequenzgang ist eine Funktion einer reellen Größe, der Frequenz ω. Er ist daher grafisch leicht darstellbar als Ortskurve oder Frequenzkennlinie.

c) Der Frequenzgang ist für stabile Systeme, deren Pole links der j-Achse liegen, im Prinzip einfach meßbar. Man beaufschlagt dazu das Übertragungsglied oder -system mit einer harmonischen Schwingung der Amplitude $|X_{ei}|$ und der Frequenz ω_i. Dann wartet man ab, bis die Ausgangsgröße X_a den neuen Beharrungszustand erreicht hat, bis sich also auch für X_a eine reine Schwingung eingestellt hat, und mißt dann deren Amplitude $|X_{ai}|$ und deren Phasenverschiebung φ_i gegenüber der Eingangsschwingung (Bild 4.2.2). Damit kennt man für die jeweilige Kreisfrequenz ω_i den Betrag des Frequenzganges $|F(j\omega_i)| = |X_{ai}/X_{ei}|$ und das Argument des Frequenzganges $\varphi(\omega_i)$. Führt man diese Messung nacheinander für verschiedene Frequenzen durch, so ist der Frequenz-

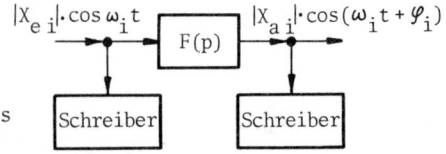

Bild 4.2.2 Aufnahme des Frequenzganges

4.2 Frequenzgang

gang numerisch bekannt. Durch diese Messung des Frequenzganges läßt sich das Übertragungsverhalten auch solcher Glieder bestimmen, deren Funktionalbeziehung nicht oder nur sehr schwer ermittelt werden kann.

In der Regelungstechnik sind zwei Darstellungen des Frequenzganges üblich und zwar:

die Darstellung als Ortskurve (Nyquist-Diagramm) und

die Darstellung als Frequenzkennlinien (Bode-Diagramm).

4.2.1 Ortskurve

Trägt man den Frequenzgang $F(j\omega)$ eines Systems nach Betrag und Phase, also als Zeiger, in die komplexe $F(j\omega)$-Zahlenebene für alle positiven Werte von ω ein und verbindet die Zeigerspitzen, so erhält man die Ortskurve des Systems. Die Ortskurve ist also der geometrische Ort, den die Zeigerspitzen von $F(j\omega)$ für $0 \leq \omega \leq \infty$ durchlaufen. Bild 4.2.3 zeigt die Ortskurve eines PT_3-Gliedes. Die Frequenzwerte, die den entsprechenden Ortskurvenpunkten zugeordnet sind, werden an der Ortskurve markiert.

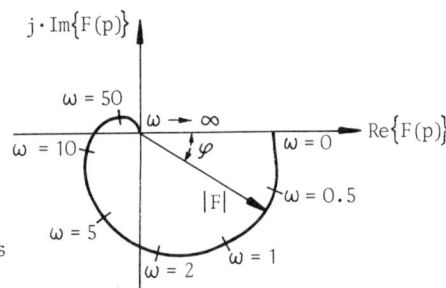

Bild 4.2.3 Ortskurve eines PT_3-Gliedes

4.2.1.1 Ortskurven elementarer Übertragungsglieder

In Tabelle 4.2.1 sind die Ortskurven für elementare Übertragungsglieder zusammengestellt. Der Proportionalbeiwert K_P wurde jeweils auf den Wert 1 normiert. Ein $K_P \neq 1$ bedeutet eine Änderung des Achsenmaßstabs, aber keine Änderung des prinzipiellen Verlaufs der Ortskurve.

Am Beispiel eines PT_1-Gliedes soll seine Ortskurve hergeleitet werden. Der Frequenzgang des PT_1-Gliedes lautet:

$$F(j\omega) = \frac{K}{1 + j \cdot \omega \cdot T}$$

Tabelle 4.2.1 Ortskurven und Frequenzkennlinien elementarer Übertragungsglieder

Glied	Frequenzgang	Ortskurve	Frequenzkennlinien Amplitude	Phase
P	$F(j\omega) = 1$			
I	$F(j\omega) = \dfrac{1}{j\dfrac{\omega}{\omega_e}}$			
D	$F(j\omega) = j\dfrac{\omega}{\omega_e}$			
PT_1	$F(j\omega) = \dfrac{1}{1 + j\dfrac{\omega}{\omega_e}}$			
PT_2	$F(j\omega) = \dfrac{1}{1 + 2\vartheta j\dfrac{\omega}{\omega_n} - (\dfrac{\omega}{\omega_n})^2}$			
T_t	$F(j\omega) = e^{-j\omega T_t}$			
DT_1	$F(j\omega) = \dfrac{j\dfrac{\omega}{\omega_e}}{1 + j\dfrac{\omega}{\omega_e}}$			
PI	$F(j\omega) = 1 + \dfrac{1}{j\dfrac{\omega}{\omega_e}}$			
PD	$F(j\omega) = 1 + j\dfrac{\omega}{\omega_e}$			
PID	$F(j\omega) = (1 + \dfrac{1}{j\dfrac{\omega}{\omega_{e1}}})(1 + j\dfrac{\omega}{\omega_{e2}})$			

Tabelle 4.2.2 Ortskurve eines PT_1-Gliedes

ω/ω_e	0	0.5	1.0	2.0	3.0	∞
$Re\{F(j\omega)\}/K$	1	0.8	0.5	0.2	0.1	0
$Im\{F(j\omega)\}/K$	0	-0.4	-0.5	-0.4	-0.3	0

Führt man die Eckfrequenz $\omega_e = 1/T$ ein, so erhält man:

$$F(j\omega) = \frac{K}{1 + j \cdot \frac{\omega}{\omega_e}}$$

Für diskrete Werte der Frequenz ω werden nun Realteil und Imaginärteil des Frequenzganges berechnet (Tabelle 4.2.2) und die Ortskurve gezeichnet (Bild 4.2.4).

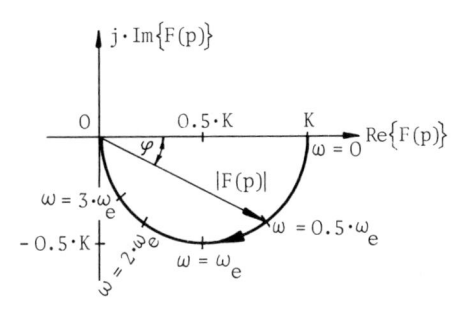

Bild 4.2.4
Ortskurve eines PT_1-Gliedes

Die Darstellung des Frequenzganges als Ortskurve hat den Vorteil, daß Betrag und Phase des Frequenzganges anschauliche Größen sind. Nachteilig ist hingegen die meist komplizierte Berechnung der Ortskurve und die Tatsache, daß die Ortskurve in nicht übersichtlicher Weise von den Parametern des Frequenzganges abhängt.

4.2.1.2 Ortskurven von Übertragungssystemen

Nachdem die Ortskurven elementarer Übertragungsglieder bekannt sind, können die Ortskurven von Übertragungssystemen bestimmt werden. Man geht dabei so vor, daß man zuerst den Gesamtfrequenzgang des Systems ermittelt und dann ihn in ein Produkt von Einzelfrequenzgängen von höchstens zweiter Ordnung zerlegt, was einer Reihenschaltung von elementaren Übertragungsgliedern entspricht:

$$(4.2.7) \quad F(j\omega) = \prod_{i=1}^{n} F_i(j\omega) = F_1(j\omega) \cdot F_2(j\omega) \cdot \ldots \cdot F_n(j\omega)$$

Es gilt:

$$F(j\omega) = |F(j\omega)| \cdot e^{j\varphi(\omega)}$$

$$= |F_1(j\omega)| \cdot e^{j\varphi_1(\omega)} \cdot |F_2(j\omega)| \cdot e^{j\varphi_2(\omega)} \cdot \ldots \cdot |F_n(j\omega)| \cdot e^{j\varphi_n(\omega)}$$

$$= |F_1(j\omega)| \cdot |F_2(j\omega)| \cdot \ldots \cdot |F_n(j\omega)| \cdot e^{j[\varphi_1(\omega)+\varphi_2(\omega)+\ldots+\varphi_n(\omega)]}$$

Man erhält also die Ortskurve eines Übertragungssystems dadurch, daß man zuerst die Ortskurven der Einzelglieder der Reihenschaltung zeichnet und dann für diskrete Frequenzen punktweise die resultierende Ortskurve konstruiert, wobei für jede Frequenz der Betrag des Zeigers der resultierenden Ortskurve gleich dem Produkt der Beträge der Einzelglieder und die Phase gleich der Summe der Phasen der Einzelglieder sind. Bild 4.2.5 zeigt die Konstruktion eines Punktes der Ortskurve für eine diskrete Frequenz bei zwei Einzelgliedern. Die Konstruktion der gesamten Ortskurve wird, insbesondere bei mehreren Einzelgliedern, sehr mühsam.

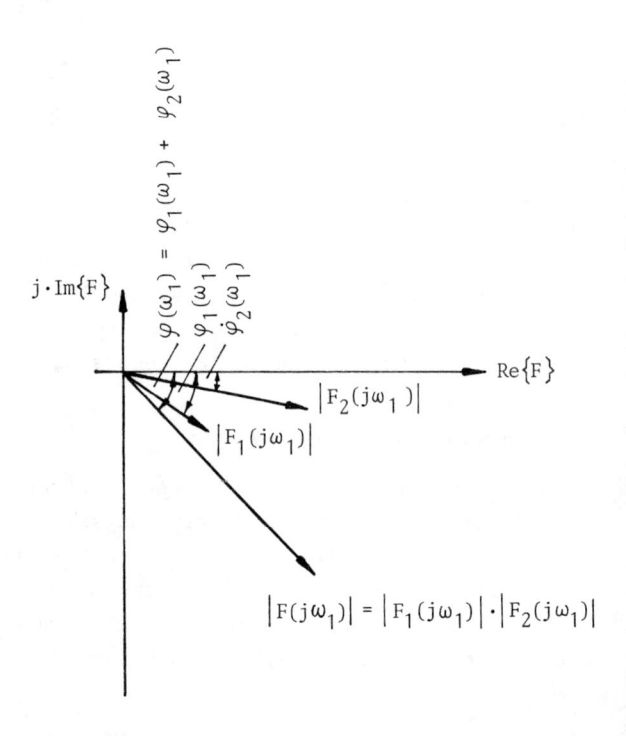

Bild 4.2.5 Konstruktion der Ortskurve eines Übertragungssystems

4.2.2 Frequenzkennlinien

Der Betrag $|F(j\omega)|$ des Frequenzganges $F(j\omega)$ und der Phasenwinkel $\varphi(\omega) = \arg\{F(j\omega)\}$ wird in Abhängigkeit von der Frequenz in zwei getrennten Diagrammen, den Frequenzkennlinien Amplitudengang und Phasengang, im Bode-Diagramm dargestellt. Im Amplitudengang wird als Abszisse die Kreisfrequenz ω und als Ordinate der Betrag $|F(j\omega)|$ jeweils im logarithmischen Maßstab aufgetragen. Im Phasengang wird über der Kreisfrequenz ω im logarithmischen Maßstab die Phase $\varphi(\omega)$ im linearen Maßstab aufgetragen.

4.2.2.1 Frequenzkennlinien elementarer Übertragungsglieder

In Tabelle 4.2.1 sind die Frequenzkennlinien, der Amplitudengang und der Phasengang, für elementare Übertragungsglieder dargestellt. Der Übertragungsbeiwert K_p wurde jeweils auf den Wert 1 normiert. Ein $K_p \neq 1$ bewirkt eine Parallelverschiebung des Amplitudengangs, der Phasengang bleibt gleich.

Die Vorteile für die Darstellung des Frequenzganges als Frequenzkennlinien sind folgende:

Es gibt einfache Zeichenregeln für die Darstellung elementarer Übertragungsglieder.

Eine Reihenschaltung mehrerer Übertragungsglieder führt in der Darstellung auf eine grafisch einfach durchzuführende Kurvensuperposition.

Durch den logarithmischen Frequenzmaßstab ergibt sich eine gleichbleibende relative Genauigkeit des Kurvenverlaufs in allen Bereichen.

Bei sogenannten Phasenminimumsystemen, das sind Übertragungssysteme, die keine Pole und Nullstellen rechts der j-Achse aufweisen, genügt die Darstellung nur des Amplitudenganges oder nur des Phasenganges zur Charakterisierung des Übertragungsverhaltens.

An einigen Beispielen sollen die Frequenzkennlinien einfacher Übertragungsglieder hergeleitet werden.

a) I-Glied

Nach Tabelle 3.2.1 lautet die Übertragungsfunktion eines I-Gliedes:

$$F(p) = \frac{K_I}{p}$$

Mit $p = \sigma + j\omega$ und $\sigma = 0$ ergibt sich der Frequenzgang des I-Gliedes zu:

$$F(j\omega) = \frac{K_I}{j\omega}$$

Führt man die Eckfrequenz $\omega_e = K_I$ ein, so folgt:

$$F(j\omega) = \frac{1}{j \cdot \frac{\omega}{\omega_e}}$$

Der Betrag des Frequenzganges des I-Gliedes ist dann:

$$|F(j\omega)| = \frac{\omega_e}{\omega}$$

und die Phase:

$$\varphi = \arctan\frac{\text{Im}\{F(j\omega)\}}{\text{Re}\{F(j\omega)\}} = \arctan(-\infty) = -90°$$

In Tabelle 4.2.3 sind für diskrete Werte der Frequenz ω Betrag und Phase des Frequenzganges eines I-Gliedes zusammengestellt. Bild 4.2.6 zeigt, daß sowohl der Amplitudengang als auch der Phasengang eines I-Gliedes Gerade sind. Für den Amplitudengang ergibt sich eine Gerade durch den Punkt ($\omega/\omega_e = 1$; $|F| = 1$) mit der Steigung -1 und für den Phasengang eine Parallele zur Abszisse durch $-90°$.

Tabelle 4.2.3 Frequenzgang eines I-Gliedes

ω/ω_e	0.1	0.2	0.4	0.7	1.0	2.0	4.0	7.0	10
$|F(j\omega)|$	10	5	2.5	1.43	1	0.5	0.25	0.14	0.1
φ °	-90	-90	-90	-90	-90	-90	-90	-90	-90

b) PT_1-Glied

Der Frequenzgang eines PT_1-Gliedes lautet:

$$F(j\omega) = \frac{K}{1 + j \cdot \omega \cdot T} = \frac{K}{1 + j \cdot \frac{\omega}{\omega_e}}$$

Der Betrag des Frequenzganges ist dann:

$$|F(j\omega)| = \frac{K}{\sqrt{1 + \left(\frac{\omega}{\omega_e}\right)^2}}$$

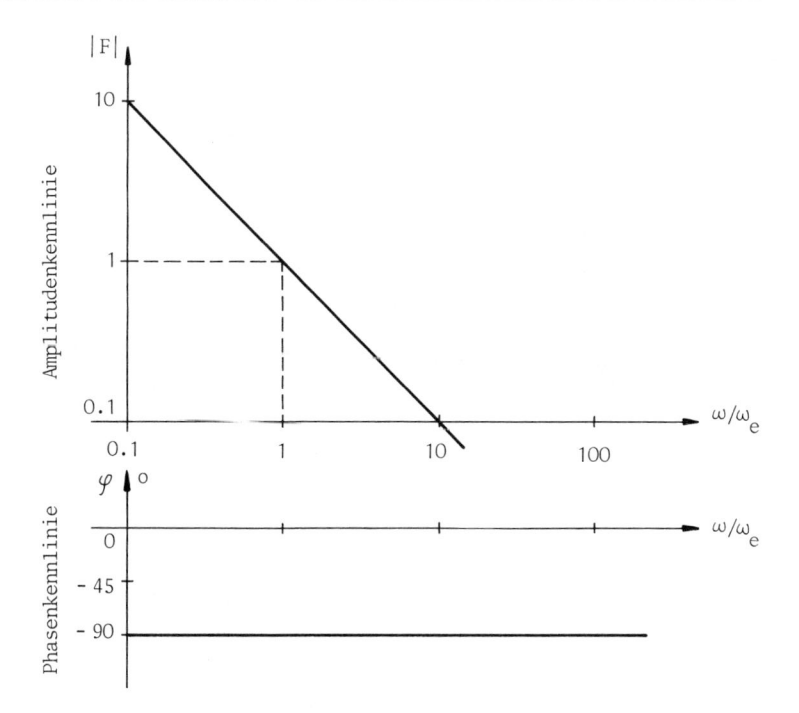

Bild 4.2.6 Frequenzkennlinien eines I-Gliedes

und die Phase:

$$\varphi(\omega) = \arctan(-\omega/\omega_e)$$

In Tabelle 4.2.4 ist die Wertetabelle für den Frequenzgang eines PT_1-Gliedes angegeben. Bild 4.2.7 zeigt die Frequenzkennlinien des PT_1-Gliedes. Die Frequenzkennlinien eines PT_1-Gliedes haben bezüglich der Eckfrequenz ω_e und des Proportionalbeiwertes K immer dasselbe Aussehen.

Die Frequenzkennlinien eines PD-Gliedes erhält man aus denen eines PT_1-Gliedes durch Spiegelung des Amplitudenganges an der Geraden

Tabelle 4.2.4 Frequenzgang eines PT_1-Gliedes

ω/ω_e	0.1	0.2	0.4	0.7	1.0	2.0	4.0	7.0	10
$\|F(j\omega)\|/K$	0.995	0.981	0.929	0.819	0.707	0.447	0.243	0.141	0.099
φ °	-5.7	-11.3	-21.8	-35.0	-45.0	-63.4	-76.0	-81.9	-84.3

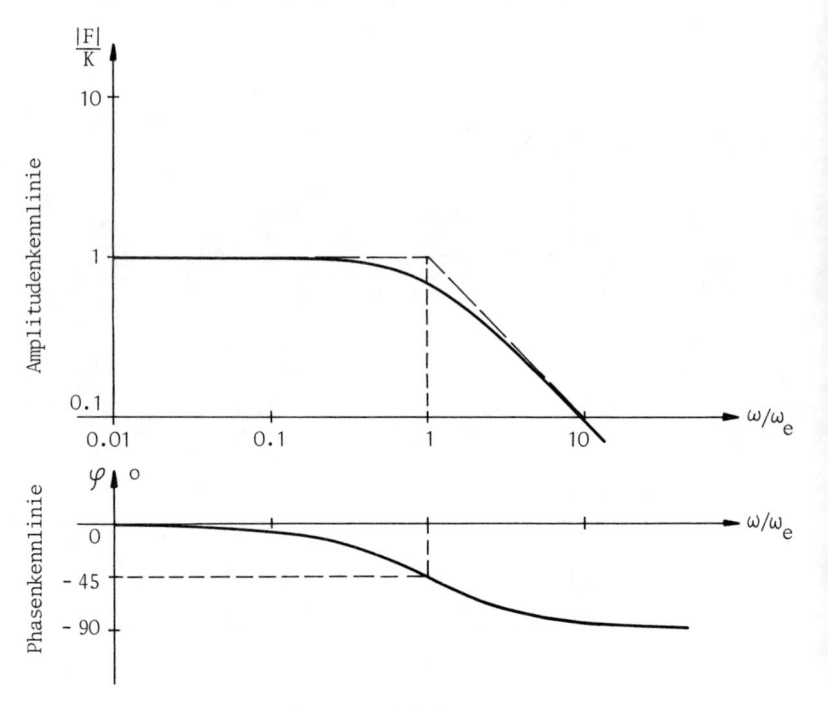

Bild 4.2.7 Frequenzkennlinien eines PT_1-Gliedes

$|F|/K = 1$ und des Phasenganges an der Geraden $\varphi = 0$, da das PD-Glied invers zum PT_1-Glied ist (vergl. Tabelle 4.2.1).

c) T_t-Glied

Der Frequenzgang eines T_t-Gliedes lautet:

$$F(j\omega) = e^{-j\cdot\omega\cdot T_t}$$

Der Betrag des Frequenzganges ist dann:

$$|F(j\omega)| = |e^{-j\cdot\omega\cdot T_t}| = |\cos\omega T_t - j\cdot\sin\omega T_t| = 1$$

Der Amplitudengang eines T_t-Gliedes ist also für alle Frequenzen ω eine Gerade mit dem Wert 1. Der Phasengang lautet:

$$\varphi = -\omega\cdot T_t$$

Bezieht man die Frequenz ω auf die sogenannte kritische Frequenz

$\omega_{krit} = \pi/T_t$, bei der die Phase des T_t-Gliedes den Wert $\varphi = -180°$ annimmt, so erhält man die in Tabelle 4.2.5 angegebene Wertetabelle für den Frequenzgang. In Bild 4.2.8 sind die Frequenzkennlinien eines T_t-Gliedes dargestellt.

Tabelle 4.2.5 Frequenzgang eines T_t-Gliedes

ω/ω_{krit}	0.01	0.02	0.04	0.07	0.1	0.2	0.4	0.7	1.0
$\|F(j\omega)\|$	1	1	1	1	1	1	1	1	1
φ °	-1.8	-3.6	-7.2	-12.6	-18	-36	-72	-126	-180

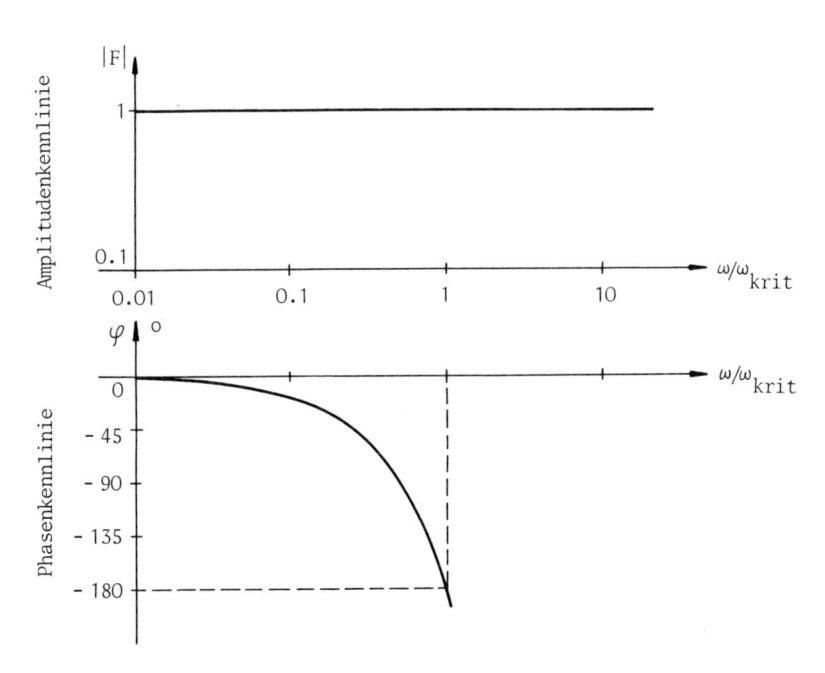

Bild 4.2.8 Frequenzkennlinien eines T_t-Gliedes

d) PT_2-Glied

Die Übertragungsfunktion eines PT_2-Gliedes lautet:

$$F(p) = \frac{K}{1 + 2\cdot\vartheta\cdot T\cdot p + T^2\cdot p^2}$$

Mit $p = j\omega$ und $\omega_n = 1/T$ erhält man den Frequenzgang:

$$F(j\omega) = \frac{K}{1 + j \cdot 2 \cdot \zeta \cdot \frac{\omega}{\omega_n} + (j \cdot \frac{\omega}{\omega_n})^2}$$

Somit ergibt sich für den Betrag:

$$|F(j\omega)| = \frac{K}{\sqrt{\left[1 - (\frac{\omega}{\omega_n})^2\right]^2 + \left[2 \cdot \zeta \cdot \frac{\omega}{\omega_n}\right]^2}}$$

und die Phase:

$$\varphi(\omega) = -\arctan \frac{2 \cdot \zeta \cdot \frac{\omega}{\omega_n}}{1 - (\frac{\omega}{\omega_n})^2}$$

In Bild 4.2.9 sind die Frequenzkennlinien eines PT_2-Gliedes mit dem Dämpfungsgrad ζ als Parameter dargestellt. Für sehr kleine Frequenzen $\omega \ll \omega_n$ gilt:

$$|F(j\omega)| = K$$
$$\varphi(\omega) = 0° \quad \text{für } \omega \ll \omega_n$$

Dies bedeutet, daß für kleine Frequenzen und für alle ζ die auf den P-Beiwert K bezogenen Amplitudenkennlinien bei $|F(j\omega)|/K = 1$ beginnen. Die Phasenkennlinien beginnen für kleine ω und für alle ζ bei $\varphi = 0°$. Für große Frequenzen $\omega \gg \omega_n$ gilt:

$$|F(j\omega)| = \frac{K}{(\frac{\omega}{\omega_n})^2} \quad \text{für } \omega \gg \omega_n$$
$$\varphi(\omega) = -180°$$

Das heißt, daß für große Frequenzen und für alle ζ die Amplitudenkennlinien doppelt so steil abfallen, wie die Amplitudenkennlinie eines I-Gliedes. Die Phasenkennlinien enden für große ω und für alle ζ bei $\varphi = -180°$. Im mittleren Frequenzbereich ist der Verlauf der Amplituden- wie der Phasenkennlinien von der Größe des Dämpfungsgrades ζ stark beeinflußt. Für die Resonanzfrequenz $\omega = \omega_n$ gilt:

$$|F(j\omega_n)| = \frac{K}{2 \cdot \zeta}$$
$$\varphi(\omega_n) = -90° \quad \text{für } \omega = \omega_n$$

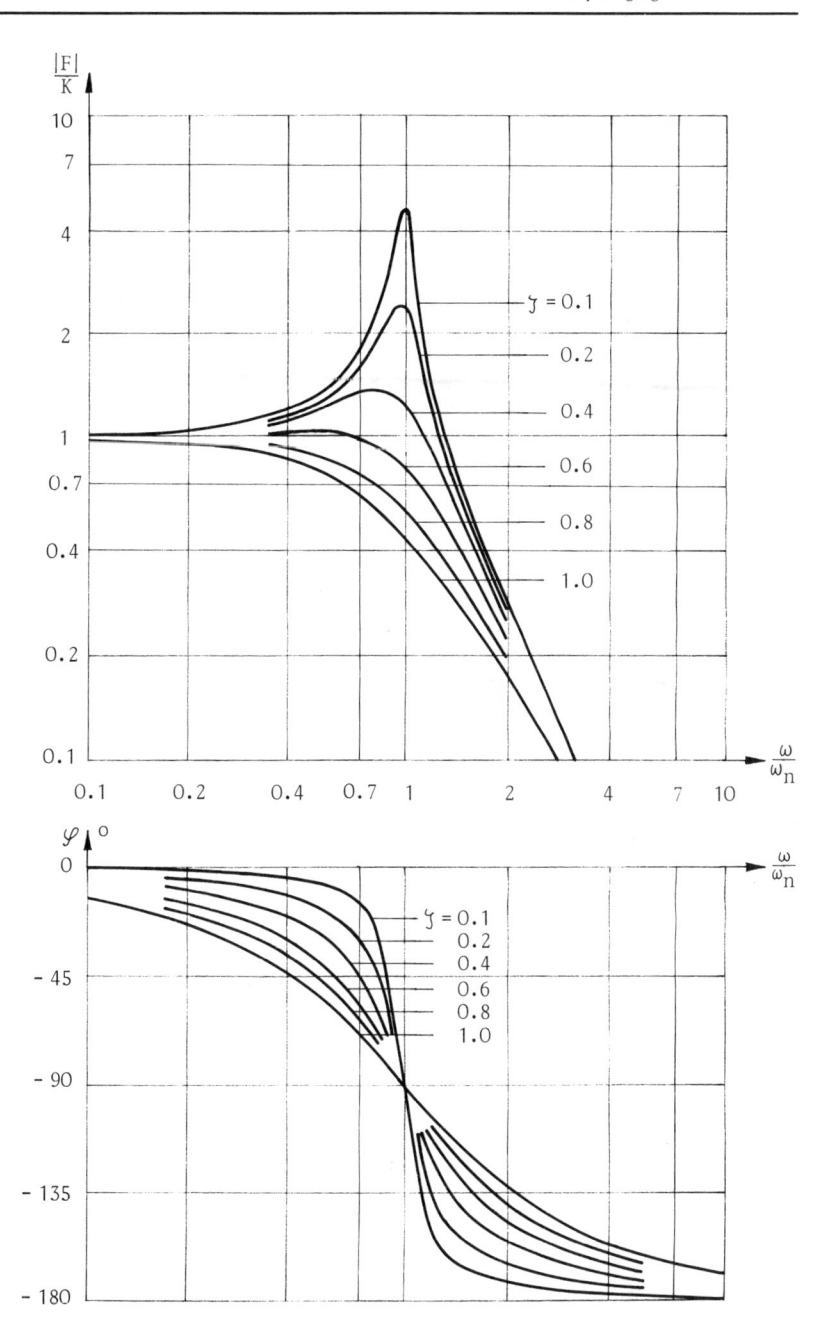

Bild 4.2.9 Frequenzkennlinien eines PT_2-Gliedes

Das besagt, daß bei der Resonanzfrequenz ω_n, der Eigenfrequenz des ungedämpften Systems, der Wert des Amplitudengangs (Resonanzfaktor) umgekehrt proportional dem Dämpfungsgrad γ ist. Die Größe der Phase bei $\omega = \omega_n$ ist für alle γ gleich $\varphi = -90°$. Wie man aus Bild 4.2.9 sieht, steigen für kleine Dämpfungsgrade $\gamma < \sqrt{2}/2$ die Amplitudenkennlinien mit wachsendem ω bis zu einem Maximalwert an, der bei $\omega_{max} = \omega_n \cdot \sqrt{1 - 2\gamma^2}$ erreicht wird und der durch die Größe $|F|_{max}/K = 1/(2\cdot\gamma\cdot\sqrt{1-\gamma^2})$ bestimmt wird. Mit größerem ω werden die Amplituden wieder kleiner. Mit zunehmender Dämpfung γ wird das Maximum flacher und verlagert sich bei gegebenem ω_n in Richtung kleinerer ω-Werte. Für $\gamma \geq \sqrt{2}/2$ weisen die auf K bezogenen Amplitudenkennlinien kein Maximum mehr auf und bleiben stets ≤ 1.

Die Phasenkennlinien erreichen bei ω_n den Wert $\varphi = -90°$ für alle γ. Die Neigung der Kennlinien ist aber umso steiler, je kleiner der Dämpfungsgrad γ ist. Für Dämpfungsgrade $\gamma \geq 1$ läßt sich bekanntlich das PT_2-Glied in zwei PT_1-Glieder umformen, wobei gilt:

$$\frac{1}{1 - (\frac{\omega}{\omega_n})^2 + j\cdot 2\cdot\gamma\frac{\omega}{\omega_n}} = \frac{1}{1 + j\cdot\frac{\omega}{\omega_{e1}}} \cdot \frac{1}{1 + j\cdot\frac{\omega}{\omega_{e2}}}$$

mit:

$$\omega_{e1,e2} = \omega_n \cdot (\gamma \pm \sqrt{\gamma^2 - 1})$$

Die Frequenzkennlinien erhält man dann durch grafische Superposition der Frequenzkennlinien der zwei PT_1-Glieder.

Spiegelt man die Kurven für den Amplitudengang des PT_2-Gliedes an der Geraden $|F(j\omega)|/K = 1$ und die Kurven für den Phasengang an der Geraden $\varphi(\omega) = 0$, so erhält man die Amplituden- und Phasenkennlinien eines PD_2-Gliedes mit γ als Parameter.

4.2.2.2 Konstruktionshilfsmittel für Frequenzkennlinien

Wie man aus Tabelle 4.2.1 ersieht, lassen sich die Frequenzkennlinien eines P-, I- und D-Gliedes einfach zeichnen, da sie aus Geraden bestehen. Die Frequenzkennlinien eines PT_1-Gliedes weisen bezüglich der Eckfrequenz ω_e immer denselben Kurvenverlauf auf, so daß zum Zeichnen eine Kurvenschablone verwendet werden kann. Bild 4.2. zeigt die Kurvenschablonen für den Amplitudengang und den Phasengang. Die mit Eckfrequenz bezeichnete Linie der Schablonen wird an die jeweilige Eckfrequenz ω_e angelegt. Bei der Amplitudenkennlinie

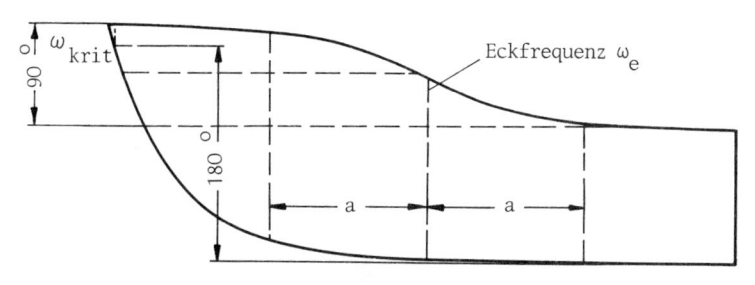

Bild 4.2.10 Kurvenschablonen für Frequenzkennlinien

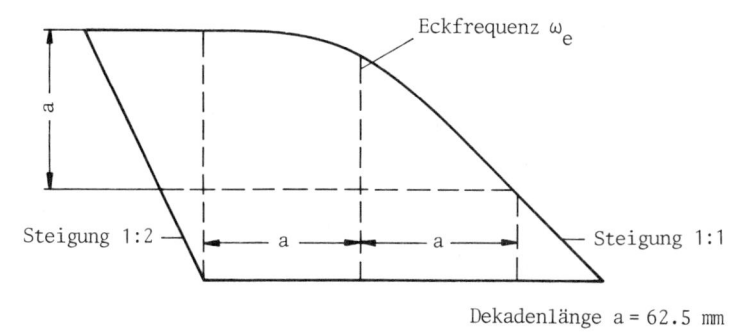

verläuft der waagrechte Teil der Kurve asymptotisch an $|F(j\omega)|/K = 1$ heran. Bei der Phasenkennlinie geht die Kurve bei der Eckfrequenz ω_e durch den Punkt $\varphi = -45°$.

Durch Drehen und Umklappen der Schablonen können auch die Amplituden- und Phasenkennlinien von PD-, PI- und DT_1-Gliedern gezeichnet werden. Die Schablone für den Phasengang enthält auch den Kurvenverlauf für die Phase eines T_t-Gliedes, wobei die Frequenz ω_{krit} besonders markiert ist. Mit Hilfe dieser Schablonen lassen sich also die Frequenzkennlinien elementarer Übertragungsglieder einfach, schnell und genau darstellen. Als Zeichenpapier kann das übliche doppelt-logarithmische Papier mit einer genormten Dekadenlänge von 62.5 mm für den Amplitudengang und das einfach-logarithmische Papier für den Phasengang verwendet werden. Es gibt auch ein spezielles Bode-Diagramm-Papier, bei dem beide Teildiagramme untereinander angeordnet sind.

Die Frequenzkennlinien von Übertragungsgliedern erster Ordnung (PT_1, PD, PI, DT_1) lassen sich im Bode-Diagramm auch näherungsweise durch

Gerade darstellen, wie am Beispiel des PT_1-Gliedes gezeigt werden soll. Der Frequenzgang des PT_1-Gliedes lautet:

$$F(j\omega) = \frac{K}{1 + j \cdot \frac{\omega}{\omega_e}}$$

Der Amplitudengang läßt sich für sehr kleine und sehr große Frequenzen durch folgende Asymptoten näherungsweise darstellen:

$$|F(j\omega)|/K = 1 \qquad \text{für } \omega \ll \omega_e$$

$$|F(j\omega)|/K = \frac{\omega_e}{\omega} \qquad \text{für } \omega \gg \omega_e$$

Der Schnittpunkt beider Asymptoten fällt mit der Eckfrequenz ω_e zusammen. Im Bild 4.2.11 ist der Amplitudengang des PT_1-Gliedes näherungsweise durch die beiden Asymptoten dargestellt. Der Phasengang läßt sich für kleine und große Frequenzen durch zwei Asymptoten:

$$\varphi(\omega) = 0 \qquad \text{für } \omega \ll \omega_e$$

$$\varphi(\omega) = -90°\qquad \text{für } \omega \gg \omega_e$$

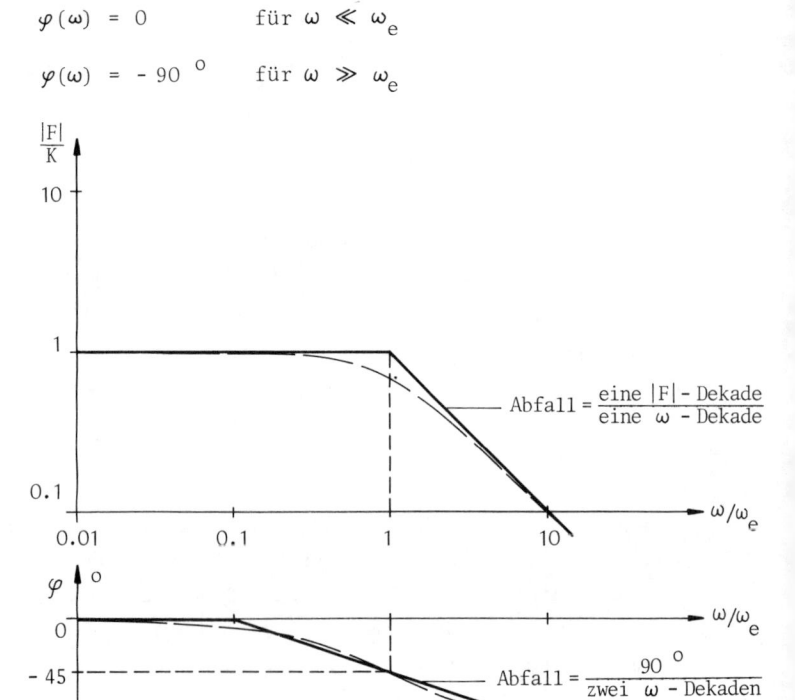

Bild 4.2.11 Asymptotische Darstellung der Frequenzkennlinien eines PT_1-Gliedes

und im Bereich für mittlere Frequenzen durch eine Gerade annähern, die bei der Eckfrequenz ω_e durch $-45°$ geht und die Asymptote $\varphi(\omega) = 0$ bei $0.1 \cdot \omega_e$ und die Asymptote $\varphi(\omega) = -90°$ bei $10 \cdot \omega_e$ schneidet (Bild 4.2.11). Diese Art der Darstellung ist allerdings mit Fehlern behaftet. Beim Amplitudengang tritt der größte Fehler am Ort der Eckfrequenz ω_e auf, wo der asymptotische Amplitudengang um den Faktor $\sqrt{2}$ größer ist als der tatsächliche. Beim Phasengang tritt der größte Fehler bei $0.1 \cdot \omega_e$ und $10 \cdot \omega_e$ auf, wo der Näherungswert um $\pm 5.7°$ vom tatsächlichen Wert abweicht.

Bezüglich der asymptotischen Darstellung der Frequenzkennlinien von PD-, PI- und DT_1-Gliedern gilt entsprechendes.

4.2.2.3 Frequenzkennlinien von Übertragungssystemen

Um die Frequenzkennlinien eines Übertragungssystems zeichnen zu können, geht man vom Gesamtfrequenzgang des Systems aus, der nach Gleichung (4.2.7) in ein Produkt von Einzelfrequenzgängen elementarer Übertragungsglieder zerlegt wird:

$$(4.2.7) \quad F(j\omega) = |F(j\omega)| \cdot e^{j\varphi(\omega)}$$

$$= |F_1(j\omega)| \cdot |F_2(j\omega)| \cdot \ldots \cdot |F_n(j\omega)| \cdot e^{j[\varphi_1(\omega) + \varphi_2(\omega) + \ldots + \varphi_n(\omega)]}$$

Diese Gleichung wird nun logarithmiert:

$$\log|F(j\omega)| + j \cdot C \cdot \varphi(\omega) = \log|F_1(j\omega)| + \log|F_2(j\omega)| + \ldots + \log|F_n(j\omega)| +$$
$$+ j \cdot C \cdot [\varphi_1(\omega) + \varphi_2(\omega) + \ldots + \varphi_n(\omega)]$$

und in Real- und Imaginärteil aufgespalten:

$$(4.2.8) \quad \log|F(j\omega)| = \log|F_1(j\omega)| + \log|F_2(j\omega)| + \ldots + \log|F_n(j\omega)|$$

$$(4.2.9) \quad \varphi(\omega) = \varphi_1(\omega) + \varphi_2(\omega) + \ldots + \varphi_n(\omega)$$

Hier wird der wesentliche Vorteil der logarithmischen Darstellung im Bode-Diagramm sichtbar: Man erhält die Amplitudenkennlinie $|F(j\omega)|$ einer Reihenschaltung von Übertragungsgliedern dadurch, daß man die Amplitudenkennlinien der einzelnen einfachen Übertragungsglieder im Bode-Diagramm grafisch addiert. Die Phasenkennlinie $\varphi(\omega)$ erhält man dadurch, daß man die Phasenkennlinien der einzelnen Glieder ebenfalls grafisch addiert. Mit Hilfe eines Lineals und der Kurvenscha-

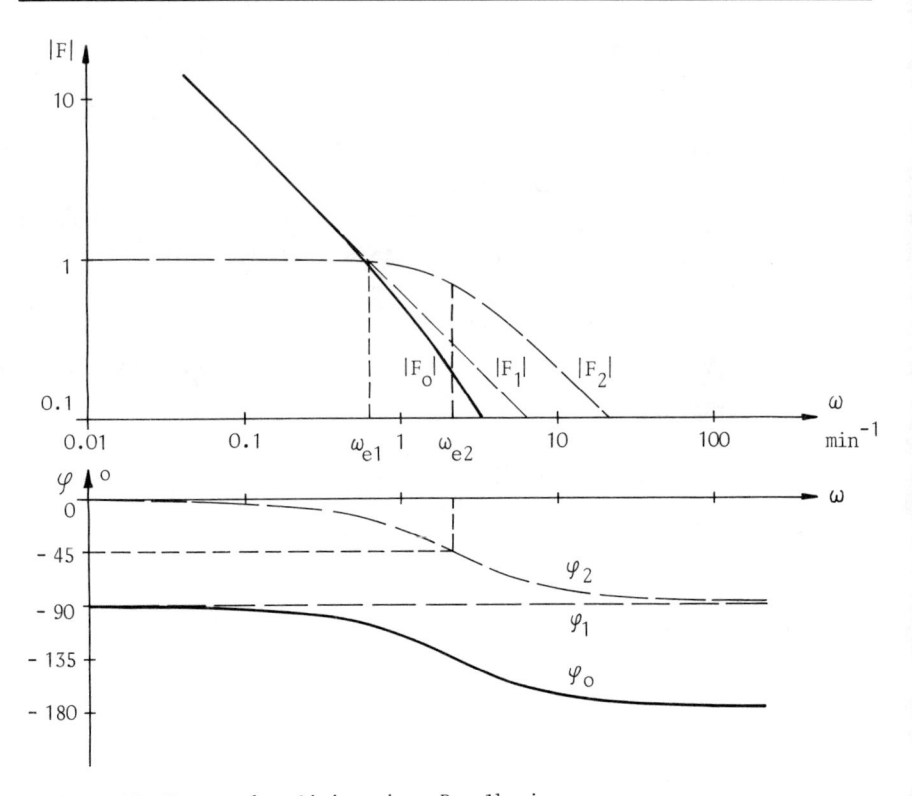

Bild 4.2.12 Frequenzkennlinien eines Regelkreises

bionen lassen sich die Amplituden- und Phasenkennlinien der einzelnen elementaren Übertragungsglieder leicht zeichnen. Durch anschließende grafische Addition mit Hilfe des Stechzirkels erhält man die Frequenzkennlinien der Reihenschaltung der Übertragungsglieder und damit des resultierenden Gesamtsystems.

An einem Beispiel soll das Vorgehen erläutert werden. Gegeben ist folgender Frequenzgang eines aufgeschnittenen Regelkreises:

$$F_o(j\omega) = \frac{0.6}{j\omega \cdot (1 + 0.5 \cdot j\omega)} \qquad \omega \text{ in min}^{-1}$$

Er soll im Bode-Diagramm dargestellt werden. $F_o(j\omega)$ kann zusammengesetzt werden aus dem Produkt der Frequenzgänge eines I-Gliedes $F_1(j\omega)$ und eines PT_1-Gliedes $F_2(j\omega)$:

$$F_o(j\omega) = F_1(j\omega) \cdot F_2(j\omega)$$

mit:

$$F_1(j\omega) = \frac{1}{j \cdot \frac{\omega}{0.6}} \qquad \omega_{e1} = 0.6 \text{ min}^{-1}$$

und:

$$F_2(j\omega) = \frac{1}{1 + 0.5 \cdot j\omega} \qquad \omega_{e2} = 2 \text{ min}^{-1}$$

Mit Hilfe des Lineals und der Kurvenschablonen werden nun die einzelnen Frequenzkennlinien im Bode-Diagramm gezeichnet und durch grafische Addition mit Hilfe des Stechzirkels Amplituden- und Phasengang des Frequenzganges $F_o(j\omega)$ ermittelt (Bild 4.2.12).

Mit Hilfe des Frequenzkennlinien-Verfahrens läßt sich sowohl eine Analyse als auch eine Synthese des dynamischen Verhaltens von Regelkreisen durchführen (vergl. Abschnitt 5.3.2).

5. Entwurf von Regelkreisen

In Kapitel 3 wurde das Verhalten von einzelnen Übertragungsgliedern sowie von Regelstrecken und Reglern für sich allein betrachtet. Beim Regelvorgang arbeiten nun Regler und Strecke gemeinsam in einem geschlossenen Kreis, dem Regelkreis. Das Verhalten und der Entwurf von Regelkreisen ist Ziel der Untersuchungen dieses Kapitels.

5.1 Stabilität, Regelgüte und Empfindlichkeit

Die wichtigste Aufgabe bei der Untersuchung eines Regelkreises ist die Ermittlung seiner Stabilität. Ausgangspunkt für diese Untersuchung ist die Differentialgleichung oder die Übertragungsfunktion des Regelkreises.

5.1.1 Übertragungsfunktionen des Regelkreises

Zur Bestimmung der Übertragungsfunktionen des Regelkreises geht man von dem aktuellen Regelproblem aus. Bild 5.1.1 zeigt in einer gerätetechnischen Darstellung einen Regelkreis zur Regelung der Temperatur eines gasbeheizten Industrieofens. Über das Gasdruckthermo-

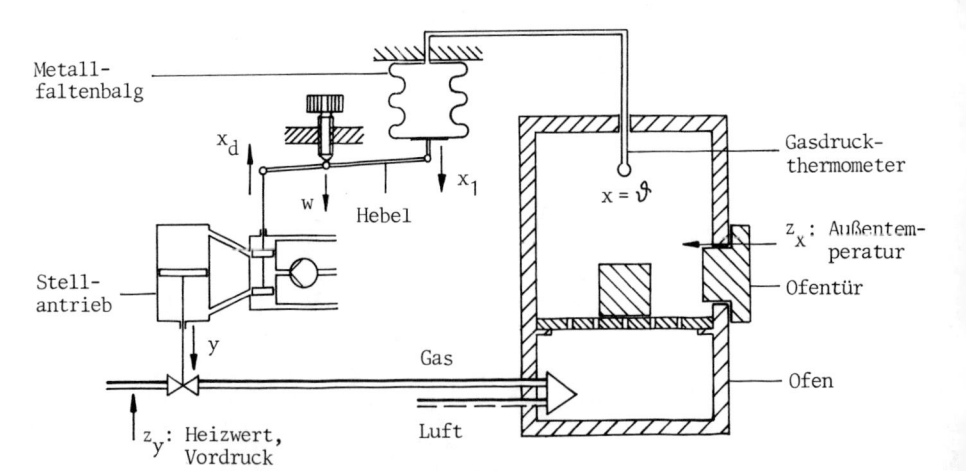

Bild 5.1.1 Temperaturregelung eines Industrieofens

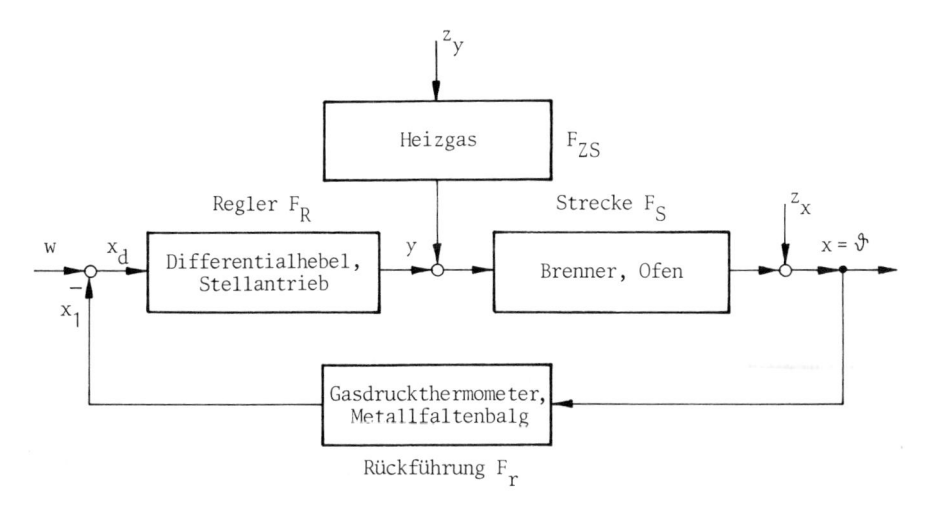

Bild 5.1.2 Signalflußplan des Temperaturregelkreises

meter wird die Temperatur im Ofen, die Regelgröße, erfaßt und über den Metallfaltenbalg dem Differentialhebel des Reglers zugeleitet. Dieser erzeugt aus dem Vergleich mit der Führungsgröße über den hydraulischen Stellantrieb eine Verstellung des Stellventils in der Gasleitung und damit eine bestimmte Gaszufuhr. Die auf diesen Regelkreis einwirkenden Störgrößen sind von der Versorgungsseite her Änderungen des Vordrucks und des Heizwertes des Gases und von der Lastseite her das Öffnen der Ofentür und die Anfangstemperatur des eingebrachten Gutes.

Die wirkungsmäßigen Zusammenhänge dieses Regelkreises lassen sich sinnbildlich, abstrahiert von der Gerätetechnik, im Signalflußplan darstellen (Bild 5.1.2). Dieser Regelkreis hat also drei Eingangsgrößen, die Führungsgröße w und die Störgrößen z_y (Versorgungsstörung) und z_x (Laststörung) und eine Ausgangsgröße, die Temperatur ϑ als Regelgröße x. Berechnet man im Bildbereich die Abhängigkeit der Regelgröße $X(p)$ von den angreifenden Eingangsgrößen $W(p)$, $Z_y(p)$ und $Z_x(p)$, so erhält man:

$$[(W(p) - F_r \cdot X(p)) \cdot F_R + F_{ZS} \cdot Z_y(p)] \cdot F_S + Z_x(p) = X(p)$$

und umgeformt:

$$X(p) = \frac{F_R \cdot F_S}{1 + F_R \cdot F_S \cdot F_r} \cdot W(p) + \frac{F_{ZS} \cdot F_S}{1 + F_R \cdot F_S \cdot F_r} \cdot Z_y(p) + \frac{1}{1 + F_R \cdot F_S \cdot F_r} \cdot Z_x(p)$$

(5.1.1) $X(p) = F_W(p) \cdot W(p) + F_{Zy}(p) \cdot Z_y(p) + F_{Zx}(p) \cdot Z_x(p)$

mit der Führungsübertragungsfunktion $F_W(p)$ und den Störübertragungsfunktionen $F_{Zy}(p)$ und $F_{Zx}(p)$. Für jede Eingangsgröße des Regelkreises läßt sich also eine Übertragungsfunktion aufstellen und im Signalflußplan (Bild 5.1.3) darstellen. Es ist aber bedeutungsvoll, daß alle Übertragungsfunktionen des Regelkreises denselben Nenner aufweisen.

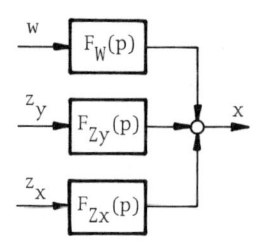

Bild 5.1.3 Signalflußplan

Die Führungsübertragungsfunktion $F_W(p)$ gibt das Führungsverhalten des Regelkreises an. Sie beschreibt die Auswirkungen der Führungsgröße auf die Regelgröße, wenn alle Störgrößenänderungen identisch gleich Null sind:

(5.1.2) $F_W(p) = \dfrac{X(p)}{W(p)}\bigg|_{Z_i=0} = \dfrac{F_R \cdot F_S}{1 + F_R \cdot F_S \cdot F_r} = \dfrac{F_R \cdot F_S}{1 + F_o}$

Dabei ist $F_o(p)$ die Übertragungsfunktion des aufgeschnittenen Regelkreises, die sich als Produkt der Übertragungsfunktionen der einzelnen Regelkreisglieder ergibt:

(5.1.3) $F_o(p) = F_R \cdot F_S \cdot F_r$

Die Übertragungsfunktionen von Regler, Strecke und Rückführung sind im allgemeinen gebrochen rationale Funktionen, so daß auch die Übertragungsfunktionen des Regelkreises gebrochen rationale Funktionen sind. So gilt für die Führungsübertragungsfunktion:

$$F_W(p) = \frac{Z(p)}{N(p)} = \frac{b_o + b_1 \cdot p + \ldots + b_m \cdot p^m}{a_o + a_1 \cdot p + \ldots + a_n \cdot p^n}$$

mit $m \leq n$, $a_n \neq 0$ und $a_o = 1$.

Im Idealfall ist die Führungsübertragungsfunktion $F_W(p) = 1$, denn dann folgt die Regelgröße $x(t)$ exakt der Führungsgröße $w(t)$, sofern keine Störgrößen z(t) einwirken. Durch entsprechende Wahl der Reglerübertragungsfunktion F_R und entsprechende Einstellung der Reglerkennwerte kann ein günstiges Führungsverhalten bei ausreichender Stabilität erzielt werden. Optimales Führungsverhalten ist vor allem bei Folgeregelungen von Bedeutung.

Die Störübertragungsfunktion $F_{Zy}(p)$ gibt das Störverhalten des Regelkreises an. Unter der Annahme, daß die Versorgungsstörung die wesentliche Störgröße ist, beschreibt die Störübertragungsfunktion die Auswirkungen von Änderungen der Versorgungsstörung auf die Regelgröße, wenn die Führungsgröße und die anderen Störgrößen gleich Null sind:

$$(5.1.4) \quad F_{Zy}(p) = \left. \frac{X(p)}{Z_y(p)} \right|_{\substack{W=0 \\ Z_x=0}} = \frac{F_{ZS} \cdot F_S}{1 + F_R \cdot F_S \cdot F_r}$$

Im Idealfall ist die Störübertragungsfunktion $F_{Zy}(p) = 0$, denn nur dann hat die wesentliche Störgröße $z_y(t)$ keinen Einfluß auf die Regelgröße x. Durch entsprechende Wahl der Reglerübertragungsfunktion und durch günstige Einstellung der Reglerkennwerte kann das Störverhalten wunschgemäß beeinflußt werden. Optimales Störverhalten ist vor allem bei Festwertregelungen von Bedeutung.

Wird ein Regelkreis durch Wahl des Reglers und Einstellung seiner Kennwerte auf gutes Störverhalten hin optimiert, so kann für den Kreis auch ein günstiges Führungsverhalten erzielt werden, wenn in den Führungspfad ein entsprechendes Kompensationsnetzwerk eingebaut wird.

5.1.2 Stabilität

Die Führungsübertragungsfunktion sowie die Störübertragungsfunktionen eines Regelkreises besitzen denselben Nenner. Er muß also, da er von Art und Angriffspunkt der Eingangsgrößen des Regelkreises unabhängig ist, über den inneren Aufbau und die Eigenschaften des Regelkreises Auskunft geben, also auch über die Stabilität entscheiden.

Der Nenner der Übertragungsfunktionen ist ein Polynom in p, das sogenannte charakteristische Polynom des Regelkreises:

$$(5.1.5) \quad N(p) = 1 + F_0 = 1 + a_1 \cdot p + a_2 \cdot p^2 + \ldots + a_n \cdot p^n$$

Wird das Polynom zu Null gesetzt, so erhält man die charakteristische Gleichung:

(5.1.6) $\quad 1 + F_o = 1 + a_1 \cdot p + a_2 \cdot p^2 + \ldots + a_n \cdot p^n = 0$

An Hand der Wurzeln (Lösungen, Eigenwerte) p_i der charakteristischen Gleichung, die identisch mit den Polen der Übertragungsfunktion sind, kann die Stabilität des Regelkreises beurteilt werden. Es gilt:

(5.1.6) $\quad 1 + a_1 \cdot p + a_2 \cdot p^2 + \ldots + a_n \cdot p^n = a_n \cdot (p - p_1) \cdot (p - p_2) \cdot \ldots \cdot (p - p_n) = 0$

Die Wurzeln bestimmen den Zeitverlauf der freien Bewegung des Regelkreises. Jede Wurzel liefert eine Teilbewegung zum Gesamtverlauf:

(5.1.7) $\quad x_h = C_1 \cdot e^{p_1 t} + C_2 \cdot e^{p_2 t} + \ldots + C_n \cdot e^{p_n t}$

Hierbei ist angenommen, daß keine Mehrfachwurzeln vorhanden sind. Die Koeffizienten a_i der charakteristischen Gleichung berechnen sich aus den Parametern der Bauglieder sowohl der Regelstrecke als auch der Meß- und Regeleinrichtung. Die Wurzeln der charakteristischen Gleichung können also nur reell oder konjugiert komplex sein. Folglich gibt es je nach Lage der Wurzeln $p_i = \sigma_i + j\omega_i$ in der p-Ebene nur wenige, ganz bestimmte Arten von Teilbewegungen (Eigenbewegungen), die in Tabelle 5.1.1 zusammengestellt sind. Daraus ist zu entnehmen, daß nur solche Eigenbewegungen im Laufe der Zeit abklingen, deren zugehörige Wurzeln p_i in der linken Halbebene der p-Ebene liegen, deren Realteil σ_i also negativ ist. Der Regelkreis strebt dann von selbst einem stationären Zustand zu und ist somit stabil. Ein

Tabelle 5.1.1 Lage der Wurzeln und Arten der Eigenbewegungen (nach [20])

Lage der Wurzeln					
Eigenbewegung					
Urteil	stabil		an Stabilitätsgrenze	instabil	

Regelkreis ist also dann und nur dann stabil, wenn alle Wurzeln der charakteristischen Gleichung in der linken Halbebene der p-Ebene liegen, wenn also ihre Realteile negativ sind (absolute Stabilität). Wurzeln auf der imaginären Achse beschreiben Bewegungen auf der Stabilitätsgrenze. Ein konjugiert imaginäres Wurzelpaar $\pm j\omega_1$ beschreibt eine Dauerschwingung mit konstanter Amplitude. Eine Wurzel im Nullpunkt verursacht einen konstanten Verlauf, wenn die äußere Anregung Null ist. Bei einer Anregung, die ungleich Null ist, ergibt sich ein mit konstanter Geschwindigkeit anwachsender Verlauf. Wurzeln in der rechten Halbebene, also mit $\sigma_i > 0$, beschreiben aufklingende Bewegungen, die instabil sind.

Zur Prüfung der absoluten Stabilität eines Regelkreises betrachtet man also die Lage der Wurzeln der charakteristischen Gleichung in der p-Ebene (Bild 5.1.4). Diese Prüfung liefert eine Ja-Nein-Aussage über die Stabilität des Regelkreises.

Falls der Regelkreis stabil ist, stellt sich die Frage nach der Regelgüte, wie stabil er ist (relative Stabilität). Dabei interessieren vor allem die Bereiche, innerhalb derer sich die Regelkreisparameter ändern können, ohne daß der Regelkreis instabil wird.

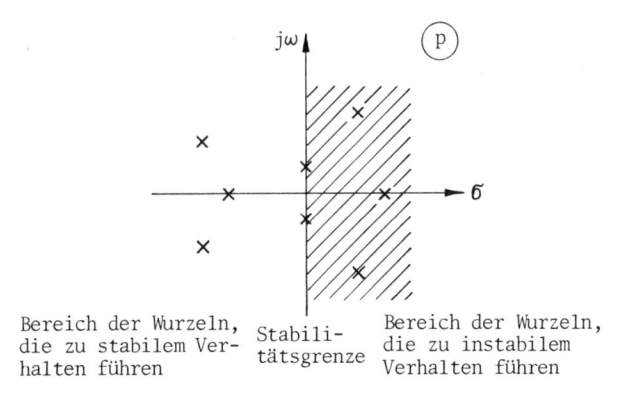

Bild 5.1.4 Lage der Wurzeln in der p-Ebene

5.1.3 Regelgüte

Bei der Regelgüte (Regelgenauigkeit) ist zu unterscheiden zwischen der Regelgüte im Beharrungszustand und der Regelgüte während des Einschwingvorganges. Ein Kriterium für erstere ist die bleibende Regeldifferenz $x_{d\,st}$. Aussagen über letztere können an Hand der

Größen Ausregelzeit T_{aus}, Überschwingweite x_m, Dämpfungsgrad y und Regelfläche I gemacht werden. Die Bedeutung dieser Größen sowohl beim Führungsverhalten als auch beim Störverhalten eines Regelkreises zeigt Bild 5.1.5.

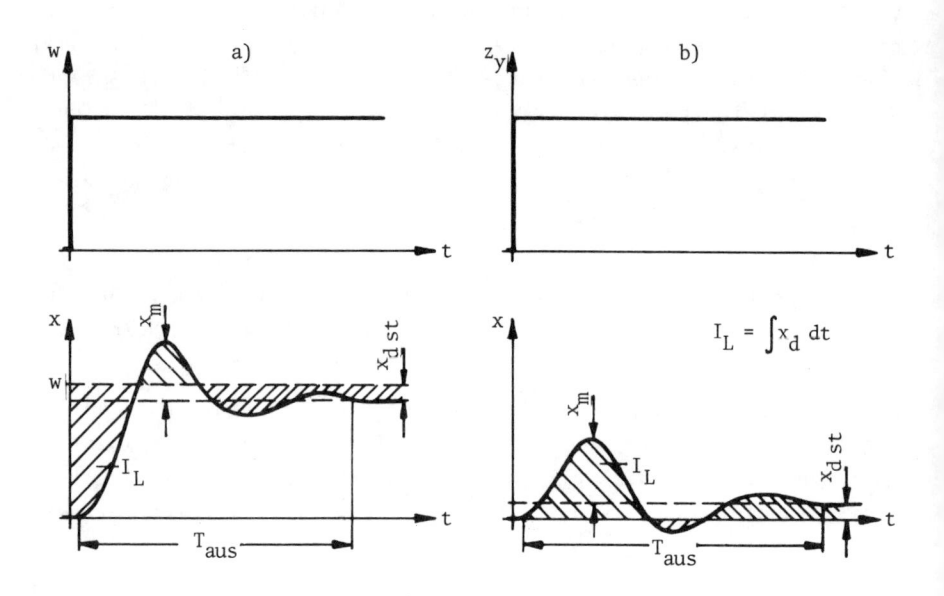

Bild 5.1.5 Kenngrößen für die Regelgüte
a) beim Führungsverhalten
b) beim Störverhalten

5.1.3.1 Regelgüte im Beharrungszustand

Für einen Regelkreis mit Einheitsrückführung nach Bild 5.1.6 soll die Regelgüte im Beharrungszustand bestimmt werden.

a) Stationäre Regelgröße

Nach Gleichung (5.1.1) gilt für die Regelgröße im Bildbereich:

$$X(p) = \frac{F_R \cdot F_S}{1 + F_R \cdot F_S} \cdot W(p) + \frac{F_S}{1 + F_R \cdot F_S} \cdot Z_y(p)$$

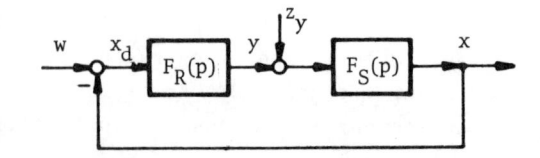

Bild 5.1.6 Regelkreis

5.1 Stabilität, Regelgüte und Empfindlichkeit

Unter der Annahme von sprungförmigen Änderungen der Führungsgröße wie der Störgröße:

$$w = w_o \cdot 1(t)$$

$$z_y = z_{yo} \cdot 1(t)$$

erhält man nach dem Endwertsatz der Laplace-Transformation die stationäre Regelgröße x_{st} zu:

(5.1.8) $\quad x_{st} = \lim_{p \to 0} p \cdot X(p)$

$$= \lim_{p \to 0} p \left[\frac{F_R \cdot F_S}{1 + F_R \cdot F_S} \cdot \frac{w_o}{p} + \frac{F_S}{1 + F_R \cdot F_S} \cdot \frac{z_{yo}}{p} \right]$$

Aus dieser Gleichung läßt sich die stationäre Regelgröße x_{st} für verschiedene Zuordnungen von Reglertypen, wie z. B.

P-Regler: $\quad F_R(p) = K_{PR}$

I-Regler: $\quad F_R(p) = \dfrac{K_{IR}}{p}$

zu Regelstrecken, wie z. B.

PT_n-Strecke: $\quad F_S(p) = \dfrac{K_{PS}}{1 + a_1 \cdot p + a_2 \cdot p^2 + \ldots + a_n \cdot p^n}$

IT_n-Strecke: $\quad F_S(p) = \dfrac{K_{IS}}{p \cdot (1 + a_1 \cdot p + a_2 \cdot p^2 + \ldots + a_{n-1} \cdot p^{n-1})}$

ermitteln. Die Ergebnisse sind in Tabelle 5.1.2 zusammengestellt.

Bei Einsatz eines P-Reglers an einer PT_n-Regelstrecke wird die stationäre Regelgröße x_{st} nur unvollkommen an die Führungsgröße angeglichen. Es tritt eine bleibende Regeldifferenz sowohl als Folge der sprungförmigen Verstellung der Führungsgröße als auch der Störgröße auf. Bei Einsatz eines P-Reglers an einer IT_n-Regelstrecke wird die stationäre Regelgröße x_{st} vollkommen an die Führungsgröße angepaßt, vorausgesetzt daß keine Störung vorhanden ist. Für $z_y \neq 0$ tritt aber eine bleibende Regeldifferenz auf. Ein I-Regler an einer PT_n-Regelstrecke regelt im Beharrungszustand sprungförmige Verstellungen der Führungsgröße wie der Störgröße aus. Das Übergangsverhalten ist aber unbefriedigend. Es treten große Überschwin-

Tabelle 5.1.2 Stationäre Regelgröße

Regler	Strecke	Stationäre Regelgröße
P	PT_n	$x_{st} = \dfrac{K_{PR} \cdot K_{PS}}{1+K_{PR} \cdot K_{PS}} \cdot w_0 + \dfrac{K_{PS}}{1+K_{PR} \cdot K_{PS}} \cdot z_{yo}$
P	IT_n	$x_{st} = w_0 + \dfrac{1}{K_{PR}} \cdot z_{yo}$
I	PT_n	$x_{st} = w_0 + 0 \cdot z_{yo}$
I	IT_n	strukturinstabil

gungen und lange Regelzeiten auf (vergl. Abschnitt 5.2.2.1). Die Kombination I-Regler an IT_n-Regelstrecke führt zu einem strukturinstabilen Regelkreis, wie sich an Hand der Wurzeln der charakteristischen Gleichung oder mit Hilfe des Hurwitz-Kriteriums (vergl. Abschnitt 5.1.4.1) zeigen läßt. Aus Tabelle 5.1.2 gehen somit als günstige Kombinationen P-Regler an integrierenden Strecken und I-Regler an proportionalen Strecken hervor.

b) Bleibende Regeldifferenz

Ein Maß für die Regelgüte im Beharrungszustand ist die bleibende Regeldifferenz $x_{d\,st}$. Allgemein gilt für die Regeldifferenz:

$$X_d(p) = W(p) - X(p)$$

Mit $F_r(p) = 1$ folgt aus Gleichung (5.1.1):

$$X_d(p) = \frac{1}{1 + F_R \cdot F_S} \cdot W(p) - \frac{F_S}{1 + F_R \cdot F_S} \cdot Z_y(p)$$

Mit Hilfe des Endwertsatzes der Laplace-Transformation folgt für die bleibende Regeldifferenz:

(5.1.9) $\quad x_{d\,st} = \lim\limits_{p \to 0} p \left[\dfrac{1}{1 + F_R \cdot F_S} \cdot W(p) - \dfrac{F_S}{1 + F_R \cdot F_S} \cdot Z_y(p) \right]$

Je nach Kombination von Regler und Strecke ergeben sich in Abhängigkeit von Führungsgröße und Störgröße unterschiedliche bleibende Regeldifferenzen. Bei Einsatz eines P-Reglers an einer PT_n-Regelstrecke ergibt sich nach einer sprungförmigen Verstellung der Führungsgröße und der Störgröße eine bleibende Regeldifferenz von:

$$x_{d\,st} = \frac{1}{1 + K_{PR} \cdot K_{PS}} \cdot w_o - \frac{K_{PS}}{1 + K_{PR} \cdot K_{PS}} \cdot z_{yo}$$

$$= x_{d\,st}\big|_{z_y=0} + x_{d\,st}\big|_{w=0}$$

Selbst wenn die Störgröße $z_y = 0$ ist, tritt eine bleibende Regeldifferenz, die sogenannte a-priori-Regeldifferenz auf:

(5.1.10) $\quad x_{d\,st} = x_{d\,st}\big|_{z_y=0} = \dfrac{1}{1 + K_{PR} \cdot K_{PS}} \cdot w_o = R \cdot w_o$

Diese ist zur Bildung der Stellgröße unbedingt notwendig. Die Größe R wird Regelfaktor genannt:

(5.1.11) $\quad R = \dfrac{1}{1 + K_{PR} \cdot K_{PS}} = \dfrac{1}{1 + V_o}$

wobei V_o die Kreisverstärkung ist. Zu der a-priori-Regeldifferenz kommt beim Auftreten einer sprungförmigen Störung noch ein weiterer Anteil hinzu:

(5.1.12) $\quad x_{d\,st}\big|_{w=0} = - \dfrac{K_{PS}}{1 + K_{PR} \cdot K_{PS}} \cdot z_{yo} = - R \cdot K_{PS} \cdot z_{yo}$

Somit gibt der Regelfaktor R an, um welchen Faktor ein P-Regler an einer PT_n-Strecke die Auswirkung einer Störung vermindert. Die gesamte stationäre Regeldifferenz $x_{d\,st}$ wird umso kleiner, je größer der P-Beiwert K_{PR} des Reglers gemacht wird. Aus Stabilitätsgründen kann aber K_{PR} nicht beliebig groß gemacht werden.

Bei Einsatz eines P-Reglers an einer IT_n-Regelstrecke ist die bleibende Regeldifferenz nach einer sprungförmigen Verstellung der Führungsgröße gleich Null. Eine sprungförmige Verstellung der Störgröße führt zu einer bleibenden Regeldifferenz von:

(5.1.13) $\quad x_{d\,st}\big|_{w=0} = - \dfrac{1}{K_{PR}} \cdot z_{yo}$

Wirken auf den Regelkreis nach Bild 5.1.6 keine Störungen ein: $z_y = 0$ und prägt man ihm als Führungsgröße auf einen Einheitssprung: $w(t) = 1(t)$, einen Einheitsanstieg: $w(t) = t$ oder eine Einheitsparabel: $w(t) = \frac{1}{2} \cdot t^2$, so erhält man je nach Kombination von Regler und Strecke die in Tabelle 5.1.3 zusammengestellten Regeldifferenzen im Beharrungszustand: Lagefehler x_{dL}, Geschwindigkeitsfehler x_{dG} und Beschleunigungsfehler x_{dB}. Als Lagefehler bezeichnet man die bleibende Regeldifferenz im Regelkreis, die sich nach einer Verstellung der Führungsgröße um einen Einheitssprung im Beharrungszustand einstellt. Als Geschwindigkeitsfehler bezeichnet man die bleibende Regeldifferenz, die sich auf einen Einheitsanstieg und als Beschleunigungsfehler, die sich auf eine Einheitsparabel der Führungsgröße einstellt. Aus Tabelle 5.1.3 ersieht man, daß P-Regler an PT_n-Strecken, wie oben hergeleitet, einen Lagefehler bewirken. P-Regler an IT_n-Strecken, I-Regler an PT_n-Strecken und PI-Regler an PT_n-Strecken weisen keinen Lagefehler auf, wohl aber einen Geschwindigkeitsfehler. Bei PI-Reglern an IT_n-Strecken treten weder Lage- noch Geschwindigkeitsfehler, wohl aber endliche Beschleunigungsfehler auf.

5.1.3.2 Regelgüte während des Einschwingvorganges

Die Regelgüte während des Einschwingvorganges wird meist in den Spezifikationen zur Regeleinrichtung festgelegt durch Vorgabe von Maximalwerten für die Ausregelzeit T_{aus}, die Überschwingweite x_m,

Tabelle 5.1.3 Regelfehler

Regler	Strecke	Lagefehler	Geschwindigkeitsfehler	Beschleunigungsfehler
P	PT_n	$\dfrac{1}{1 + K_{PR} \cdot K_{PS}}$	∞	∞
P	IT_n	0	$\dfrac{1}{K_{PR} \cdot K_{IS}}$	∞
I	PT_n	0	$\dfrac{1}{K_{IR} \cdot K_{PS}}$	∞
I	IT_n	strukturinstabil		
PI	PT_n	0	$\dfrac{1}{K_{IR} \cdot K_{PS}}$	∞
PI	IT_n	0	0	$\dfrac{1}{K_{IR} \cdot K_{IS}}$

den Dämpfungsgrad ϑ oder die Regelfläche I. Bei den meisten Regelungen wird eine kleine Ausregelzeit bei gut gedämpftem Regelvorgang gefordert. Bei Regelungen von Werkzeugmaschinen ist z. B. durch Wahl und Einstellung des Reglers darauf zu achten, daß die Überschwingweite $x_m = 0$ ist. Bei schwingfähigen Regelvorgängen in der Mechanik werden als Gütekriterien oft die betragslineare Regelfläche I_{BL}:

$$I_{BL} = \int |x_d|\, dt \rightarrow \text{Min}$$

oder die quadratische Regelfläche I_Q herangezogen:

$$I_Q = \int x_d^2\, dt \rightarrow \text{Min}$$

Damit nun ein Regelvorgang rasch und gut gedämpft abläuft, werden die Wurzeln der charakteristischen Gleichung des Regelkreises durch geeignete Wahl des Reglertyps und günstige Einstellung seiner Kennwerte so vorgegeben, daß sie in der p-Ebene außerhalb des in Bild 5.1.7 schraffierten Bereiches zu liegen kommen. Als Richtwerte gelten:

$$\sigma_d \leq -\frac{1}{2}\,;\quad \vartheta_d \geq 45°$$

Damit der Einschwingvorgang genügend schnell verläuft, wird der Regelkreis so entworfen, daß keine Wurzel der charakteristischen Gleichung rechts der Parallelen zur imaginären Achse im Abstand σ_d liegt. Alle Teilbewegungen klingen dann schneller als die Exponen-

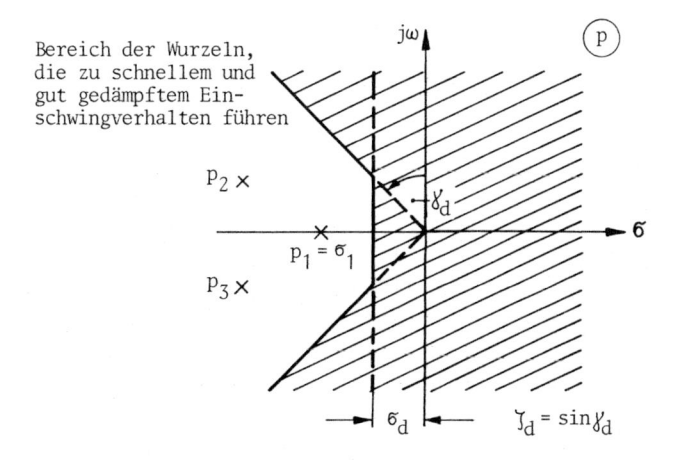

Bild 5.1.7 Lage der Wurzeln für günstiges Einschwingverhalten des Regelkreises

tialbewegung $e^{\sigma_d \cdot t}$ ab (Bild 5.1.8). Damit der Einschwingvorgang genügend gut gedämpft verläuft, wird der Regelkreis so entworfen, daß keine Wurzel in den Winkelbereich γ_d hereinfällt. Der Dämpfungsgrad ist dann größer als $\gamma_d = \sin\gamma_d$.

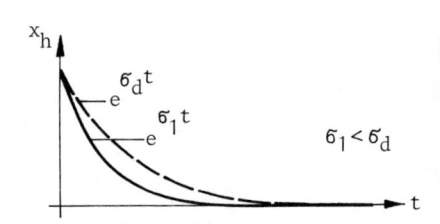

Bild 5.1.8 Abklingvorgang

5.1.4 Stabilitätskriterien

5.1.4.1 Hurwitz-Kriterium

Das Stabilitätskriterium nach Hurwitz ist ein algebraisches Kriterium, das bezüglich der absoluten Stabilität eines Regelkreises eine Aussage liefert. Es prüft an Hand der Koeffizienten a_i der charakteristischen Gleichung (5.1.6) eines Regelkreises seine absolute Stabilität, ohne die genaue Lage der Wurzeln der charakteristischen Gleichung in der p-Ebene zu bestimmen. Man bildet aus den Koeffizienten a_i eine (n,n)-Determinante H_n:

$$(5.1.14) \quad H_n = \begin{vmatrix} a_1 & a_3 & a_5 & \cdot & \cdot & \cdot & 0 \\ a_0 & a_2 & a_4 & \cdot & \cdot & \cdot & 0 \\ 0 & a_1 & a_3 & \cdot & \cdot & \cdot & 0 \\ 0 & a_0 & a_2 & \cdot & \cdot & \cdot & 0 \\ \cdot & & & & & & \\ \cdot & & & & & & \\ 0 & 0 & 0 & \cdot & \cdot & \cdot & a_n \end{vmatrix}$$

wobei die erste Zeile nur aus den Koeffizienten mit ungeradem Index und die zweite Zeile nur aus denen mit geradem Index besteht. Die folgenden Zeilenpaare sind jeweils um eine Spalte nach rechts versetzt. Koeffizienten, deren Indices größer als n oder kleiner als Null wären, werden durch Nullen ersetzt.

Nach Hurwitz ist nun ein Regelkreis dann und nur dann stabil, wenn alle Koeffizienten $a_i > 0$ (i = 0, 1, 2, ... n) und alle Hurwitz-Determinanten $H_k > 0$ (k = 1, 2, ... n) sind, also die (n,n)-Determinante H_n und die n - 1 Hauptabschnittsdeterminanten, die von der linken oberen Ecke ausgehend gebildet werden können.

Für einfache Fälle ist also Stabilität gegeben, wenn bei

n = 1 : $a_0 > 0$; $a_1 > 0$

n = 2 : $a_0 > 0$; $a_1 > 0$; $a_2 > 0$

n = 3 : $a_0 > 0$; $a_1 > 0$; $a_2 > 0$; $a_3 > 0$;

$a_1 a_2 - a_0 a_3 > 0$

n = 4 : $a_0 > 0$; $a_1 > 0$; $a_2 > 0$; $a_3 > 0$; $a_4 > 0$;

$a_1 a_2 a_3 - a_1^2 a_4 - a_0 a_3^2 > 0$

An den folgenden Beispielen soll das Hurwitz-Kriterium erläutert und vertieft werden.

a) Gegeben ist die charakteristische Gleichung eines Regelkreises:

$$p^3 + 6p^2 + 5 = 0$$

Die Koeffizienten lauten:

$a_3 = 1$; $a_2 = 6$; $a_1 = 0$; $a_0 = 5$

Da $a_1 = 0$ ist, ergibt die Stabilitätsprüfung nach Hurwitz, daß der Regelkreis instabil ist.

b) Ein Regelkreis habe die charakteristische Gleichung:

$$p^3 + p^2 + p + 1 = 0$$

Die Koeffizienten lauten:

$a_3 = 1$; $a_2 = 1$; $a_1 = 1$; $a_0 = 1$

Die Koeffizienten sind zwar alle positiv, aber die Hurwitzdeterminante $H_2 = a_1 a_2 - a_0 a_3 = 0$, so daß der Regelkreis instabil ist.

c) Gegeben ist ein Regelkreis nach Bild 5.1.9. Gesucht sind die Einstellwerte der Reglerkenngrößen P-Beiwert K_{PR} und Nachstellzeit T_v (>0) so, daß der Regelkreis stabiles Verhalten aufweist (Syntheseproblem).

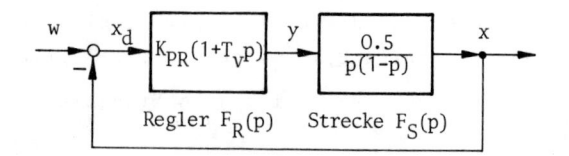

Bild 5.1.9 Regelkreis

```
         w     x_d  ┌──────────────┐  y  ┌────────┐  x
    ────→○────────→│ K_PR(1+T_v p) │────→│  0.5   │────→
          ↑-       └──────────────┘     │ p(1-p) │
          │                             └────────┘
          │         Regler F_R(p)       Strecke F_S(p)
          └─────────────────────────────────────────┘
```

Die charakteristische Gleichung des Regelkreises lautet:

$$1 + F_R \cdot F_S = 0$$

$$1 + \frac{0.5 \cdot K_{PR} \cdot (1 + T_v \cdot p)}{p \cdot (1 - p)} = 0$$

$$p^2 + (-1 - 0.5 \cdot K_{PR} \cdot T_v) \cdot p + (-0.5 \cdot K_{PR}) = 0$$

Die Koeffizienten ergeben sich zu:

$$a_2 = 1; \quad a_1 = -1 - 0.5 \cdot K_{PR} \cdot T_v \quad ; \quad a_0 = -0.5 \cdot K_{PR}$$

Nach Hurwitz ist bei n = 2 Stabilität gegeben, wenn alle Koeffizienten größer Null sind, also:

$$a_1 = -1 - 0.5 \cdot K_{PR} \cdot T_v > 0 \quad ⊱ \quad K_{PR} < -\frac{2}{T_v}$$

$$a_0 = -0.5 \cdot K_{PR} > 0 \quad ⊱ \quad K_{PR} < 0$$

Diese Hurwitz-Bedingungen für absolute Stabilität lassen sich in einem sogenannten Beiwerte-Diagramm (Bild 5.1.10) darstellen. Aus diesem Diagramm können die Reglereinstellwerte K_{PR} und T_v ermittelt

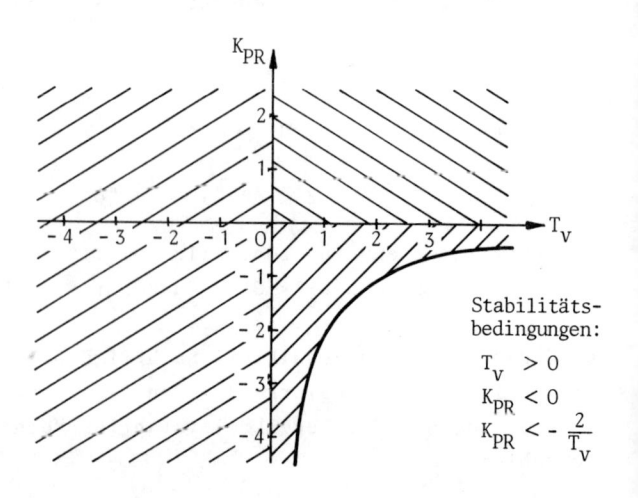

Bild 5.1.10
Beiwerte-Diagramm

Stabilitätsbedingungen:

$T_v > 0$
$K_{PR} < 0$
$K_{PR} < -\frac{2}{T_v}$

werden, die zu einem stabilen Verhalten des Regelkreises führen. Es ergibt sich ein ganzer Wertebereich, der Parameterstudien zur Ermittlung günstigen Einschwingverhaltens erlaubt. Im Beiwerte-Diagramm werden instabile Bereiche zur Kennzeichnung schraffiert.

5.1.4.2 Nyquist-Kriterium

Das Nyquist-Kriterium ist ein geometrisches Stabilitätskriterium, das die charakteristische Gleichung (5.1.6) des geschlossenen Regelkreises grafisch mittels verallgemeinerter Ortskurven löst. Die Bedeutung dieses Kriteriums liegt im folgenden begründet:

Das Nyquist-Kriterium ermöglicht es, aus dem bekannten Verhalten des aufgeschnittenen Regelkreises mit der Übertragungsfunktion $F_o(p)$ auf das unbekannte Stabilitätsverhalten des geschlossenen Regelkreises zu schließen.

Es eignet sich als einziges für die Stabilitätsuntersuchungen von Regelkreisen mit Totzeiten.

Es gestattet, in der Frequenzkennlinien-Darstellung leicht den Einfluß von Parameteränderungen oder den Einfluß von zusätzlichen in Reihe geschalteten Übertragungsgliedern auf die Stabilität zu beurteilen.

a) Verallgemeinerte Ortskurven

Im Abschnitt 4.2.1 wurde die Ortskurve der Übertragungsfunktion $F(p)$ für $\sigma = 0$ ermittelt. Werden nun verallgemeinerte Ortskurven von $F(p)$ für $p = \sigma + j\omega$ mit $\sigma \gtrless 0$ berechnet und in der Zahlenebene dargestellt, so zeigt sich folgendes: Verfolgt man die Ortskurve für $\sigma = 0$ in Richtung steigender Werte von ω, so liegt die Ortskurve für $\sigma < 0$ (Regelvorgang mit abklingendem Einschwingverhalten) links von der Ortskurve für $\sigma = 0$, und die Ortskurve für $\sigma > 0$ (Regelvorgang mit aufklingendem Verhalten) rechts von der Ortskurve für $\sigma = 0$ (Bild 5.1.11). Die Ortskurven für $\sigma \gtrless 0$ werden auch begleitende Ortskurven genannt.

b) Grafische Lösung der charakteristischen Gleichung

Um die Stabilität eines Regelkreises zu ermitteln, wird nun die charakteristische Gleichung des Regelkreises

(5.1.6) $1 + F_o(p) = 0$

mit Hilfe der verallgemeinerten Ortskurven gelöst. Man sucht dazu

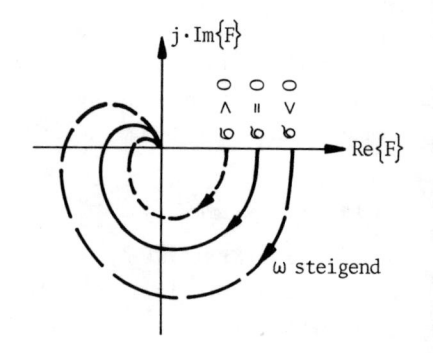

Bild 5.1.11 Verallgemeinerte Ortskurven

aus den die Ortskurve $F_o(j\omega)$ begleitenden Ortskurven $F_o(\sigma+j\omega)$ diejenige Ortskurve mit dem Wert $p = \sigma + j\omega$ heraus, die durch den Punkt (- 1; 0·j) geht, für die also die charakteristische Gleichung $F_o(\sigma+j\omega) = -1$ erfüllt ist. Nach Nyquist ist der geschlossene Regelkreis dann und nur dann stabil, wenn durch den kritischen Punkt P_{krit} (- 1; 0·j) der F-Ebene eine begleitende Ortskurve verläuft, für die $\sigma < 0$ ist (Bild 5.1.12).

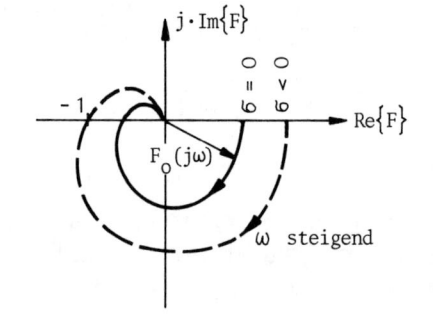

Bild 5.1.12 Ortskurve eines stabilen Regelkreises

Im geschlossenen Regelkreis treten selbsterregte Schwingungen mit konstanter Amplitude und der Frequenz ω_{krit} auf, wenn die Ortskurve $F_o(j\omega)$ des aufgeschnittenen Regelkreises durch den kritischen Punkt P_{krit} (- 1; 0·j) geht (Bild 5.1.13). Dann ist $F_o(j\omega_{krit}) = -1$.

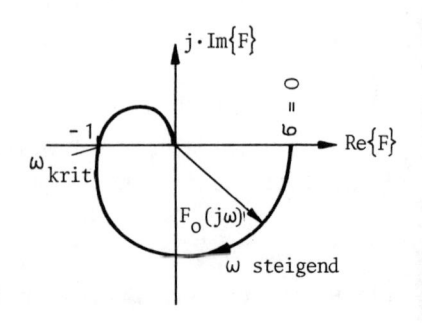

Bild 5.1.13 Ortskurve eines Regelkreises an der Stabilitätsgrenze

Dies deutet darauf hin, daß ein Polpaar der Übertragungsfunktion des geschlossenen Regelkreises auf der imaginären Achse der p-Ebene liegt. Der Regelkreis befindet sich an der Stabilitätsgrenze.

Verläuft die Ortskurve $F_o(j\omega)$ des aufgeschnittenen Regelkreises so, daß der kritische Punkt (- 1; 0·j) rechts der Ortskurve liegt (Bild 5.1.14), dann verläuft eine begleitende Ortskurve mit $\sigma > 0$ durch den Punkt (- 1; 0·j). Im geschlossenen Regelkreis treten dann selbsterregte aufklingende Schwingungen auf. Der Regelkreis ist instabil.

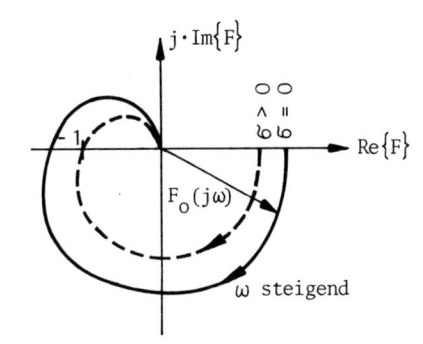

Bild 5.1.14 Ortskurve eines instabilen Regelkreises

c) Linke-Hand-Regel

Aus den obigen Betrachtungen ergibt sich unmittelbar die sogenannte Linke-Hand-Regel als Sonderfall des vollständigen, Nyquist-Kriteriums [11]: Der geschlossene Regelkreis ist stabil, wenn die Ortskurve $F_o(j\omega)$ des aufgeschnittenen Regelkreises beim Durchlaufen steigender Frequenzen in der Umgebung des kritischen Punktes P_{krit} (- 1; 0·j) diesen Punkt zur Linken hat (Bild 5.1.15). Für Stabilitätsbetrachtungen genügt also meist die grafische Darstellung der Ortskurve $F_o(j\omega)$ des aufgeschnittenen Regelkreises. Die rechte Sei-

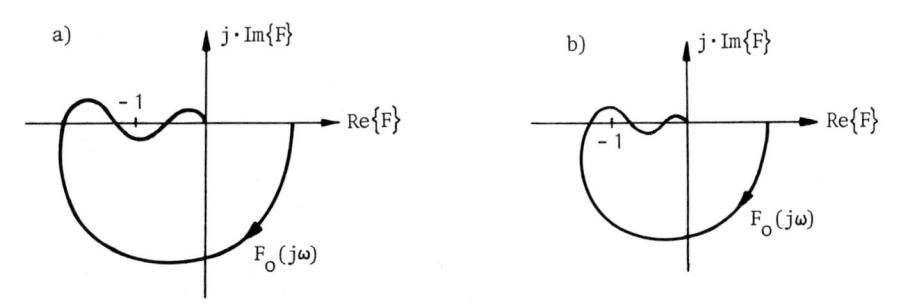

Bild 5.1.15 a) Ortskurve eines stabilen Regelkreises
b) Ortskurve eines instabilen Regelkreises

te der Ortskurve, in Richtung steigender Frequenzen betrachtet, wird gewöhnlich schraffiert. Liegt der kritische Punkt (- 1; 0·j) außerhalb des schraffierten Bereichs, so ist der geschlossene Regelkreis stabil, liegt er innerhalb, so ist der Regelkreis instabil.

Aus der relativen Lage der Ortskurve $F_o(j\omega)$ des aufgeschnittenen Regelkreises zum kritischen Punkt P_{krit} (- 1; 0·j) läßt sich nicht nur die absolute Stabilität des Regelkreises (Ja-Nein-Entscheidung) sondern auch die Stabilitätsgüte ermitteln.

d) Verstärkungsrand und Phasenrand

Der Abstand der Ortskurve des aufgeschnittenen Regelkreises zum kritischen Punkt P_{krit} ist ein Maß für die Stabilitätsgüte, die durch die Größen Verstärkungsrand und Phasenrand beschrieben wird.

Bild 5.1.16 zeigt die Ortskurve $F_o(j\omega)$ eines aufgeschnittenen Regelkreises. Als Verstärkungsrand V_{rand} bezeichnet man den reziproken Betrag des Frequenzganges $F_o(j\omega)$ des aufgeschnittenen Regelkreises an der Stelle $\varphi = -180°$:

(5.1.15) $\quad V_{rand} = \dfrac{1}{|F_o(j\omega)|}\bigg|_{\varphi = -180°} = \dfrac{1}{a}$

V_{rand} stellt also den Faktor dar, mit dem $|F_o(j\omega)|$ an der Stelle $\varphi = -180°$ multipliziert werden müßte, damit die Ortskurve durch den kritischen Punkt (- 1; 0·j) geht.

Als Phasenrand φ_{rand} bezeichnet man an der Stelle $|F_o(j\omega)| = 1$ die Differenz der Phase der Ortskurve zu $180°$:

(5.1.16) $\quad \varphi_{rand} = 180° - |\varphi|\big|_{|F_o(j\omega)| = 1}$

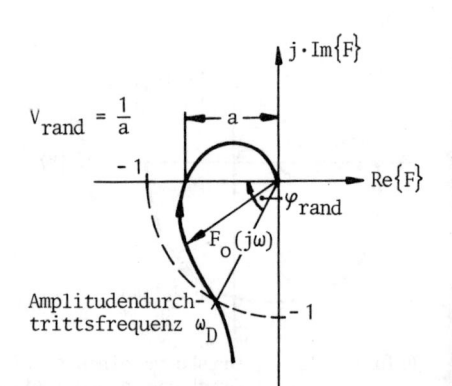

Bild 5.1.16 Verstärkungsrand und Phasenrand im Nyquist-Diagramm

5.1 Stabilität, Regelgüte und Empfindlichkeit

Die Größe φ_{rand} stellt also den Winkel dar, um den der Punkt $|F_o(j\omega)| = 1$ der Ortskurve, der dem kritischen Punkt am nächsten liegt, gedreht werden müßte, damit er mit ihm zusammenfällt.

Ein Regelkreis befindet sich an der Stabilitätsgrenze, wenn $V_{rand} = 1$ und $\varphi_{rand} = 0$ ist. Er ist also absolut stabil, wenn $V_{rand} > 1$ und $\varphi_{rand} > 0$ ist. Der Regelkreis weist einen ausreichend gedämpften und schnellen Regelverlauf - also eine ausreichende Stabilitätsgüte - auf, wenn $2 < V_{rand} < 6$ und $30° < \varphi_{rand} < 75°$ ist. Bleibt die Amplitude des Frequenzganges des aufgeschnittenen Regelkreises für alle Frequenzen $0 < \omega < \infty$: $|F_o(j\omega)| < 1$, so ist der geschlossene Regelkreis a-priori stabil. Bleibt die Phase des aufgeschnittenen Regelkreises für alle Frequenzen $0 < \omega < \infty$: $-180° < \varphi < +180°$, so ist der geschlossene Regelkreis ebenfalls a-priori stabil (strukturstabil).

Die Größen V_{rand} und φ_{rand} lassen sich leicht in das Bode-Diagramm übertragen. In Bild 5.1.17 ist der Frequenzgang $F_o(j\omega)$ eines aufgeschnittenen Regelkreises dargestellt. Die Größen V_{rand} und φ_{rand} sind angegeben. Der geschlossene Regelkreis ist stabil. Bild 5.1.18 zeigt den Frequenzgang $F_o(j\omega)$ eines instabilen Regelkreises.

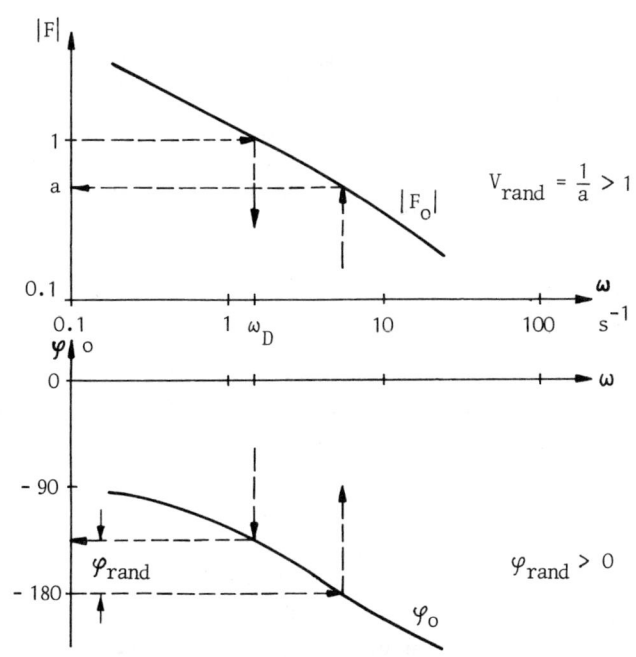

Bild 5.1.17 Verstärkungsrand und Phasenrand eines stabilen Regelkreises im Bode-Diagramm

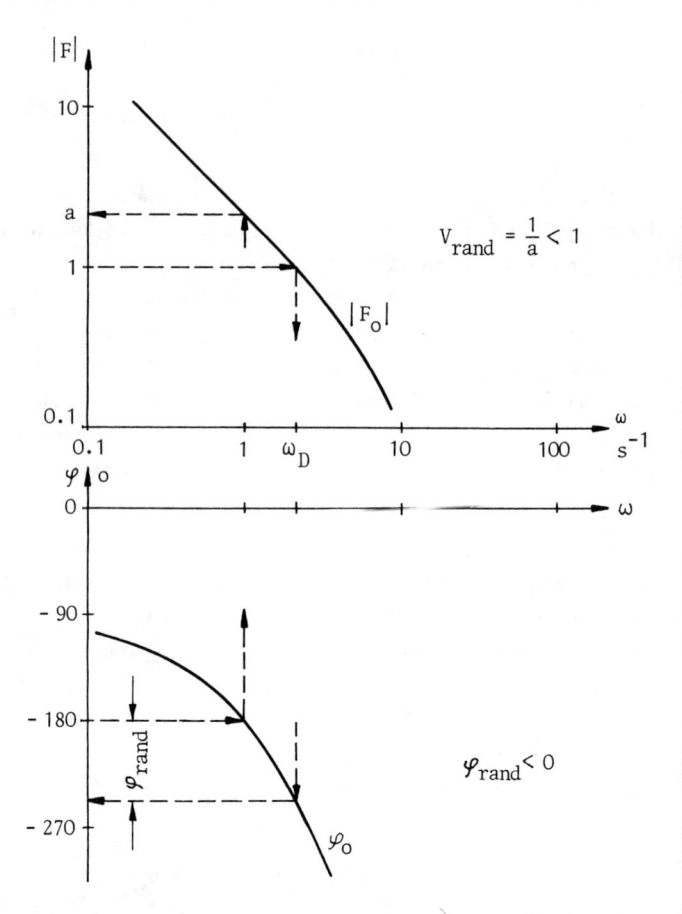

Bild 5.1.18 Verstärkungsrand und Phasenrand eines instabilen Regelkreises im Bode-Diagramm

5.1.5 Empfindlichkeit

Technische Systeme stehen unter dem Einfluß von Abnutzung und Alterung sowie sich ändernder Umgebungsbedingungen und wechselnder Arbeitspunkte. Bei Steuerketten wirken sich diese Änderungen infolge der Kettenstruktur des Systems direkt auf die Ausgangsgröße der Steuerung aus. Bei Regelkreisen dagegen werden die Auswirkungen auf die Regelgröße infolge der Kreisstruktur des Systems erfaßt und bekämpft. Legt man einen Regelkreis nach Bild 5.1.19 mit der Übertragungsfunktion $F_v(p) = F_R \cdot F_S$ im Vorwärtspfad und der Übertragungsfunktion $F_r(p)$ in der Rückführung so aus, daß für alle p die Übertragungsfunktion $F_o(p)$ des offenen Kreises sehr groß ist:

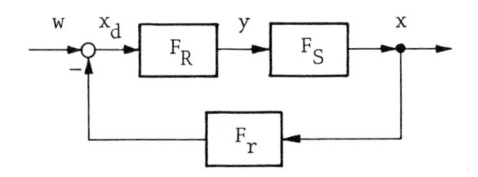

Bild 5.1.19 Regelkreis

$$F_o(p) = F_R \cdot F_S \cdot F_r = F_v \cdot F_r \gg 1$$

so gilt für die Regelgröße:

$$X(p) = \frac{F_v}{1 + F_v \cdot F_r} \cdot W(p) \approx \frac{1}{F_r} \cdot W(p)$$

Die Regelgröße wird also nur durch die Übertragungsfunktion der Rückführung beeinflußt. Für $F_r(p) = 1$ folgt die Regelgröße direkt der Führungsgröße. Bevor man aber alle Regelkreise so auslegen kann, muß man bedenken, daß die Forderung $F_o(p) \gg 1$ zu einem stark schwingenden oder gar instabilen Regelkreis führen kann. Aber die Tatsache, daß durch Vergrößerung von $F_o(p)$ der Einfluß von $F_S(p)$ auf die Regelgröße vermindert wird, ist der große Vorteil eines Regelkreises.

Ein quantitatives Maß für die Wirksamkeit der Regelkreisrückführung ist die Empfindlichkeitsfunktion nach Bode. Sie ist allgemein definiert als Verhältnis der prozentualen Änderung der Übertragungsfunktion F zur prozentualen Änderung einer Regelkreisgröße K:

(5.1.17) $\quad S_K^F = \frac{dF(p)/F(p)}{dK/K} = \frac{d \ln F(p)}{d \ln K}$

Ändert sich F in Abhängigkeit von K überhaupt nicht, so ist $S_K^F = 0$. Ändert sich F proportional mit K, so gilt $S_K^F = 1$. Wie man ferner aus Gleichung (5.1.17) sieht, ist die Empfindlichkeitsfunktion eine Funktion der komplexen Variablen p.

Die Parameterempfindlichkeit eines Regelkreises kann analog definiert werden als Verhältnis der prozentualen Änderung der Führungsübertragungsfunktion zur prozentualen Änderung des betreffenden Parameters:

(5.1.18) $\quad S_K^{F_W} = \frac{dF_W/F_W}{dK/K}$

Der Parameter K kann dabei jeder beliebige Parameter der Strecke sein, wie z. B. P-Beiwert, Zeitkonstante oder Dämpfungsgrad. Sind beim Betrieb des Regelsystems große Änderungen des Parameters K zu erwarten, dann wird der Regelkreis zweckmäßigerweise so ausgelegt, daß die Parameterempfindlichkeit möglichst gering wird.

Die Empfindlichkeit des Regelkreises auf Änderungen der Übertragungsfunktion der Rückführung ergibt sich zu:

$$(5.1.19) \qquad S_{F_r}^{F_W} = \frac{dF_W/F_W}{dF_r/F_r} = - \frac{F_o(p)}{1 + F_o(p)}$$

Mit $F_o(p) \gg 1$ geht die Empfindlichkeit gegen -1 und Änderungen in F_r beeinflussen indirekt proportional die Regelgröße. Es ist daher darauf zu achten, daß in der Rückführung nur solche Übertragungsglieder eingesetzt werden, deren Parameter sich im zu betrachtenden Frequenzbereich nicht ändern.

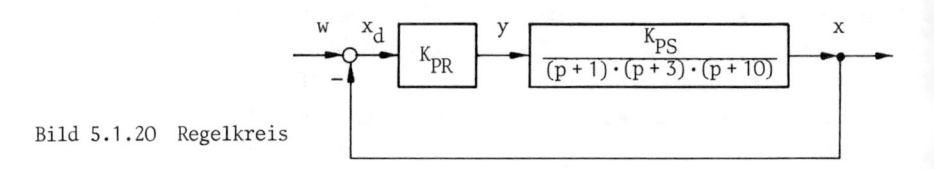

Bild 5.1.20 Regelkreis

Am Beispiel des Regelkreises nach Bild 5.1.20 soll die Empfindlichkeitsfunktion inbezug auf den P-Beiwert K_{PS} der Regelstrecke bestimmt werden. Die Führungsübertragungsfunktion dieses Regelkreises ergibt sich zu:

$$F_W(p) = \frac{K_{PR} \cdot K_{PS}}{p^3 + 14 \cdot p^2 + 43 \cdot p + 30 + K_{PR} \cdot K_{PS}}$$

Die Parameterempfindlichkeit berechnet sich zu:

$$S_{K_{PS}}^{F_W} = \frac{dF_W/F_W}{dK_{PS}/K_{PS}} = \frac{1}{1 + \frac{K_{PR} \cdot K_{PS}}{p^3 + 14 \cdot p^2 + 43 \cdot p + 30}}$$

Die Empfindlichkeit inbezug auf den P-Beiwert K_{PS} der Strecke ist abhängig vom P-Beiwert des Reglers und vom Operator p. Beim Entwurf des Regelkreises ist im interessierenden Frequenzbereich der Reglerbeiwert K_{PR} so festzulegen, daß die Spezifikationen bezüglich der Stabilität, Regelgüte und Empfindlichkeit eingehalten werden.

Die Empfindlichkeit im Beharrungszustand ergibt sich mit $p \rightarrow 0$ zu:

$$S_{K_{PS}}^{F_W}\bigg|_{p \rightarrow 0} = \frac{1}{1 + \frac{K_{PR} \cdot K_{PS}}{30}}$$

Mit den Zahlenwerten $K_{PS} = 60$ und $K_{PR} = 5$ folgt:

$$S_{K_{PS}}^{F_W}\bigg|_{p \rightarrow 0} = 0.091$$

Die Empfindlichkeit ist also gering. Demgegenüber ist die Empfindlichkeit des nicht rückgekoppelten Systems, also der Steuerung:

$$S_{K_{PS}}^{F_V} = \frac{dF_V/F_V}{dK_{PS}/K_{PS}} = 1$$

Die Empfindlichkeit der Steuerung ist also unabhängig von K_{PR} und p stets 1, d. h. die Übertragungsfunktion F_V der Steuerkette ändert sich proportional mit dem Streckenbeiwert K_{PS}.

5.2 Entwurf von Regelkreisen mit stetigen Reglern im Zeitbereich

In diesem Abschnitt werden Kombinationen von stetigen Reglern und Regelstrecken, losgelöst von der Gerätetechnik des Regelkreises, behandelt, wobei bestimmte Kombinationen grundsätzlich stabile und andere grundsätzlich instabile Regelkreise ergeben. Für strukturstabile Regelkreise wird dann am Führungsverhalten wie am Störverhalten die Wirkung verschiedener stetiger Reglertypen bei verschiedenen Einstellungen der Reglerkennwerte aufgezeigt. Schließlich werden für Regelkreise der Verfahrenstechnik wie der Antriebstechnik günstige Einstellungen der Reglerkennwerte in Abhängigkeit von den vorgegebenen Streckenkennwerten angegeben.

5.2.1 Auswahl geeigneter Regler

Die folgenden Überlegungen gelten für einen Einfachregelkreis mit Einheitsrückführung nach Bild 5.2.1. Bei einem stabilen Regler und einer stabilen Regelstrecke muß der Regelkreis nicht zwangsläufig stabil sein. Er kann auch instabil sein. Dagegen kann ein Regelkreis mit einer instabilen Regelstrecke auch stabil sein. In der

```
        w     x_d  ┌──────┐   y   z_y   ┌──────┐   x
        ──→○──────→│ F_R(p)│──→○←────→│ F_S(p)│──→●──→
            ↑-     └──────┘              └──────┘
            └──────────────────────────────────┘
```

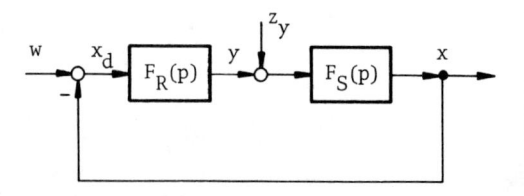

Bild 5.2.1 Einfachregelkreis mit Einheitsrückführung

Praxis haben sich für die Regelung bestimmter Regelstrecken nur ganz bestimmte Regler als brauchbar erwiesen, die bei geeigneter Einstellung der Reglerkennwerte zu strukturstabilen Regelkreisen führen. Unter den strukturstabilen Regelkreisen gibt es bestimmte Kombinationen von Reglern und Regelstrecken, die a-priori stabile Kreise liefern, gleichgültig welche Einstellung der Reglerkennwerte gewählt wird. Es handelt sich dabei um Regelkreise bis zu zweiter Ordnung mit Kombinationen von Strecken und Reglern nach Tabelle 5.2.1.

Tabelle 5.2.1 Kombinationen von Strecken und Reglern mit a-priori stabilem Verhalten

Strecke	P	PT_1	PT_2	I	IT_1	P	PT_1	I	P	PT_1	P	P	PT_1
Regler	P	P	P	P	P	PT_1	PT_1	PT_1	I	I	IT_1	PI	PI

Unter den Regelkreisen zweiter Ordnung gibt es aber auch Kombinationen von Reglern und Strecken, die zu einem a-priori instabilen Kreis führen (Tabelle 5.2.2). Solche strukturinstabilen Regelkreise sind in der Praxis selbstverständlich unbrauchbar.

Tabelle 5.2.2 Kombinationen von Strecken und Reglern mit a-priori instabilem Verhalten

Strecke	I	I_2
Regler	I	P

Bei der Projektierung von Regelanlagen wird der strukturelle Aufbau des Reglers und damit des Regelkreises immer so gewählt, daß bei geeigneter Einstellung der Reglerkennwerte Stabilität des Kreises erzielt werden kann. In Tabelle 5.2.3 wird für wichtige Regelstrecken der geeignete Reglertyp angegeben, der zu einem strukturstabilen Regelkreis mit günstigem Führungs- und Störverhalten führt.

Tabelle 5.2.3 Auswahl geeigneter Regler

Typ	Strecke Regelgröße	P	I	Regler PI	PD	PID
P	Durchfluß	ungeeignet	gut geeignet	gut geeignet für Führung und Störung	ungeeignet	zu aufwendig
PT_1	Drehzahl Spannung Druck	gut geeignet für Führung	geeignet	gut geeignet für Störung	geeignet	zu aufwendig
PT_n	Temperatur	geeignet	ungeeignet	gut geeignet	geeignet	gut geeignet für Führung und Störung
T_t	Förderband Zuteiler	ungeeignet	gut geeignet	gut geeignet für Führung und Störung	ungeeignet	ungeeignet
I	Höhenstand	gut geeignet für Führung	ungeeignet	gut geeignet für Störung	gut geeignet	zu aufwendig
I_2	Kurs Lage	ungeeignet	ungeeignet	ungeeignet	gut geeignet für Führung und Störung	ungeeignet

5.2.2 Vergleich der Wirkung verschiedener Regler

In diesem Abschnitt wird das Führungsverhalten und Störverhalten von Regelkreisen mit proportionaler und integrierender Regelstrecke bei Einsatz verschiedenartiger Regler mit verschiedenen Einstellungen der Reglerkennwerte untersucht.

5.2.2.1 Regelkreis mit PT_3-Regelstrecke

Für den in Bild 5.2.2 dargestellten Regelkreis mit einer PT_3-Regelstrecke mit der Übertragungsfunktion:

$$F_S(p) = \frac{K_1 \cdot K_2 \cdot K_3}{(1 + T_1 \cdot p) \cdot (1 + T_2 \cdot p) \cdot (1 + T_3 \cdot p)}$$

wird das Führungsverhalten und Störverhalten ermittelt, um einen guten Einblick in das Wesen der Regelung zu erhalten. Die nachfolgenden Untersuchungen wurden mit Hilfe eines Analogrechners durchgeführt. Die Zeitkonstanten der Regelstrecke waren: $T_1 = 2$ s, $T_2 = 1$ s und $T_3 = 0.25$ s. Der resultierende P-Beiwert der Strecke wurde dem Beiwert des Reglers zugeschlagen und $K_3 > K_2 > K_1 = 1$ gewählt.

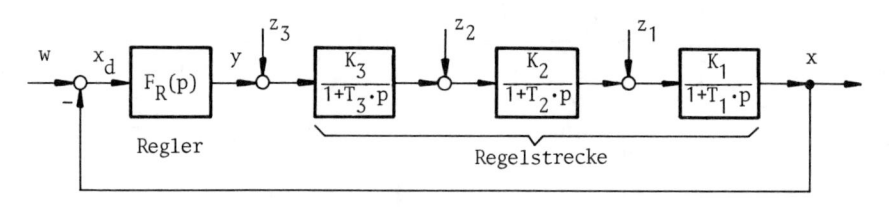

Bild 5.2.2   Regelkreis mit PT_3-Regelstrecke

a) Führungsverhalten

In Bild 5.2.3 ist das Führungsverhalten bei Regelung mit einem unverzögerten P-Regler: $F_R(p) = K_{PR}$ mit K_{PR} als Parameter dargestellt. Ohne Regler ($K_{PR} = 0$) reagiert die PT_3-Strecke nicht auf die sprungförmige Änderung der Führungsgröße. Bei Einsatz eines unendlich guten Reglers würde die Regelgröße x unmittelbar der geänderten Führungsgröße w folgen, so daß die Führungsübertragungsfunktion $F_W(p) = 1$ wäre. Alle erzielbaren Regelverläufe liegen nun dazwischen. Die bleibenden Abweichungen der Regelgröße von der Führungsgröße werden umso kleiner, je größer der P-Beiwert K_{PR} gemacht wird. Gleichzeitig werden aber die Regelverläufe immer unruhiger, die Überschwingweiten größer und die Dämpfungen kleiner, bis schließlich bei einem $K_{PR} = K_{PR\,krit}$ die Stabilitätsgrenze erreicht wird. Bei $K_{PR} > K_{PR\,krit}$ klingen die Schwingungen der Regelgröße auf. Ein Wurzelpaar der charakteristischen Gleichung liegt dann in der rechten Halbebene der p Ebene.

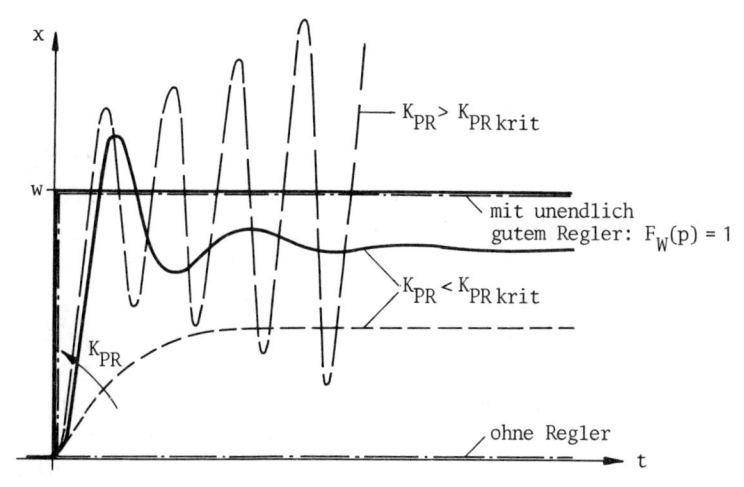

Bild 5.2.3 Führungsverhalten eines Regelkreises
mit PT_3-Regelstrecke und P-Regler

Damit der Regelverlauf schnell und gut gedämpft ist, muß K_{PR} genügend klein gegenüber $K_{PR\,krit}$ gewählt werden. Dadurch muß man aber eine bleibende Abweichung der Regelgröße in Kauf nehmen. Diese bleibende Abweichung kann durch einen Regler mit I-Anteil beseitigt werden (vergl. Abschnitt 5.1.3.1). Bild 5.2.4 zeigt den Vergleich im Führungsverhalten bei Einsatz eines P- und eines PI-Reglers an der PT_3-Strecke, gleiche Stabilität vorausgesetzt.

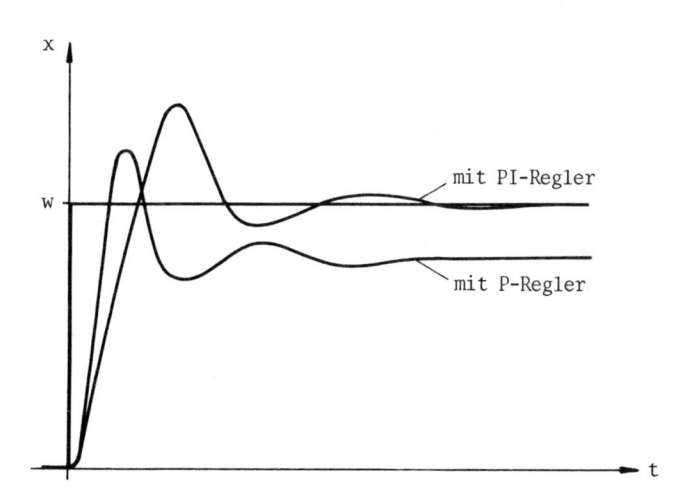

Bild 5.2.4 Führungsverhalten eines Regelkreises
mit PT_3-Regelstrecke und P- und PI-Regler

Der zeitliche Verlauf der Regelgröße x nach einer sprungförmigen Änderung der Führungsgröße, also das Führungsverhalten, ist bei Einsatz verschiedener stetiger Regler, wie P-, I-, PI-, PD- und PID-Regler in Bild 5.2.5 dargestellt. Für alle Regelverläufe wurde gleicher Abstand von der Stabilitätsgrenze ($\varphi_{rand} \approx 45°$) vorausgesetzt. Der Vergleich der Verläufe ermöglicht einen guten Einblick in die Wirkung einzelner Regler. P- und PD-Regler regeln schnell an, führen die Regelgröße aber nicht auf den Sollwert heran. Regler mit I-Anteil regeln Abweichungen vom Sollwert aus. Der Einsatz eines reinen I-Reglers führt aber zu einer großen Überschwingweite und einer langen Regelzeit. Die verbesserte Regelung bei Einsatz eines PD- oder PID-Reglers erfordert wegen des D-Anteils u. U. einen erhöhten Hub der Stellgröße. Bei ausgeführten Regelanlagen stößt dann die Stellgröße an Begrenzungen (z. B. Ventilanschlag), so daß der Einschwingvorgang möglicherweise von dem im Bild 5.2.5 gezeigten Verlauf abweicht.

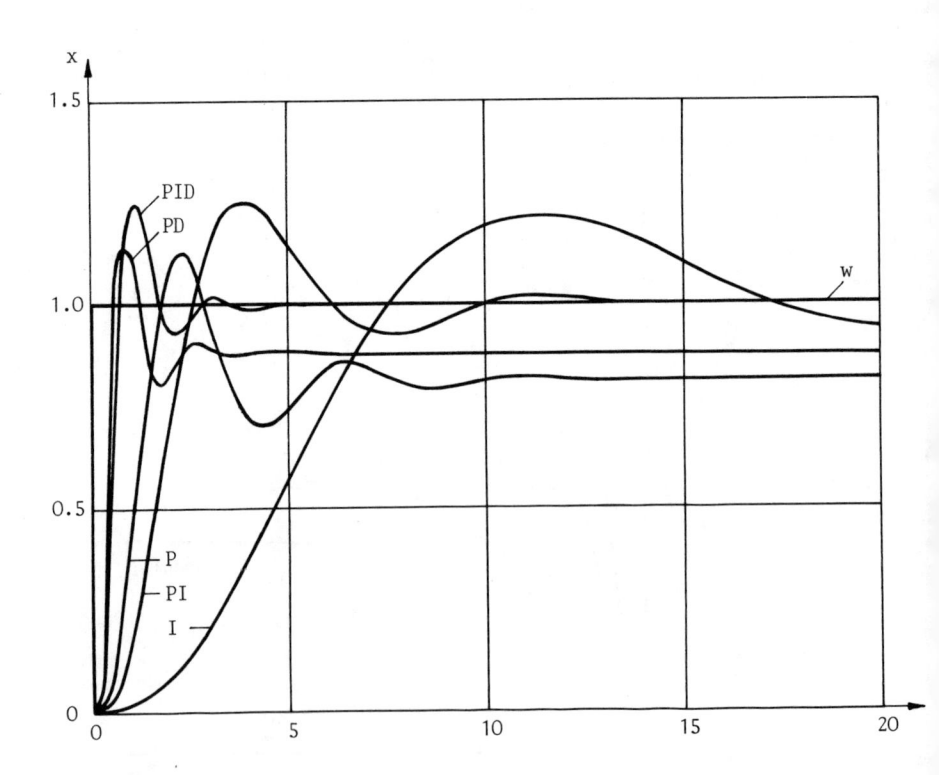

Bild 5.2.5 Führungsverhalten eines Regelkreises mit PT_3-Regelstrecke und verschiedenen Reglern

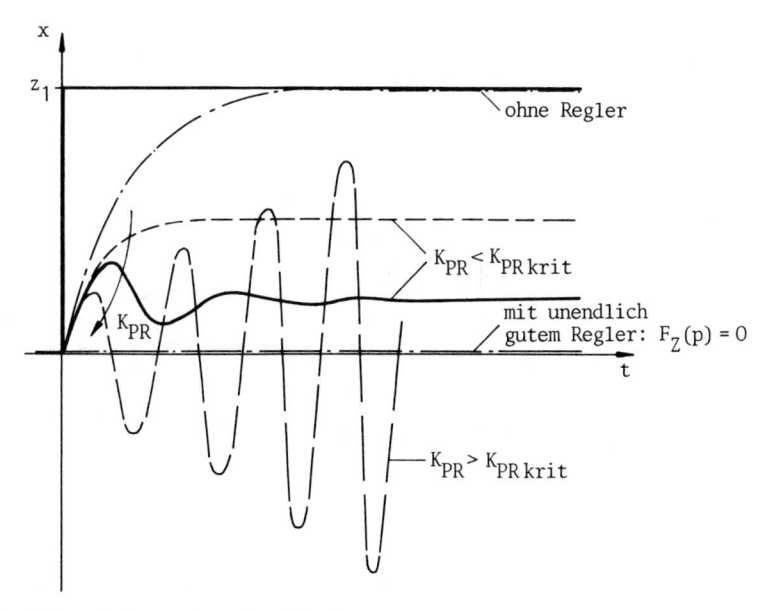

Bild 5.2.6 Störverhalten eines Regelkreises
mit PT_3-Regelstrecke und P-Regler

b) Störverhalten

In Bild 5.2.6 ist für eine sprungförmige Störung z_1 das Störverhalten der PT_3-Regelstrecke bei Regelung mit einem P-Regler: $F_R(p) = K_{PR}$ mit K_{PR} als Parameter dargestellt. Ohne Regler ($K_{PR} = 0$) wirkt sich die Störung z_1 entsprechend dem PT_1-Verhalten ($K_1 = 1$, $T_1 = 2$ s) der letzten Teilstrecke voll auf die Regelgröße aus. Bei unendlich gutem Regler dagegen würde keine Abweichung vom Sollzustand auftreten. Beim Einsatz eines unverzögerten P-Reglers schmiegt sich der Verlauf der Regelgröße x im ersten Augenblick an den Verlauf ohne Regler an. Während dieser Zeit hat der Regler praktisch keine Wirkung. Für große Zeiten treten bleibende Abweichungen der Regelgröße auf, die jedoch kleiner sind als bei Betrieb ohne Regler. Die bleibenden Abweichungen werden mit steigendem K_{PR} kleiner; der Regelvorgang jedoch ist unruhiger und schlechter gedämpft, bis schließlich bei $K_{PR} = K_{PR\,krit}$ die Stabilitätsgrenze erreicht wird. Die bleibenden Abweichungen der Regelgröße können auch hier mit einem PI-Regler beseitigt werden. Bild 5.2.7 zeigt den Vergleich im Störverhalten bei Einsatz eines P- und eines PI-Reglers, gleiche Stabilität des Regelkreises vorausgesetzt.

Die Eigenbewegungen des Regelkreises sind unabhängig von Art und Angriffspunkt einer Störung. Die Bilder 5.2.8 mit 5.2.10 zeigen die

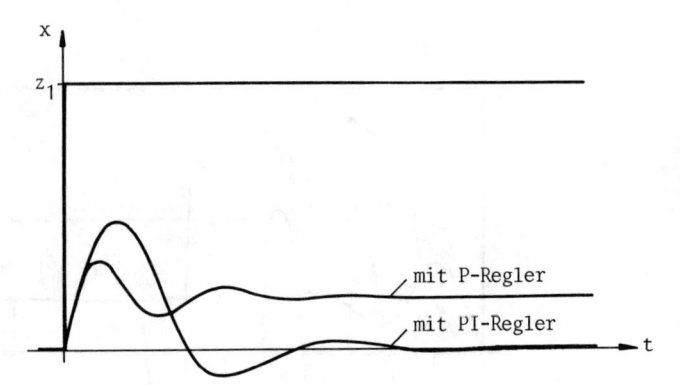

Bild 5.2.7 Störverhalten eines Regelkreises
mit PT_3-Regelstrecke und P- und PI-Regler

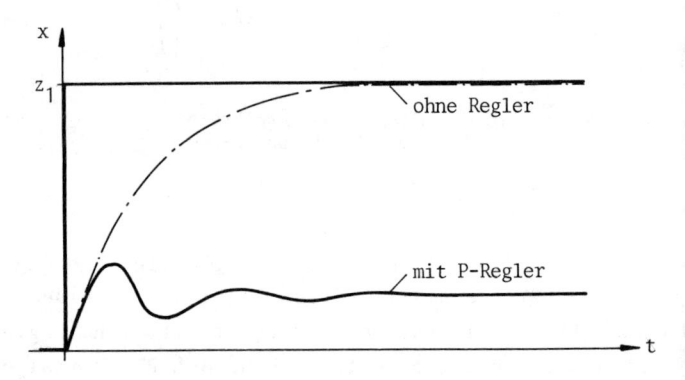

Bild 5.2.8 Störverhalten nach sprungförmiger Störung z_1

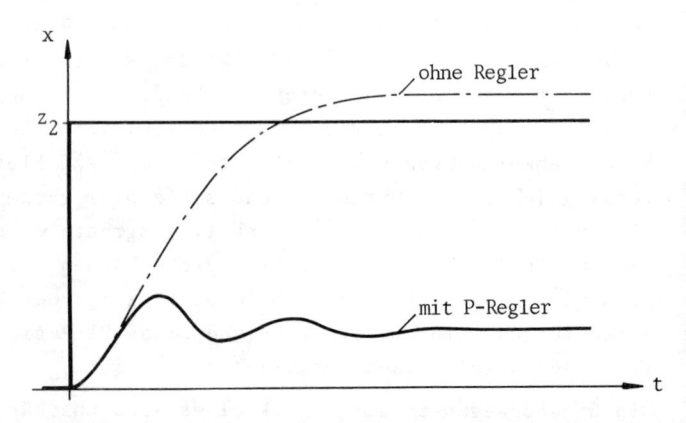

Bild 5.2.9 Störverhalten nach sprungförmiger Störung z_2

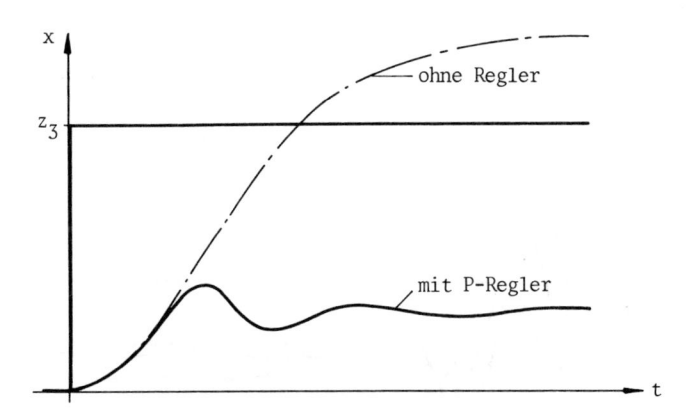

5.2 Entwurf von Regelkreisen mit stetigen Reglern im Zeitbereich 177

Bild 5.2.10 Störverhalten nach sprungförmiger Störung z_3

Wirkung der Störgrößen z_1, z_2 und z_3 auf die Regelgröße x bei einer P-Regelung. Die Regelgröße x verläuft anfänglich entlang der Kurve ohne Regelung entsprechend den wirksamen Verzögerungen der Regelstrecke. Sie löst sich dann von dieser Kurve und kommt im Beharrungszustand mit einer bleibenden Abweichung zur Ruhe.

Im folgenden ist sowohl das Führungsverhalten als auch das Störverhalten (bei Auftreten der Störgröße z_1) des Regelkreises mit der PT_3-Regelstrecke und verschiedenen Reglern und variierten Einstellungen der Reglerkennwerte dargestellt. Bild 5.2.11 zeigt das Führungs- und Störverhalten des Regelkreises bei Einsatz eines P-Reglers mit $F_R(p) = K_{PR}$ in Abhängigkeit von der Kreisverstärkung $V_0 = K_{PR} \cdot K_1 \cdot K_2 \cdot K_3$ des Regelkreises, was verschiedenen Abständen von der Stabilitätsgrenze entspricht. Aus den Sprungantworten der Regelgröße erkennt man:

bleibende Abweichungen der Regelgröße beim Führungs- wie beim Störverhalten, die umso größer werden, je kleiner die Kreisverstärkung ist,

eine relativ gute Dämpfung des Einschwingvorganges, wobei eine größere Schwingungsneigung bei größeren Kreisverstärkungen auftritt und

kurze Anregelzeiten und Ausregelzeiten.

Bild 5.2.12 zeigt das Führungs- und Störverhalten bei Einsatz eines I-Reglers: $F_R(p) = K_{IR}/p$ in Abhängigkeit vom Beiwert $K = K_{IR} \cdot K_1 \cdot K_2 \cdot K_3$. Aus den Sprungantworten erkennt man:

keine bleibenden Abweichungen der Regelgröße,

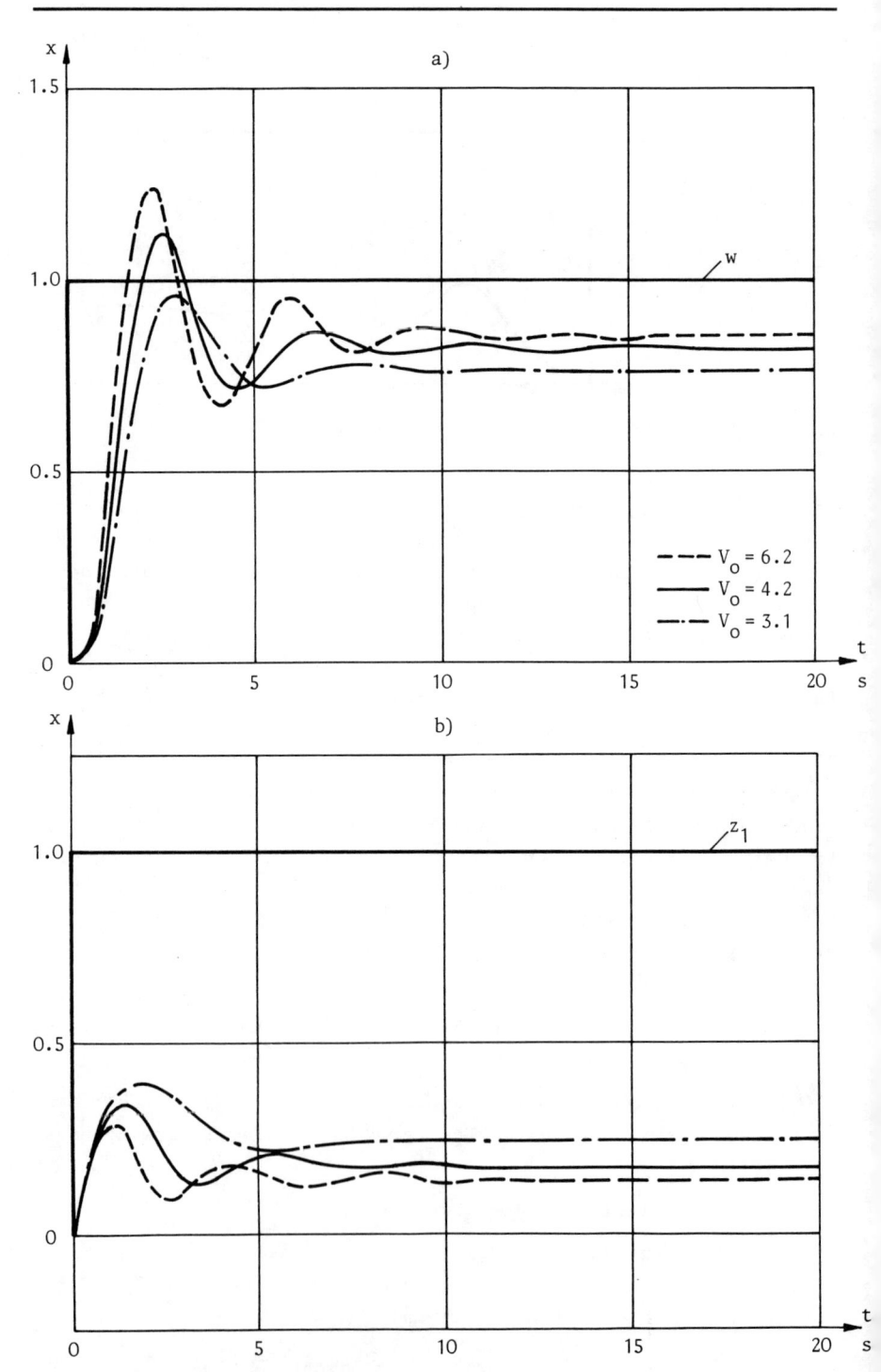

Bild 5.2.11 Regelkreis mit P-Regler
a) Führungsverhalten
b) Störverhalten

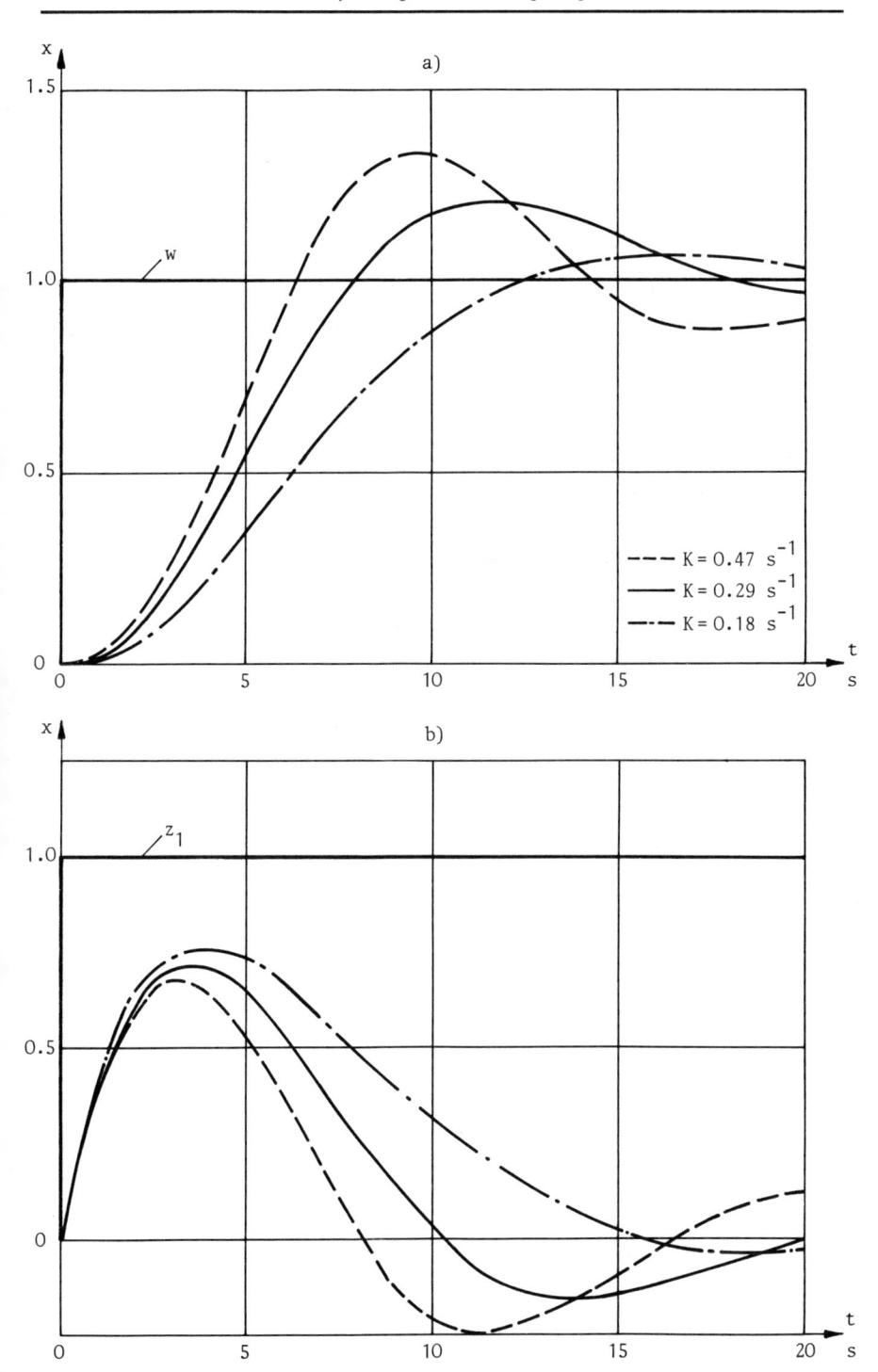

Bild 5.2.12 Regelkreis mit I-Regler
a) Führungsverhalten
b) Störverhalten

größere Schwingungsneigung bei größeren Beiwerten,

große An- und Ausregelzeiten und

große Überschwingweiten.

Bild 5.2.13 zeigt das Führungs- und Störverhalten bei Einsatz eines PI-Reglers: $F_R(p) = K_{PR} \cdot [1 + 1/(T_n \cdot p)]$ in Abhängigkeit vom Beiwert $K = K_{PR} \cdot K_1 \cdot K_2 \cdot K_3/T_n$, wobei $T_n = T_1$ gewählt wurde (Polkompensation). Aus den Sprungantworten erkennt man:

keine bleibenden Abweichungen der Regelgröße,

größere Schwingungsneigung bei größeren Beiwerten und

kürzere An- und Ausregelzeiten als bei Einsatz eines I-Reglers.

Ein PI-Regler verbindet das gute dynamische Verhalten eines P-Reglers mit der besseren statischen Wirkung eines I-Reglers. Daher ist der PI-Regler der am meisten verwendete Reglertyp und ist zur Regelung fast aller Regelstrecken gut geeignet.

Bild 5.2.14 zeigt das Führungs- und Störverhalten bei Einsatz eines PDT_1-Reglers: $F_R(p) = K_{PR} \cdot (1 + T_v \cdot p)/(1 + T \cdot p)$ in Abhängigkeit von der Kreisverstärkung $V_o = K_{PR} \cdot K_1 \cdot K_2 \cdot K_3$ mit $T = 0.1 \cdot T_v$, wobei $T_v = T_2$ gewählt wurde (Polkompensation). Aus den Sprungantworten erkennt man:

bleibende Abweichungen der Regelgröße beim Führungs- und beim Störverhalten, die umso größer werden, je kleiner die Kreisverstärkung V_o ist,

eine relativ gute Dämpfung, jedoch größere Schwingungsneigung bei größeren Kreisverstärkungen und

sehr kurze An- und Ausregelzeiten.

Bild 5.2.15 zeigt das Führungs- und Störverhalten bei Einsatz eines $PIDT_1$-Reglers mit $F_R(p) = K_{PR} \cdot [1 + 1/(T_n \cdot p)] \cdot (1 + T_v \cdot p)/(1 + T \cdot p)$ in Abhängigkeit vom Beiwert $K = K_{PR} \cdot K_1 \cdot K_2 \cdot K_3/T_n$ mit $T = 0.1 \cdot T_v$, wobei $T_n = T_1$ und $T_v = T_2$ gewählt wurden. Aus den Sprungantworten erkennt man:

keine bleibenden Abweichungen der Regelgröße,

größere Schwingungsneigung bei größeren Beiwerten K,

sehr kurze An- und Ausregelzeiten und

eine sehr hohe Regelgüte (bei nicht immer leichter Einstellung der Reglerkennwerte).

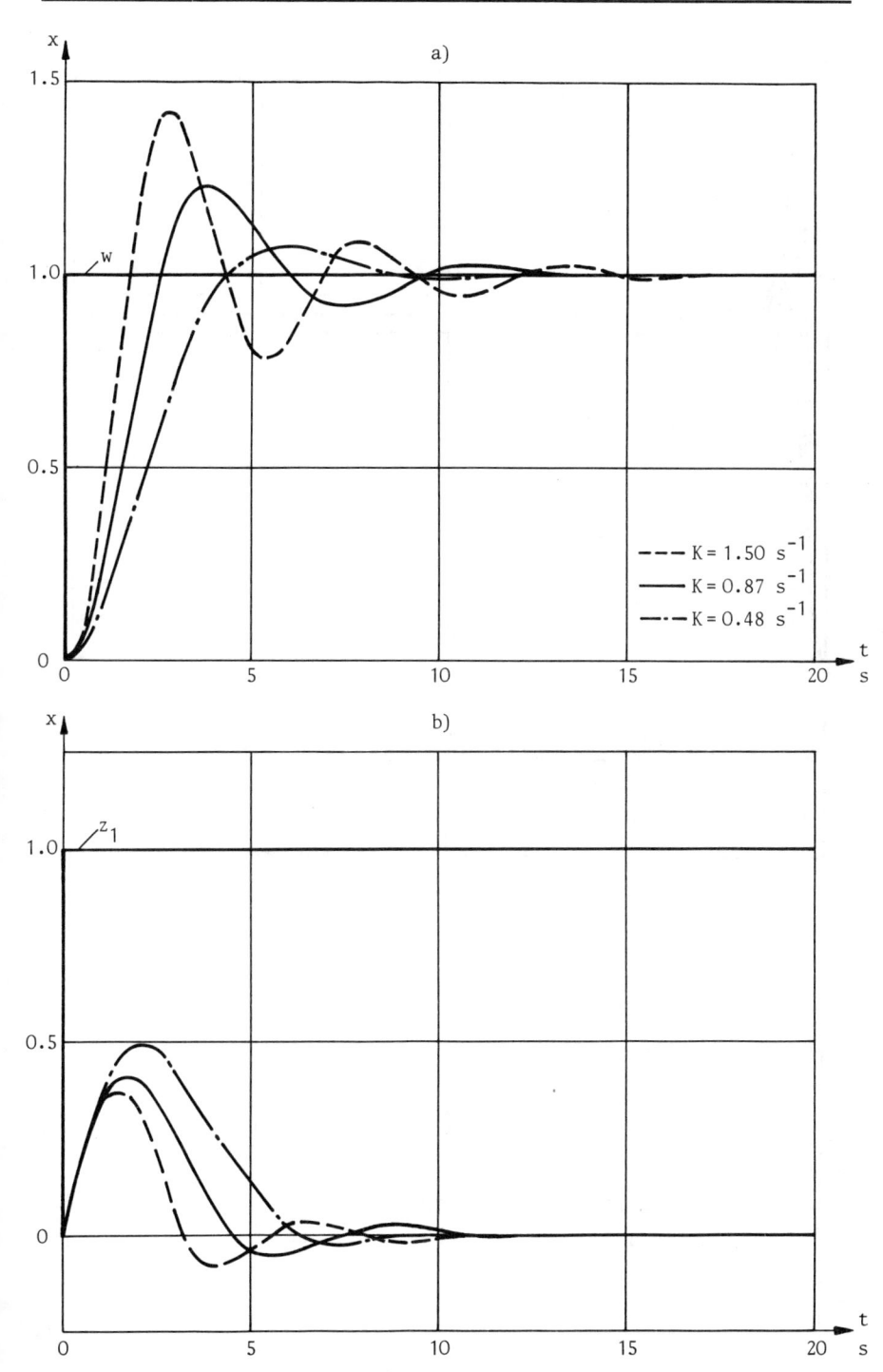

5.2 Entwurf von Regelkreisen mit stetigen Reglern im Zeitbereich

$--- K = 1.50 \ s^{-1}$
$--- K = 0.87 \ s^{-1}$
$-\cdot-\cdot K = 0.48 \ s^{-1}$

Bild 5.2.13 Regelkreis mit PI-Regler
a) Führungsverhalten
b) Störverhalten

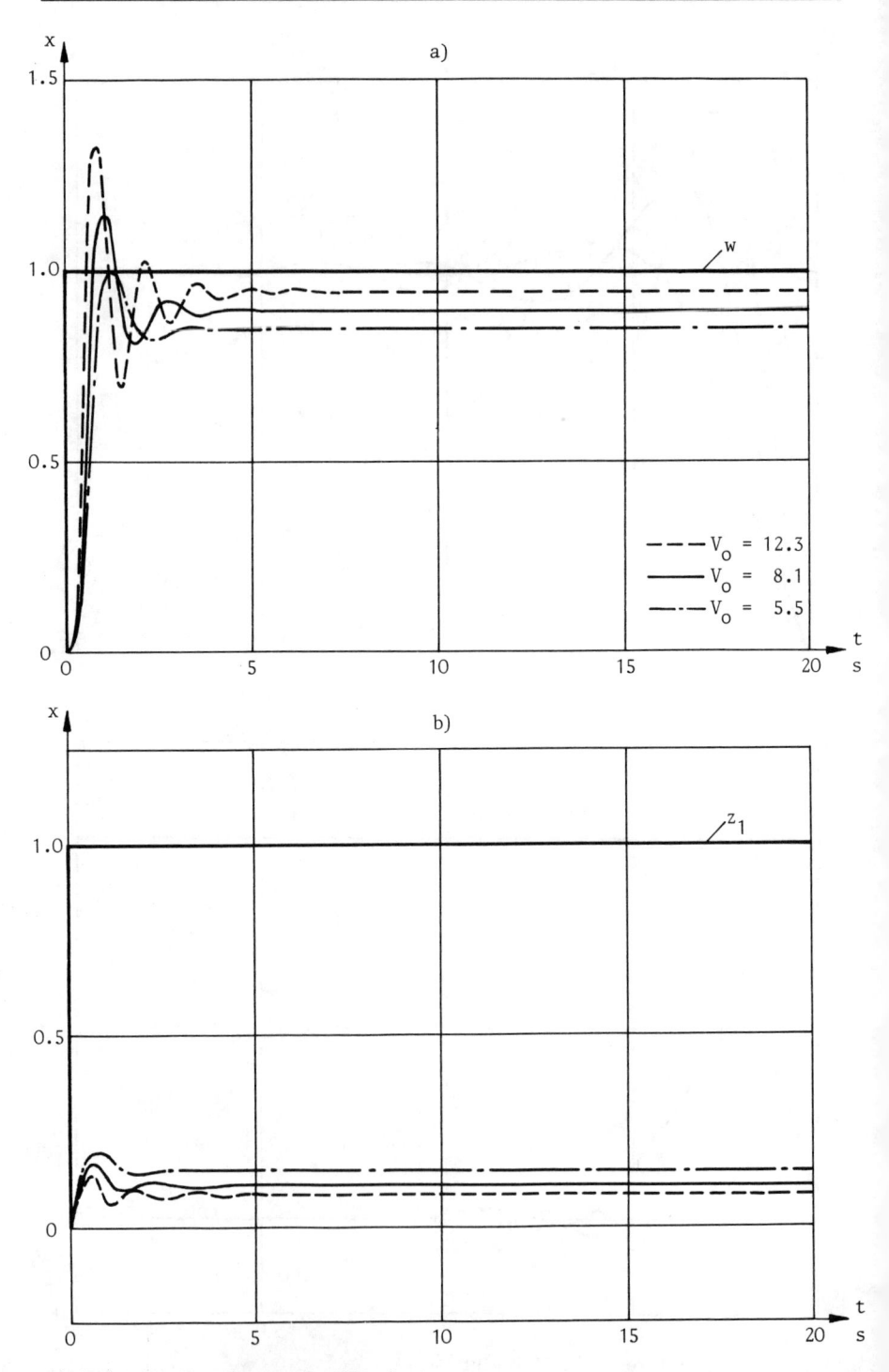

Bild 5.2.14 Regelkreis mit PDT_1-Regler
a) Führungsverhalten
b) Störverhalten

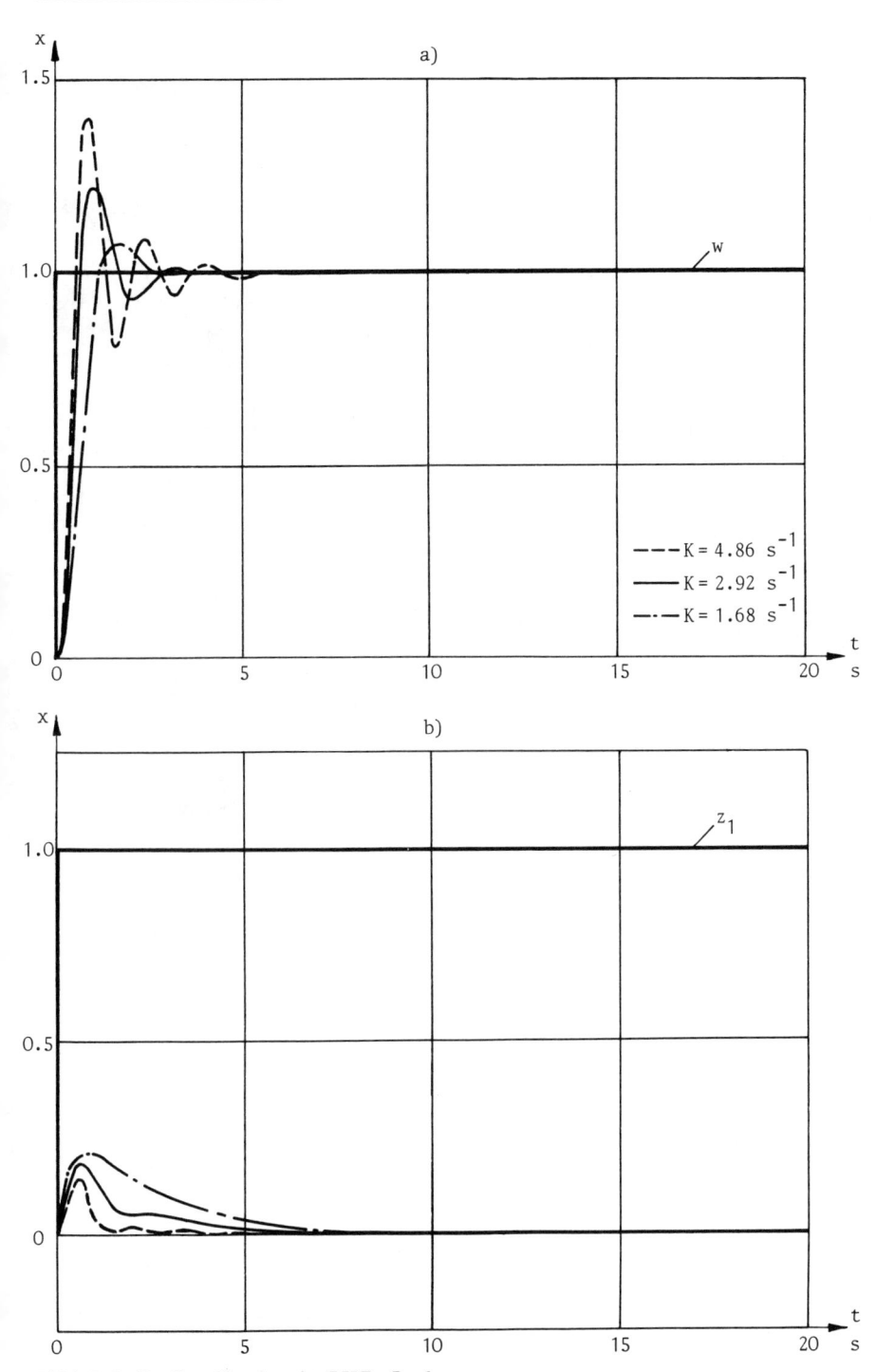

Bild 5.2.15 Regelkreis mit PIDT$_1$-Regler
a) Führungsverhalten
b) Störverhalten

5.2.2.2 Regelkreis mit IT$_2$-Regelstrecke

Für den in Bild 5.2.16 dargestellten Regelkreis mit einer IT$_2$-Regelstrecke:

$$F_S(p) = \frac{K_I \cdot K_1 \cdot K_2}{p \cdot (1 + T_1 \cdot p) \cdot (1 + T_2 \cdot p)}$$

wird das Führungs- und Störverhalten bei Regelung mit einem P- und PI-Regler untersucht. Es liegen folgende Streckenkennwerte vor: $T_1 = 1$ s, $T_2 = 0.25$ s, $K_I = 0.5$ s^{-1} und $K_1 = K_2 = 1$.

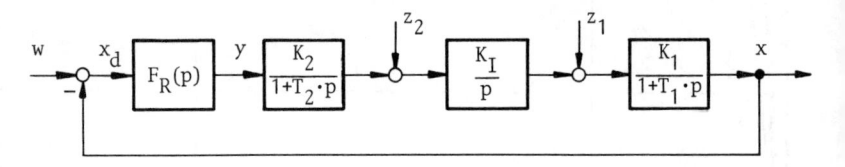

Bild 5.2.16 Regelkreis mit IT$_2$-Regelstrecke

a) Führungsverhalten

Bild 5.2.17 zeigt den Vergleich im Führungsverhalten des Regelkreises bei Einsatz eines P- und eines PI-Reglers an der IT$_2$-Regelstrecke, gleicher Abstand von der Stabilitätsgrenze vorausgesetzt ($\varphi_{rand} \approx 30°$). Eine Änderung der Führungsgröße w wird mit beiden Reglern ausgeregelt. Beim PI-Regler sind aber die Überschwingweite und die Ausregelzeit größer.

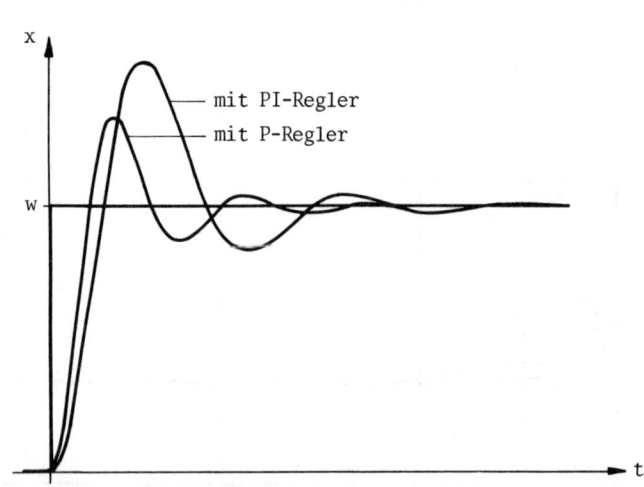

Bild 5.2.17 Führungsverhalten eines Regelkreises mit IT$_2$-Regelstrecke und P- und PI-Regler

b) Störverhalten

In Bild 5.2.18 und Bild 5.2.19 ist die Auswirkung verschiedener Störorte auf den Verlauf der Regelgröße bei Einsatz eines P- und eines PI-Reglers dargestellt. Eine sprungförmige Störung z_1, die hinter dem Streckenteil mit I-Verhalten einwirkt, wird sowohl vom P-Regler als auch vom PI-Regler ausgeregelt. Eine Störung z_2, die vor dem I-Glied einwirkt, wird nur vom PI-Regler ausgeregelt. Bei Regelung mit dem P-Regler stellt sich eine bleibende Regeldifferenz so ein, daß im Beharrungszustand am Eingang des I-Gliedes der Strecke der Wert Null erzwungen wird.

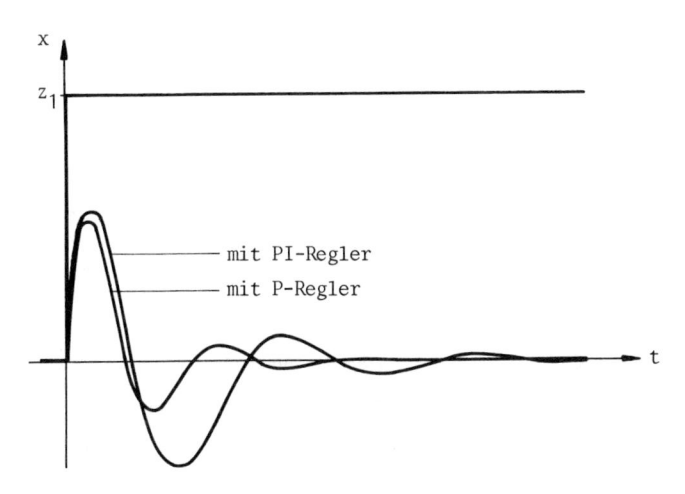

Bild 5.2.18 Störverhalten eines Regelkreises mit IT_2-Regelstrecke und P- und PI-Regler bei Einwirkung der Störung hinter dem I-Streckenanteil

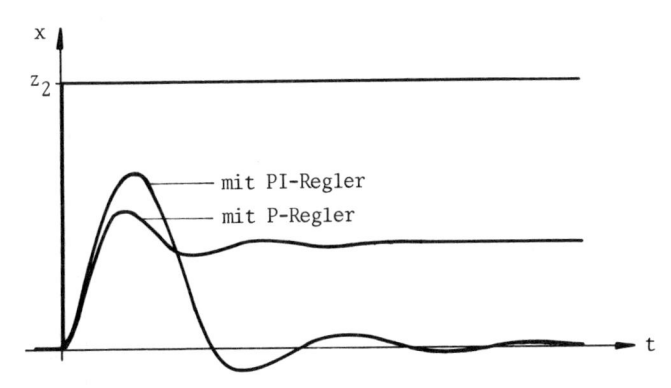

Bild 5.2.19 Störverhalten eines Regelkreises mit IT_2-Regelstrecke und P- und PI-Regler bei Einwirkung der Störung vor dem I-Streckenanteil

Zusammenfassend ist in Tabelle 5.2.4 an Hand der Regelgüte eine Wertung des stationären und dynamischen Verhaltens von Regelkreisen bei verschiedenen Kombinationen von Strecken und Reglern nach sprungförmigen Änderungen der Führungsgröße wie der Störgröße angegeben.

Tabelle 5.2.4 Regelgüte

Strecke	Regler	Regelgüte		
		bleibende Regeldifferenz	Ausregelzeit	Überschwingweite
P	P	vorhanden	klein	klein
	I	nicht vorhanden	groß	groß
	PI	nicht vorhanden	mittel	mittel
I	P	vorhanden für z_y-Sprung / nicht vorhanden für w-Sprung	mittel	mittel
	I	strukturinstabil		
	PI	nicht vorhanden	groß	groß

5.2.3 Günstige Einstellung der Reglerkennwerte

Die Stabilität eines Regelkreises hängt bei vorgegebener Struktur und vorgegebenen Kennwerten der Regelstrecke von der Struktur des Reglers und der Einstellung seiner Kennwerte ab. Es soll nun untersucht werden, wie bei einem strukturstabilen Regelkreis die Einstellung der Reglerkennwerte am zweckmäßigsten zu wählen ist, damit die Wurzeln der charakteristischen Gleichung des Regelkreises so in der p-Ebene zu liegen kommen, daß für die Regelgröße ein gewünschter Regelverlauf mit kurzer Ausregelzeit, kleiner Überschwingweite und guter Dämpfung erzielt wird.

Greifen mehrere Eingangsgrößen, wie die Führungsgröße w und die Versorgungsstörgröße z_y auf den Regelkreis ein (Bild 5.2.20), so ist ihre Auswirkung auf den Verlauf der Regelgröße verschieden. Daher gibt es für jeden Angriffspunkt einer Eingangsgröße eine andere gün

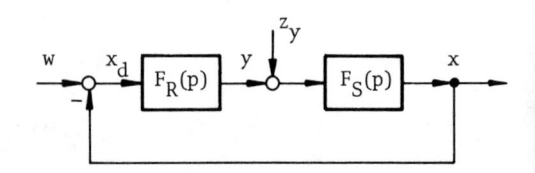

Bild 5.2.20 Regelkreis

stige Einstellung der Reglerkennwerte. Ein Regler, der auf optimales Störverhalten eingestellt ist, ist gleichzeitig nicht in der Lage, Änderungen der Führungsgröße auch optimal auszuregeln, wie Bild 5.2.21 zeigt. Soll ein Regelkreis sowohl günstiges Störverhalten als auch günstiges Führungsverhalten besitzen, so wird der Regler für günstiges Störverhalten ausgelegt. Im Führungspfad wird dann ein zusätzliches Kompensationsglied (Vorfilter) $F_K(p)$ eingebaut (Bild 5.2.22) und so eingestellt, daß der Regelkreis auch günstiges Führungsverhalten aufweist.

Von der Vielzahl der Einstellregeln werden hier diejenigen gebracht, die für Regelkreise in der Verfahrenstechnik und der Antriebstechnik die größte Bedeutung erlangt haben.

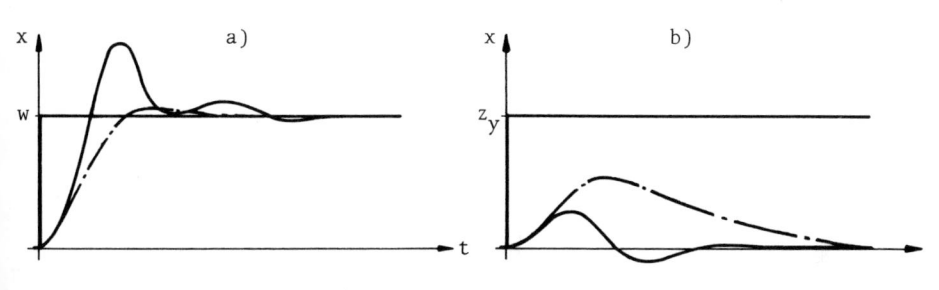

Bild 5.2.21 a) Führungsverhalten
         b) Störverhalten

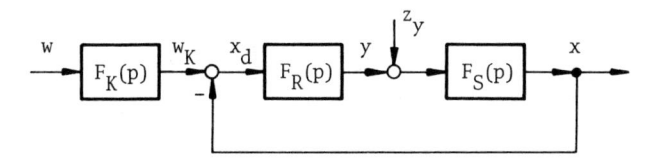

Bild 5.2.22 Regelkreis mit Kompensationsglied im Führungspfad

5.2.3.1 Einstellregeln nach Ziegler und Nichols

Zur Regelung von PT_1T_t-Regelstrecken in der Verfahrenstechnik, die durch Totzeiten von bis zu einigen Minuten und Zeitkonstanten von bis zu einigen zig Minuten gekennzeichnet sind, werden von Ziegler und Nichols zwei Verfahren zur Ermittlung einer günstigen Einstellung der Kennwerte von P-, PI- und PID-Reglern angegeben [25]:

Einstellung der Reglerkennwerte anhand des Verhaltens des Regelkreises an der Stabilitätsgrenze,

Einstellung der Reglerkennwerte anhand des Übergangsverhaltens der Regelstrecke.

a) Einstellung der Reglerkennwerte anhand des Verhaltens des Regelkreises an der Stabilitätsgrenze

Bei diesem Verfahren wird der Regelkreis für einige Zeit absichtlich zum Schwingen gebracht. Man geht dabei folgendermaßen vor:

Man stellt den Regler zuerst als P-Regler ein mit K_{PR} klein, $T_n \rightarrow \infty$ und $T_v \rightarrow 0$.

Nun vergrößert man K_{PR} solange, bis nach einer sprungförmigen Änderung der Störgröße z_y am Streckeneingang die Regelgröße eine ungedämpfte Dauerschwingung ausführt (Bild 5.2.23). Der eingestellte P-Beiwert wird bezeichnet als kritischer P-Beiwert $K_{PR\,krit}$, die sich ergebende Schwingungsdauer als τ_{krit}.

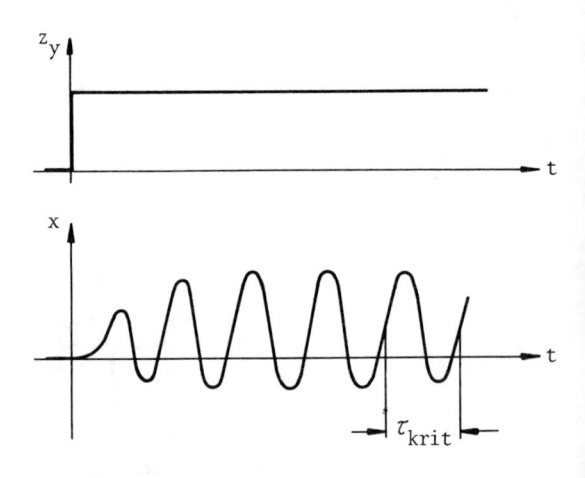

Bild 5.2.23 Dauerschwingung eines Regelkreises an der Stabilitätsgrenze

Die Einstellung der Reglerkennwerte für den Betriebsbereich der Regelung erfolgt dann gemäß den von Ziegler und Nichols angegebenen Einstellvorschriften (Faustformeln) nach Tabelle 5.2.5.

Diese globalen Einstellregeln werden für günstiges Störverhalten angegeben. Ihnen liegt ein Dämpfungsgrad von $0.2 < \gamma < 0.3$ zugrunde Das bedeutet, daß beim Führungsverhalten der Regelvorgang schlecht gedämpft und die Ausregelzeit sehr lang ist. Durch Einbau eines PT_1

Tabelle 5.2.5 Einstellung der Reglerkennwerte anhand des Verhaltens des Regelkreises an der Stabilitätsgrenze

Typ	Regler Übertragungsfunktion	Einstellung der Kennwerte K_{PR}	T_n	T_v
P	$F_R(p) = K_{PR}$	$0.5 \cdot K_{PR\,krit}$	-	-
PI	$F_R(p) = K_{PR} \cdot (1 + \frac{1}{T_n \cdot p})$	$0.45 \cdot K_{PR\,krit}$	$0.85 \cdot \tau_{krit}$	-
PID	$F_R(p) = K_{PR} \cdot (1 + \frac{1}{T_n \cdot p} + T_v \cdot p)$	$0.6 \cdot K_{PR\,krit}$	$0.5 \cdot \tau_{krit}$	$0.12 \cdot \tau_{krit}$

Gliedes als Vorfilter in den Führungspfad kann aber das Überschwingen der Regelgröße bei schnellen Sollwertänderungen stark bedämpft werden.

Ein Nachteil dieses Einstellverfahrens ist, daß der Regelkreis an die Stabilitätsgrenze herangefahren werden muß, was nicht immer zulässig ist.

b) Einstellung der Reglerkennwerte anhand des Übergangsverhaltens der Regelstrecke

Bei diesem Verfahren ermittelt man aus der experimentell aufgenommenen Übergangsfunktion der ungeregelten Strecke mit Hilfe der Wendetangentenmethode die Streckenkennwerte T_u und T_g (Bild 5.2.24). Für optimales Störverhalten des Regelkreises erfolgt dann die Einstellung der Reglerkennwerte gemäß den Einstellvorschriften von

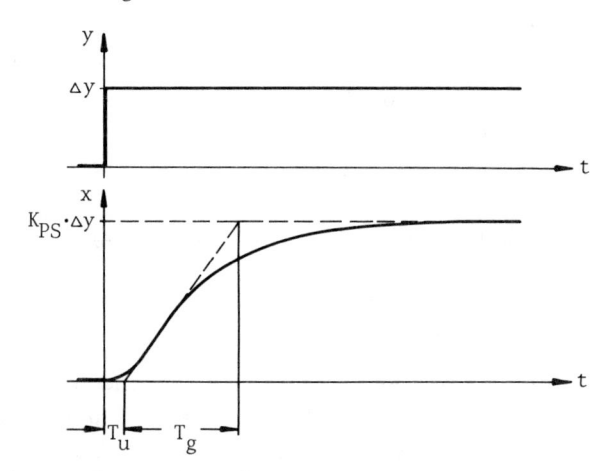

Bild 5.2.24 Übergangsverhalten der Regelstrecke

Tabelle 5.2.6 Einstellung der Reglerkennwerte anhand des Übergangsverhaltens der Regelstrecke

Typ	Regler Übertragungsfunktion	Einstellung der Kennwerte V_o	T_n	T_v
P	$F_R(p) = K_{PR}$	$\dfrac{T_g}{T_u}$	-	-
PI	$F_R(p) = K_{PR} \cdot (1 + \dfrac{1}{T_n \cdot p})$	$0.9 \cdot \dfrac{T_g}{T_u}$	$3.3 \cdot T_u$	-
PID	$F_R(p) = K_{PR} \cdot (1 + \dfrac{1}{T_n \cdot p} + T_v \cdot p)$	$1.2 \cdot \dfrac{T_g}{T_u}$	$2 \cdot T_u$	$0.5 \cdot T_u$

Ziegler und Nichols in Abhängigkeit von den Streckenkennwerten (Tabelle 5.2.6). Auch diese Einstellvorschriften gelten für optimales Störverhalten bei einem Dämpfungsgrad des Regelvorganges von $0.2 < \gamma < 0.3$.

5.2.3.2 Einstellregeln nach Chien, Hrones und Reswick

Mit Hilfe von Analogrechneruntersuchungen werden von Chien, Hrones und Reswick [4] zur Regelung von PT_1T_t-Regelstrecken neue, gegenübe Ziegler und Nichols verbesserte Einstellregeln angegeben. Als Kriterium für die günstige Einstellung der Reglerkennwerte wird hier sowohl beim Führungsverhalten des Regelkreises als auch beim Störverhalten ein aperiodischer Regelvorgang mit kürzester Ausregelzeit ($\gamma \approx 0.8$) und ein periodischer Regelvorgang mit 20 %igem Überschwingen ($\gamma \approx 0.45$) zugrunde gelegt. Die Einstellwerte für P-, PI- und PID-Regler in Abhängigkeit von den Streckenkennwerten P-Beiwert K_{PS}, Verzugszeit T_u und Ausgleichszeit T_g sind in Tabelle 5.2.7 zusammengestellt, wobei $V_o = K_{PR} \cdot K_{PS}$ die Kreisverstärkung is Die Einstellwerte gelten für den Bereich $1 < T_g/T_u < 10$.

Aus den Einstellregeln nach Chien, Hrones und Reswick läßt sich fo gendes ersehen:

Die Reglerkennwerte sind, je nachdem ob eine Führungsgrößenänderung oder eine Störgrößenänderung ausgeregelt werden soll, - außer beim P-Regler - verschieden einzustellen. Für günstiges Führungsverhalten ist ein kleinerer P-Beiwert K_{PR} des Reglers

Tabelle 5.2.7 Einstellung der Reglerkennwerte

Regler		Aperiodischer Regelvorgang mit kürzester Dauer		Regelvorgang mit 20%iger Überschwingung	
Typ	Übertragungsfunktion	Führung	Störung	Führung	Störung
P	$F_R(p) = K_{PR}$	$V_o = 0.3 \cdot T_g/T_u$	$V_o = 0.3 \cdot T_g/T_u$	$V_o = 0.7 \cdot T_g/T_u$	$V_o = 0.7 \cdot T_g/T_u$
PI	$F_R(p) = K_{PR} \cdot (1 + \dfrac{1}{T_n \cdot p})$	$V_o = 0.35 \cdot T_g/T_u$ $T_n = 1.2 \cdot T_g$	$V_o = 0.6 \cdot T_g/T_u$ $T_n = 4 \cdot T_u$	$V_o = 0.6 \cdot T_g/T_u$ $T_n = T_g$	$V_o = 0.7 \cdot T_g/T_u$ $T_n = 2.3 \cdot T_u$
PID	$F_R(p) = K_{PR} \cdot (1 + \dfrac{1}{T_n \cdot p} + T_v \cdot p)$	$V_o = 0.6 \cdot T_g/T_u$ $T_n = T_g$ $T_v = 0.5 \cdot T_u$	$V_o = 0.95 \cdot T_g/T_u$ $T_n = 2.4 \cdot T_u$ $T_v = 0.42 \cdot T_u$	$V_o = 0.95 \cdot T_g/T_u$ $T_n = 1.35 \cdot T_g$ $T_v = 0.47 \cdot T_u$	$V_o = 1.2 \cdot T_g/T_u$ $T_n = 2 \cdot T_u$ $T_v = 0.42 \cdot T_u$

einzustellen als für günstiges Störverhalten, da eine Änderung der Führungsgröße unmittelbar auf den Reglereingang wirkt.

Je größer das Verhältnis T_g/T_u der Streckenkennwerte ist, also je kleiner T_u gegenüber T_g ist, je leichter regelbar also die Strecke ist, desto größere Werte für den P-Beiwert K_{PR} des Reglers sind zulässig. Ein großes K_{PR} bedeutet ein starkes Eingreifen des Reglers und beim P-Regler eine kleine bleibende Regeldifferenz.

Für günstiges Führungsverhalten ist die Nachstellzeit T_n abhängig von der Ausgleichszeit T_g einzustellen, für günstiges Störverhalten abhängig von der Verzugszeit T_u. Eine Kompensation der wesentlichen Zeitkonstante der Regelstrecke durch die Nachstellzeit ist also nur bei der Optimierung des Führungsverhaltens zweckmäßig.

Zusammenfassend läßt sich zu den Einstellregeln für Regler in verfahrenstechnischen Regelkreisen folgendes sagen: Die Einstellregeln sind einfach anwendbar und führen rasch zu einem guten Regelergebnis. Sie werden daher in der Praxis häufig benützt. Die optimale Einstellung von Reglerkennwerten gibt es nicht, denn der optimale Verlauf einer Regelgröße ist prozeß- und aufgabenabhängig. So werden z. B. bei Antriebsregelungen kurze Regelzeiten, bei Durchflußregelungen und Kursregelungen kleine Regelflächen und bei Temperaturregelungen in chemischen Reaktionsprozessen kleine Überschwingweiten angestrebt. Je besser der Regler an die Regelstrecke angepaßt ist, desto empfindlicher ist er im allgemeinen gegenüber Schwankungen der Streckenparameter. Die nach den Einstellregeln ermittelten Einstellungen sind Anhaltswerte für die Reglerkenngrößen im jeweiligen Arbeitspunkt der Regelung. Im Rahmen einer Simulation des dynamischen Verhaltens des Regelkreises am Analog- oder Digitalrechner oder im Rahmen der Anfahrversuche der ausgeführten Regelanlage wird es manchmal nötig sein, eine Feineinstellung vorzunehmen. Bei Folgeregelungen ist zu prüfen, ob die ermittelten Einstellungen auch in Teillastbereichen eine befriedigende Regelgüte liefern. Ist dies nicht der Fall, so ist vorzugsweise der P-Beiwert des Reglers lastabhängig automatisch zu verstellen (adaptive Einstellung) oder ein mittlerer P-Beiwert für den gesamten Lastbereich einzustellen (suboptimale Einstellung). In einigen Fällen wird selbst bei günstigster Einstellung der Reglerkennwerte die erzielte Regelgüte noch nicht ausreichend sein. Man verläßt dann den einfachen Regelkreis und geht über zum Einsatz von komplizierteren Regelschaltungen, wie z. B. de

Festwertregelungen mit Störgrößenaufschaltung oder den Kaskadenregelungen.

5.2.3.3 Einstellregeln nach Kessler

Das von C. Kessler angegebene Optimierungsverfahren, das Symmetrische Optimum [15], liefert globale Einstellregeln vor allem für Regler in antriebstechnischen Regelkreisen. Sie führen zu einem guten Störverhalten, aber zu einem leicht zum Schwingen neigenden Führungsverhalten mit verhältnismäßig großer Überschwingweite. Die in der Antriebstechnik vorkommenden Regelstrecken sind gegenüber den verfahrenstechnischen Regelstrecken in ihrem Zeitverhalten um Größenordnungen schneller. Sie haben entweder proportionales oder integrierendes Verhalten mit Verzögerungen höherer Ordnung, wobei eine oder zwei relativ große Zeitkonstanten in der Größenordnung von einigen 100 Millisekunden und mehrere relativ kleine Verzögerungszeitkonstanten in der Größenordnung von einigen 10 Millisekunden vorhanden sind. Die Übertragungsfunktion für eine proportionale Regelstrecke lautet dann:

$$F_S(p) = \frac{K_{PS}}{(1 + T_1 \cdot p) \cdot (1 + T_2 \cdot p) \cdot \prod_\mu (1 + t_\mu \cdot p)}$$

und für eine integrierende:

$$F_S(p) = \frac{K_{IS}}{p \cdot (1 + T_2 \cdot p) \cdot \prod_\mu (1 + t_\mu \cdot p)}$$

wobei T_1 und T_2 die großen Zeitkonstanten, t_μ die kleinen Zeitkonstanten sind. Näherungsweise kann die Kettenschaltung der Vielzahl kleiner PT_1-Glieder durch ein PT_1-Glied mit der Summenzeitkonstante $T_\sigma = \sum_\mu t_\mu$ ersetzt werden:

$$\frac{1}{1 + t_1 \cdot p} \cdot \frac{1}{1 + t_2 \cdot p} \cdot \frac{1}{1 + t_3 \cdot p} \cdots \approx \frac{1}{1 + T_\sigma \cdot p}$$

wenn die Strecke I-Verhalten oder mindestens eine große Zeitkonstante T_1 aufweist.

Je nach Struktur der Regelstrecke wird zur Regelung ein PI- oder ein PID-Regler eingesetzt, dessen Kennwerte entsprechend den Vorschriften nach Tabelle 5.2.8 zur Erzielung eines günstigen Störverhaltens einzustellen sind. Das Führungsverhalten eines nach dem Symmetrischen Optimum ausgelegten Regelkreises zeigt nach sprung-

Tabelle 5.2.8 Einstellung der Reglerkennwerte beim Symmetrischen Optimum

Regelstrecke		Regler		Einstellung der Kennwerte		
Typ	Übertragungsfunktion	Typ	Übertragungsfunktion	K_{PR}	T_n	T_v
PT_n	$F_S(p) = \dfrac{K_{PS}}{(1+T_1 \cdot p) \cdot \prod_\mu (1+t_\mu \cdot p)}$ mit $T_1 > 4 \cdot T_\sigma$; $T_\sigma = \sum_\mu t_\mu$	PI	$F_R(p) = K_{PR} \cdot \left(1 + \dfrac{1}{T_n \cdot p}\right)$	$\dfrac{T_1}{2 \cdot K_{PS} \cdot T_\sigma}$	$4 \cdot T_\sigma$	–
IT_n	$F_S(p) = \dfrac{K_{IS}}{p \cdot \prod_\mu (1+t_\mu \cdot p)}$			$\dfrac{1}{2 \cdot K_{IS} \cdot T_\sigma}$	$4 \cdot T_\sigma$	–
PT_n	$F_S(p) = \dfrac{K_{PS}}{(1+T_1 \cdot p) \cdot (1+T_2 \cdot p) \cdot \prod_\mu (1+t_\mu \cdot p)}$ mit $T_1 > 4 \cdot T_\sigma$; $T_1 > T_2 > T_\sigma$	PID	$F_R(p) = K_{PR} \cdot \left(1 + \dfrac{1}{T_n \cdot p}\right) \cdot (1 + T_v \cdot p)$	$\dfrac{T_1}{2 \cdot K_{PS} \cdot T_\sigma}$	$4 \cdot T_\sigma$	T_2
IT_n	$F_S(p) = \dfrac{K_{IS}}{p \cdot (1+T_2 \cdot p) \cdot \prod_\mu (1+t_\mu \cdot p)}$ mit $T_2 > T_\sigma$			$\dfrac{1}{2 \cdot K_{IS} \cdot T_\sigma}$	$4 \cdot T_\sigma$	T_2

förmigen Änderungen der Führungsgröße für die Regelgröße heftiges Schwingen mit bis zu 40 %igem Überschwingen. Dies ist für die meisten Regelkreise unzulässig. Durch ein im Führungspfad eingebautes Kompensationsglied mit PT_1-Verhalten:

$$F_K(p) = \frac{1}{1 + T_W \cdot p} \quad \text{mit } T_W = (0.5 \ldots 4) \cdot T_6$$

wird bei sprungförmigen Änderungen der Führungsgröße das Überschwingen der Regelgröße stark bedämpft (Sollwertglättung), was allerdings auf Kosten einer längeren Anregelzeit geht (Bild 5.2.25).

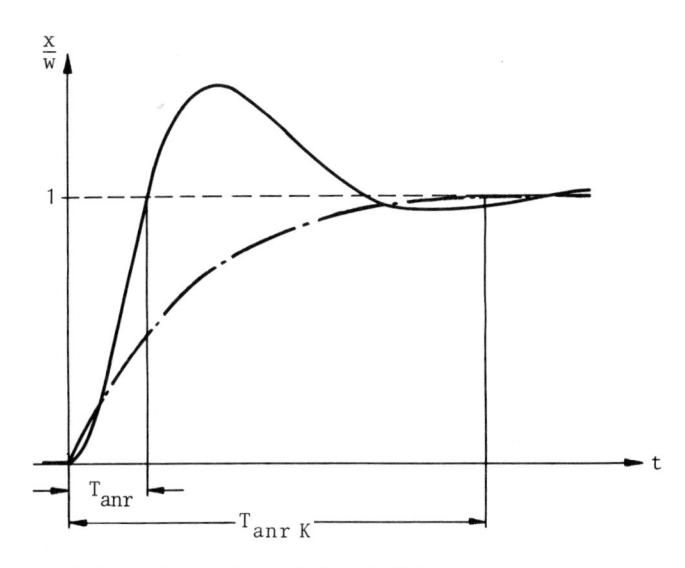

Bild 5.2.25 Führungsverhalten ohne und mit Sollwertglättung

Eine nicht genaue Kenntnis der Daten der Regelstrecke kann zu einer Fehleinstellung des Reglers führen. In Bild 5.2.26 ist das Führungsverhalten eines nach dem Symmetrischen Optimum ausgelegten Regelkreises mit PI-Regler bei verschiedenen Einstellungen der Reglerkennwerte dargestellt, wobei der optimale P-Beiwert und die optimale Nachstellzeit jeweils um den Faktor 2 nach oben und unten verstimmt wurden. Man erkennt: Je größer der P-Beiwert K_{PR} des Reglers, umso steiler ist das Anschwingen. Ein zu großer P-Beiwert führt ebenso zu stärkeren Schwingungen, wie eine zu kleine Nachstellzeit. Ein nach dem Symmetrischen Optimum ausgelegter Regelkreis weist also eine nicht geringe Empfindlichkeit gegenüber Fehleinstellungen des Reglers auf.

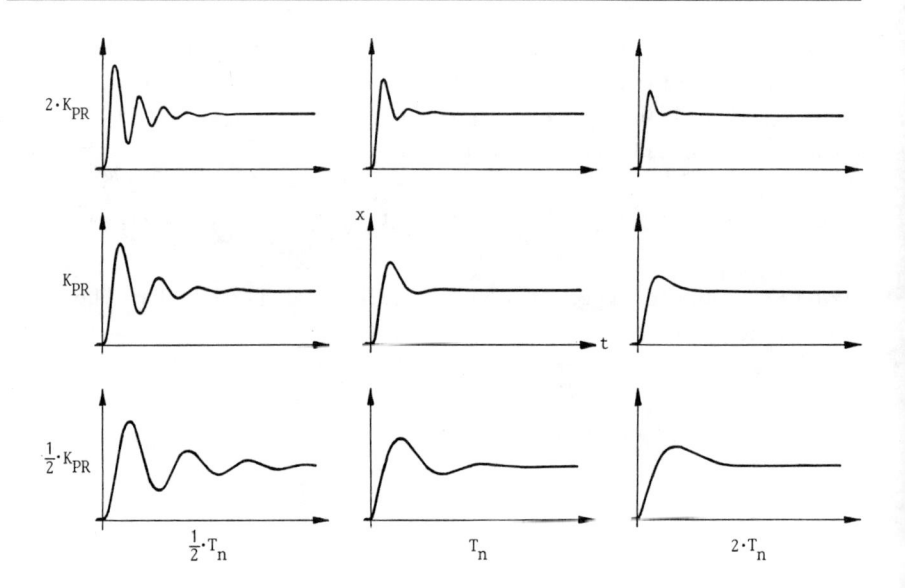

Bild 5.2.26 Führungsverhalten eines nach dem Symmetrischen Optimum ausgelegten Regelkreises (nach [12])

Zusammenfassend läßt sich dieses Einstellverfahren nach Kessler wie folgt beurteilen: Das Verfahren kann angewendet werden, wenn PT_n- oder IT_n-Regelstrecken mit bekannter Differentialgleichung oder Übertragungsfunktion und ein oder zwei wesentlichen Zeitkonstanten vorliegen. Mit dem nach Kessler eingestellten Regler weist der Regelkreis gutes Störverhalten auf. Um auch gutes Führungsverhalten zu erzielen, muß der Führungspfad verzögert werden. Der Regelkreis ist gegenüber Fehleinstellungen der Reglerkennwerte nicht unempfindlich.

5.2.3.4 Einstellregeln nach Naslin

Mit Hilfe des von Naslin angegebenen Verfahrens der charakteristischen Verhältnisse [19] können zur Regelung von PT_n- und IT_n-Regelstrecken bei Wahl eines geeigneten Reglers die Reglerkennwerte so bestimmt werden, daß der Regelkreis ein Führungsverhalten mit vorgegebener Dämpfung aufweist.

a) Charakteristische Verhältnisse

In Analogie zu einem System 2. Ordnung mit der Übertragungsfunktion:

$$F(p) = \frac{A_0}{A_0 + A_1 \cdot p + A_2 \cdot p^2} = \frac{1}{1 + 2 \cdot \zeta \cdot T \cdot p + T^2 \cdot p^2}$$

und der Dämpfung:

$$4 \cdot \zeta^2 = \frac{A_1^2}{A_0 \cdot A_2}$$

definiert Naslin für einen Regelkreis n-ter Ordnung mit der Führungsübertragungsfunktion:

$$F_W(p) = \frac{A_0}{A_0 + A_1 \cdot p + A_2 \cdot p^2 + \ldots + A_n \cdot p^n}$$

die charakteristischen Verhältnisse:

$$\alpha_i = \frac{A_i^2}{A_{i-1} \cdot A_{i+1}} \quad \text{mit } i = 1, \ldots, n-1$$

Es zeigt sich, daß

bei Vorgabe eines festen Wertes α für alle charakteristischen Verhältnisse das Einschwingverhalten des Regelkreises relativ unabhängig von seiner Ordnung ist, sofern n > 3 ist und A_1/A_0 jeweils denselben Wert aufweist,

bei gegebener Ordnung des Regelkreises das Dämpfungsverhalten vom gewählten α abhängt,

das Einschwingverhalten im wesentlichen nur von den drei ersten charakteristischen Verhältnissen abhängt.

b) Reglerkennwerte

Die charakteristischen Verhältnisse berechnen sich im allgemeinen sowohl aus den Streckenkennwerten als auch aus den Reglerkennwerten. Sind die Streckenkennwerte bekannt und gibt man sich die charakteristischen Verhältnisse vor, so lassen sich die Reglerkennwerte ermitteln. Günstige Werte für die charakteristischen Verhältnisse liegen im Bereich $1.5 < \alpha < 2.5$. Die Anzahl der frei wählbaren charakteristischen Verhältnisse ist gleich der Anzahl freier Reglerkenngrößen. Bei einem PID-Regler können also drei charakteristische Verhältnisse vorgegeben werden. Alle anderen Verhältnisse liegen dann fest. Es lassen sich aber nicht immer positive, also sinnvolle Reglerkennwerte finden vor allem bei großen Werten von α. Abhilfe bringen kleinere oder voneinander verschiedene Werte der charakteristischen Verhältnisse. Eine Verkleinerung eines einzelnen Verhältnisses kann in ihrer Wirkung auf das Einschwingverhalten des Regelkreises durch eine Vergrößerung der benachbarten Verhältnisse entsprechend ausgeglichen werden.

c) Beispiel

Das Vorgehen bei der Bestimmung der Reglerkennwerte mit dem Verfahren nach Naslin soll am Beispiel eines Regelkreises mit PT_4-Regelstrecke und PI-Regler aufgezeigt werden (Bild 5.2.27). Die Führungsübertragungsfunktion des Regelkreises ergibt sich zu:

$$F_W(p) = \frac{F_R(p) \cdot F_S(p)}{1 + F_R(p) \cdot F_S(p)}$$

$$= \frac{100 \cdot K_{PR} \cdot p + 100 \cdot K_{IR}}{p^5 + 9 \cdot p^4 + 45 \cdot p^3 + 87 \cdot p^2 + (50 + 100 \cdot K_{PR}) \cdot p + 100 \cdot K_{IR}}$$

Die charakteristischen Verhältnisse lauten:

$$\alpha_1 = \frac{A_1^2}{A_0 \cdot A_2} = \frac{(50 + 100 \cdot K_{PR})^2}{100 \cdot K_{IR} \cdot 87}$$

$$\alpha_2 = \frac{A_2^2}{A_1 \cdot A_3} = \frac{87^2}{(50 + 100 \cdot K_{PR}) \cdot 45}$$

$$\alpha_3 = \frac{A_3^2}{A_2 \cdot A_4} = \frac{45^2}{87 \cdot 9} = 2.586$$

$$\alpha_4 = \frac{A_4^2}{A_3 \cdot A_5} = \frac{9^2}{45 \cdot 1} = 1.8$$

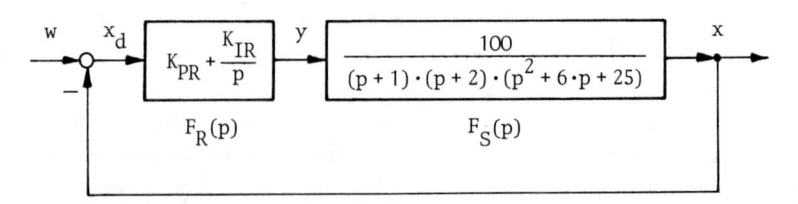

Bild 5.2.27 Regelkreis

Durch Wahl von α_1 und α_2 können die beiden Reglerkennwerte K_{PR} und K_{IR} bestimmt werden. Für verschiedene Werte von $\alpha = \alpha_1 = \alpha_2$ erhält man die in Tabelle 5.2.9 zusammengestellten Reglerkennwerte. In Bild 5.2.28 ist das Führungsverhalten des Regelkreises in Abhängigkeit vom gewählten charakteristischen Verhältnis α dargestellt. Große Werte von α führen zu einem nahezu aperiodischen Einschwingverhalten, kleine Werte von α zu einem gut gedämpften periodischen Verhalten. Eine solche Überprüfung des Einschwingverhaltens des Regelkreises sollte stets vorgenommen werden.

Tabelle 5.2.9 Reglerkennwerte

α	2.3	2.0	1.75
K_{PR}	0.231	0.341	0.461
K_{IR}	0.267	0.406	0.607

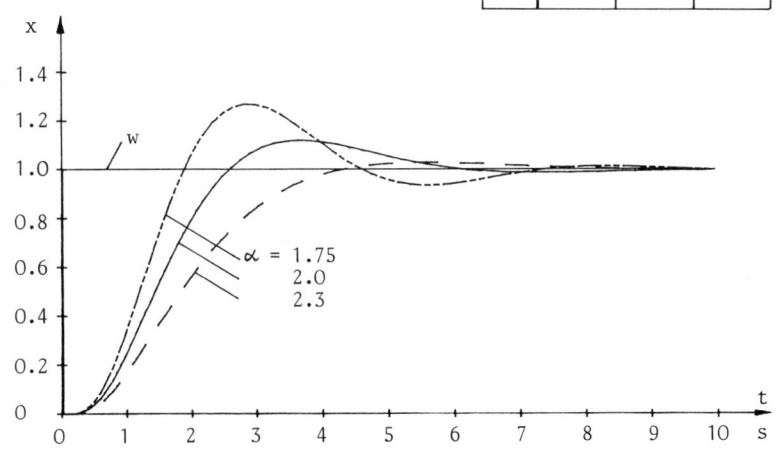

Bild 5.2.28 Führungsverhalten

d) Beurteilung des Verfahrens

Um das Verfahren anwenden zu können, muß das Verhalten der Regelstrecke durch die Differentialgleichung oder die Übertragungsfunktion gegeben sein. Das Verfahren eignet sich zur Einstellung der Kennwerte aller Arten von Reglern an beliebigen PT_n- und IT_n-Regelstrecken von höherer als dritter Ordnung. Der Regelkreis wird auf günstiges Führungsverhalten mit vorgewählter Dämpfung eingestellt ohne Berücksichtigung kurzer Ausregelzeiten. Die Anzahl der frei wählbaren charakteristischen Verhältnisse ist gleich der Anzahl der freien Reglerkenngrößen. Alle übrigen charakteristischen

Verhältnisse liegen fest. Nicht jede Wahl eines charakteristischen Verhältnisses führt zu positiven und damit sinnvollen Reglerkennwerten. Das Gleichungssystem zur Ermittlung der Reglerkennwerte ist nichtlinear. Das Verfahren läßt sich unter gewissen Einschränkungen auch auf Regelstrecken mit Nullstellen anwenden.

5.3 Entwurf von Regelkreisen mit stetigen Reglern im Frequenzbereich

5.3.1 Wurzelortsverfahren

Das Wurzelortsverfahren dient zur Analyse und Synthese linearer Einfachregelkreise. Es erlaubt, aus den bekannten Eigenschaften des offenen Regelkreises mit der Übertragungsfunktion $F_o(p)$ Aussagen über die Lage der Wurzeln der charakteristischen Gleichung $1 + F_o(p) = 0$ des geschlossenen Regelkreises in der p-Ebene in Abhängigkeit eines Parameters, meist der Kreisverstärkung, zu machen. Daraus läßt sich auf die absolute und relative Stabilität des Regelkreises und damit auf sein Zeitverhalten in Abhängigkeit des Parameters schließen.

5.3.1.1 Definition der Wurzelortskurve

Anhand eines einführenden Beispiels, eines Einfachregelkreises mit einer PT_1-Regelstrecke und einem P-Regler (Bild 5.3.1), soll der Einfluß des P-Beiwertes des Reglers auf die Lage der Wurzeln des geschlossenen Regelkreises untersucht werden. Die Übertragungsfunktion des aufgeschnittenen Regelkreises lautet:

$$F_o(p) = F_R \cdot F_S = K_{PR} \cdot \frac{3}{2 + p}$$

Die charakteristische Gleichung des Regelkreises ist dann:

$$1 + F_o(p) = 0$$

$$p + 3 \cdot K_{PR} + 2 = 0$$

Nach p aufgelöst ergibt sich die Wurzel der charakteristischen Gleichung in Abhängigkeit vom P-Beiwert K_{PR} des Reglers zu:

$$p = -3 \cdot K_{PR} - 2$$

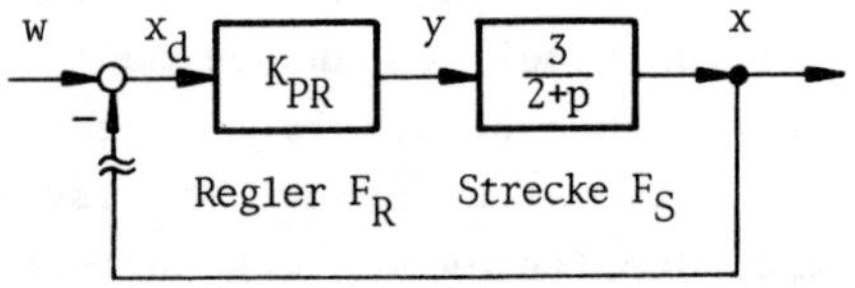

Bild 5.3.1 Einfachregelkreis

Der geometrische Ort für die Lage dieser Wurzel in der p-Ebene mit
K_{PR} als Parameter ist in Bild 5.3.2 dargestellt. Dieser geometrische
Ort ist die sogenannte Wurzelortskurve. Die Wurzelortskurve ist also die Lösungskurve der charakteristischen Gleichung des geschlossenen Regelkreises in der komplexen p-Ebene in Abhängigkeit eines
Parameters, hier des P-Beiwerts des Reglers. Im Beispiel hat die
Wurzelortskurve einen Ast und beginnt für $K_{PR} = 0$ im Punkt $p = -2$
und wandert mit steigendem K_{PR} auf der negativ reellen Achse der
p-Ebene nach Unendlich. Für ein gefordertes Einschwingverhalten
des Regelkreises läßt sich also aus der Wurzelortskurve ein entsprechender P-Beiwert K_{PR} ermitteln (Syntheseproblem).

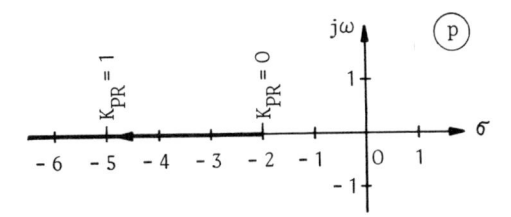

Bild 5.3.2 Wurzelortskurve

Für die Ermittlung der Wurzelortskurve in obigem Beispiel war die
Berechnung der Wurzeln der charakteristischen Gleichung des geschlossenen Regelkreises für alle P-Beiwerte erforderlich. Bei Regelkreisen höherer Ordnung ist die Berechnung der Wurzeln aber äußerst
langwierig. Mit Hilfe des grafischen Verfahrens von W. R. Evans [10]
läßt sich die Wurzelortskurve einfach konstruieren, ohne daß die
Wurzeln berechnet werden müßten.

5.3.1.2 Phasenbeziehung und Betragsbeziehung

Zur Konstruktion der Wurzelortskurve geht man von der Übertragungsfunktion $F_o(p)$ des aufgeschnittenen Regelkreises:

$$(5.3.1) \qquad F_o(p) = \frac{Z_o(p)}{N_o(p)} = K \cdot \frac{\prod_{l=1}^{m}(p - p_{Zl})}{\prod_{k=1}^{n}(p - p_k)}$$

mit den bekannten Polen p_k und Nullstellen p_{Zl} aus und erhält die
charakteristische Gleichung des geschlossenen Regelkreises zu:

$$1 + K \cdot \frac{\prod_{l=1}^{m}(p - p_{Zl})}{\prod_{k=1}^{n}(p - p_k)} = 0$$

Umgeformt ergibt sich daraus die Bestimmungsgleichung für die Wurzelortskurve:

$$(5.3.2) \qquad \frac{\prod_{k=1}^{n}(p - p_k)}{\prod_{l=1}^{m}(p - p_{Zl})} = -K$$

Alle Werte der komplexen Variablen $p = \sigma + j\omega$, die diese Bestimmungsgleichung erfüllen, sind Wurzeln der charakteristischen Gleichung und damit Pole der Übertragungsfunktion des geschlossenen Regelkreises.

Aus der Bestimmungsgleichung (5.3.2) folgt, daß der Phasenwinkel der komplexen Größe der linken Seite der Gleichung gleich dem Phasenwinkel der konstanten Größe der rechten Seite sein muß (Phasenbeziehung):

$$(5.3.3) \qquad \sum_{k=1}^{n} \arg(p - p_k) - \sum_{l=1}^{m} \arg(p - p_{Zl}) = \arg(-K)$$

$$= \begin{cases} \pi \pm 2 \cdot i \cdot \pi & \text{für } K > 0 \\ \pm 2 \cdot i \cdot \pi & \text{für } K < 0 \end{cases}$$

mit $i = 0, 1, 2, 3, \ldots$

Mit dieser Phasenbeziehung, die unabhängig von der Größe von K ist, läßt sich die Wurzelortskurve konstruieren, indem man verschiedene Punkte der p-Ebene prüft, ob sie diese Phasenbeziehung erfüllen.

Aus der Bestimmungsgleichung (5.3.2) folgt auch, daß der Betrag der linken Seite der Gleichung gleich dem Betrag der rechten Seite sein muß (Betragsbeziehung):

$$(5.3.4) \qquad \frac{\prod_{k=1}^{n}|p - p_k|}{\prod_{l=1}^{m}|p - p_{Zl}|} = |K|$$

Diese Betragsbeziehung legt die Werte von K auf der Wurzelortskurve fest.

Aus der Phasen- und Betragsbeziehung lassen sich eine Reihe von Regeln ableiten, deren Anwendung ein rasches Skizzieren der Wurzelortskurven ermöglicht.

5.3.1.3 Konstruktionsregeln für Wurzelortskurven

Im folgenden werden die einzelnen Konstruktionsregeln angegeben, die sich aus der Phasen- und der Betragsbeziehung ableiten lassen. Für ihren Beweis sei auf [11] verwiesen.

Regel 1: Die Wurzelortskurve ist symmetrisch zur reellen Achse der p-Ebene.

Regel 2: Die Zahl der Äste der Wurzelortskurve ist gleich der Zahl n der Pole der Übertragungsfunktion $F_o(p)$ des aufgeschnittenen Regelkreises.

Regel 3: Die Äste der Wurzelortskurve sind kontinuierliche Kurven. Sie beginnen mit $K = 0$ in den Polen von $F_o(p)$, da für $p = p_k$ die Betragsbeziehung gleich Null ist. Mit $K \to \infty$ enden m Äste in den Nullstellen von $F_o(p)$ und $n - m$ Äste im Unendlichen.

Regel 4: Wurzelorte auf der reellen Achse liegen für $K > 0$ links von einer ungeraden Anzahl von Polen und Nullstellen.

Regel 5: Die ins Unendliche strebenden Äste der Wurzelortskurve nähern sich asymptotisch Geraden, die von einem gemeinsamen Punkt auf der reellen Achse, dem Asymptotenzentrum p_{AZ}, ausgehen:

$$(5.3.5) \qquad p_{AZ} = \frac{\sum_{k=1}^{n} p_k - \sum_{l=1}^{m} p_{Zl}}{n - m}$$

Regel 6: Die Winkel zwischen den Asymptoten und der reellen Achse berechnen sich zu:

$$(5.3.6) \qquad \alpha_{Ai} = \begin{cases} \dfrac{(2 \cdot i + 1) \cdot \pi}{n - m} & \text{für } K > 0 \\ \dfrac{2 \cdot i \cdot \pi}{n - m} & \text{für } K < 0 \end{cases} \quad \text{und } n > m$$

$$\text{mit } i = 0, 1, 2, \ldots, (n - m - 1).$$

Regel 7: Die Wurzelortskurve verzweigt sich in den Punkten p_V, die die Gleichung $dF_o(p)/dp = 0$ erfüllen, also:

$$(5.3.7) \qquad N_o \cdot \frac{dZ_o}{dp} - Z_o \cdot \frac{dN_o}{dp} = 0$$

Regel 8: Schneiden sich r Äste der Wurzelortskurve in einem Verzweigungspunkt, so beträgt der Schnittwinkel zweier benachbarter Kurvenstücke:

(5.3.8) $\quad \psi = \dfrac{\pi}{r}$

Regel 9: Der Schnittpunkt der Wurzelortskurve mit der imaginären Achse kennzeichnet die Stabilitätsgrenze ($K = K_{krit}$, $\omega = \omega_{krit}$). Man erhält ihn und den zugehörigen Parameterwert K aus der charakteristischen Gleichung:

$$1 + F_o(j\omega) = 0$$

(5.3.9) $\quad N_o(j\omega) + Z_o(j\omega) = 0$

durch Auflösen nach ω und K. Bei diesem $K = K_{krit}$ führt der geschlossene Regelkreis ungedämpfte Dauerschwingungen mit der Frequenz ω_{kri} aus.

In Tabelle 5.3.1 sind nun beispielhaft einige Wurzelortskurven für einfache Regelkreise zusammengestellt.

Zur Einübung der Konstruktionsregeln werden diese auf ein Beispiel angewendet. Gegeben ist die Übertragungsfunktion $F_o(p)$ eines aufgeschnittenen Regelkreises bestehend aus einer IT_2-Regelstrecke und einem P-Regler:

$$F_o(p) = K \cdot \dfrac{1}{p \cdot (p + 2) \cdot (p + 10)} \qquad p \text{ in } s^{-1}$$

Gesucht ist die Wurzelortskurve für $0 < K < \infty$, der P-Beiwert K_{ap}, bei dem ein gerade aperiodischer Regelverlauf auftritt, und der P-Beiwert K_{krit} und die Frequenz ω_{krit} an der Stabilitätsgrenze.
Die Übertragungsfunktion $F_o(p)$ hat keine Nullstellen, aber drei Pole:

$$p_1 = 0; \quad p_2 = -2 \ s^{-1}; \quad p_3 = -10 \ s^{-1}$$

Entsprechend der Ordnung n = 3 hat die Wurzelortskurve drei Äste, wobei n - m = 3 Äste im Unendlichen enden. Das Asymptotenzentrum liegt nach Gleichung (5.3.5) bei:

$$p_{AZ} = \dfrac{\sum_{1}^{3} p_k - \sum_{0} p_{Z1}}{n - m} = \dfrac{0 + (-2) + (-10) - 0}{3} = -4 \ s^{-1}$$

Tabelle 5.3.1 Wurzelortskurven für einfache Regelkreise

Übertragungsfunktion $F_O(p)$ des offenen Regelkreises	Wurzelortskurve	Übertragungsfunktion $F_O(p)$ des offenen Regelkreises	Wurzelortskurve
$F_O(p) = \dfrac{K_I}{p}$		$F_O(p) = \dfrac{K_P}{(1+Tp)^3}$	
$F_O(p) = \dfrac{K_P}{1+Tp}$		$F_O(p) = \dfrac{K_I}{p(1+T_1p)(1+T_2p)}$	
$F_O(p) = \dfrac{K_P}{1+2\vartheta Tp+T^2p^2}$ $0 < \vartheta < 1$		$F_O(p) = \dfrac{K_I}{p}(1+T_Vp)$	
$\vartheta = 1$		$F_O(p) = K_P\dfrac{1+T_Vp}{1+Tp}$ $T_V > T$	
$\vartheta > 1$		$T_V < T$	

Die Winkel zwischen den Asymptoten und der reellen Achse berechnen sich aus Gleichung (5.3.6) zu:

$$\alpha_{Ai} = \frac{(2 \cdot i + 1) \cdot \pi}{n - m} \qquad \text{mit } i = 0, 1, 2.$$

$$\alpha_{A0} = \frac{\pi}{3} = 60°; \quad \alpha_{A1} = \pi = 180°; \quad \alpha_{A2} = \frac{5 \cdot \pi}{3} = 300°$$

Nach Gleichung (5.3.7) verzweigt sich die Wurzelortskurve im Punkt p_V:

$$N_0 \cdot \frac{dZ_0}{dp} - Z_0 \cdot \frac{dN_0}{dp} = 0$$

$$0 - K \cdot (3 \cdot p^2 + 24 \cdot p + 20) = 0$$

$$p^2 + 8 \cdot p + \frac{20}{3} = 0$$

$$p_{1,2} = -4 \; (\overset{+}{-}) \; 3.055$$

$$p_V = p_1 = -0.945 \; s^{-1}$$

Der Punkt p_2 ist hier keine Lösung, da er ein negatives K erfordert. Für den Punkt p_V, der auf der negativen reellen Achse liegt, läßt sich aus der Betragsbeziehung das zugehörige $K = K_{ap}$ ermitteln:

$$|K_{ap}| = \frac{\prod_{k=1}^{3}|p_V - p_k|}{\prod_{l=0}|p_V - p_{Zl}|}$$

$$= \frac{|(-0.945) \cdot (-0.945 + 2) \cdot (-0.945 + 10)|}{1} = 9.028$$

Der Schnittwinkel zweier benachbarter Kurvenstücke im Verzweigungspunkt p_V beträgt nach Gleichung (5.3.8):

$$\psi = \frac{\pi}{r} = \frac{\pi}{2} = 90°$$

Für den Schnittpunkt der Wurzelortskurve mit der imaginären Achse gilt nach Gleichung (5.3.9):

$$N_0(j\omega) + Z_0(j\omega) = 0$$

$$(j\omega)^3 + 12 \cdot (j\omega)^2 + 20 \cdot j\omega + K = 0$$

Diese Gleichung ist erfüllt, wenn sowohl der Realteil als auch der Imaginärteil gleich Null sind:

Realteil: $-12 \cdot \omega^2 + K = 0 \; \Rightarrow \; K = 12 \cdot \omega^2$

Imaginärteil: $j\omega \cdot (20 - \omega^2) = 0 \; \Rightarrow \; \omega^2 = 20$

Daraus folgt:

$$\omega_{krit} = \sqrt{20} = 4.47 \; s^{-1}; \qquad K_{krit} = 240$$

Mit diesen Angaben läßt sich die Wurzelortskurve skizzieren (Bild 5.3.3). Aus dem Verlauf der Wurzelortskurve läßt sich ein qualitativer Überblick über das Zeitverhalten des Regelkreises geben. Mit einem P-Beiwert $0 < K < K_{ap}$ hat der Kreis drei reelle Pole und damit aperiodisches Einschwingverhalten. Der Pol p_3 wandert mit steigendem K nach links. Sein Einfluß auf das Einschwingverhalten wird immer geringer und kann gegenüber dem Einfluß der Pole p_1 und p_2 vernachlässigt werden. Im Verzweigungspunkt p_V auf der reellen Achse geht ein reeller Doppelpol in ein konjugiert komplexes Polpaar über, welches für P-Beiwerte $K_{ap} < K < K_{krit}$ das Verhalten der Sprungantwort wesentlich bestimmt, da es nächst der imaginären Achse liegt und die größte Zeitkonstante besitzt (dominantes Polpaar). Der imaginäre Anteil kennzeichnet das Auftreten schwingender Anteile in der Sprungantwort und deutet auf die beginnende Instabilität des Regelkreises hin. Beim P-Beiwert $K = K_{krit}$ schneidet die Wurzelortskurve die imaginäre Achse. Der Regelkreis wird instabil.

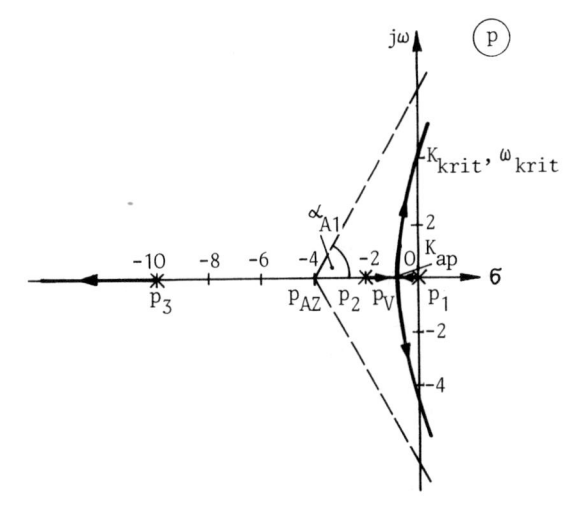

Bild 5.3.3 Wurzelortskurve bei drei reellen Streckenpolen

5.3.1.4 Reglerentwurf

Zeichnet man die Wurzelortskurve eines Regelkreises, so erhält man einen Überblick über sein Zeitverhalten. Der Regelkreis ist stabil, wenn alle Wurzeln der charakteristischen Gleichung des geschlossenen Regelkreises, also alle Pole der Übertragungsfunktion, in der linken Halbebene der p-Ebene liegen. Der Einschwingvorgang verläuft aperiodisch, wenn nur reelle Pole vorhanden sind. Der Pol oder das Polpaar, das in der linken Halbebene der imaginären Achse am nächsten liegt, bestimmt praktisch das Einschwingverhalten und ist für die Regelgüte verantwortlich (vergl. Abschnitt 5.1.3.2).

Damit der Regelkreis ein gewünschtes stationäres und dynamisches Verhalten aufweist, muß durch Einsatz eines geeigneten Reglertyps und Einstellung seiner Kennwerte, also durch Einfügen zusätzlicher Pole und Nullstellen, die Wurzelortskurve entsprechend modifiziert werden. Ist der Regelkreis stabil, aber die bleibende Regeldifferenz $x_{d\,st}$ als Maß für die Regelgüte im Beharrungszustand zu groß, so muß der P-Beiwert am Ort der dominanten Wurzel vergrößert werden. Ist der Regelkreis stabil, aber das dynamische Verhalten im Bezug auf die Dämpfung und Ausregelzeit unbefriedigend, so muß das dominante Polpaar an den gewünschten Ort in der p-Ebene verschoben werden. Ist der Regelkreis instabil, so muß die Wurzelortskurve so verändert werden, daß für einen bestimmten Wertebereich des P-Beiwertes alle Äste der Wurzelortskurve in der linken Halbebene der p-Ebene verlaufen. Da es kein systematisches Verfahren zur Beeinflussung von Wurzelortskurven gibt, müssen Struktur und Daten des Reglers so lange variiert werden, bis dann die zweckmäßigerweise mit Hilfe eines Digitalrechners ermittelte Wurzelortskurve den erwünschten Verlauf aufweist.

Die Modifizierung der Wurzelortskurve läuft im wesentlichen darauf hinaus, die am weitesten rechts gelegenen Streckenpole durch Reglernullstellen in ihrer Wirkung auf den Regelverlauf zu beeinflussen oder aufzuheben. Liegt z. B. die Wurzelortskurve eines Regelkreises mit einer IT_2-Regelstrecke ($p_1 = 0$, $p_2 = -2\,s^{-1}$, $p_3 = -10\,s^{-1}$) und mit einem P-Regler nach Bild 5.3.3 vor, so kann diese bei Einsatz eines idealen PD-Reglers mit einer Nullstelle p_z entsprechend modifiziert werden. Liegt die Nullstelle p_z zwischen den Polen p_1 und p_2, so ergibt sich die im Bild 5.3.4 skizzierte Wurzelortskurve. Der Regelkreis ist für alle P-Beiwerte stabil. Sein Einschwingverhalten wird wegen des dominanten reellen Pols aperiodisch verlaufen. Liegt p_z zwischen p_2 und p_3, so ergeben sich entsprechend der relativen Lage die in Bild 5.3.5 dargestellten verschiedenen Wurzel-

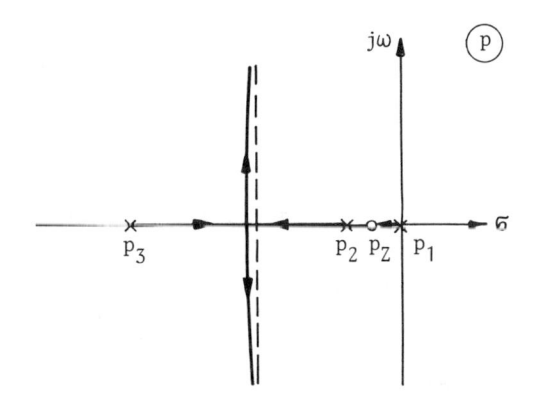

Bild 5.3.4 Wurzelortskurve bei drei reellen Polen und einer Nullstelle:
$p_2 < p_Z = -1 \text{ s}^{-1} < p_1$

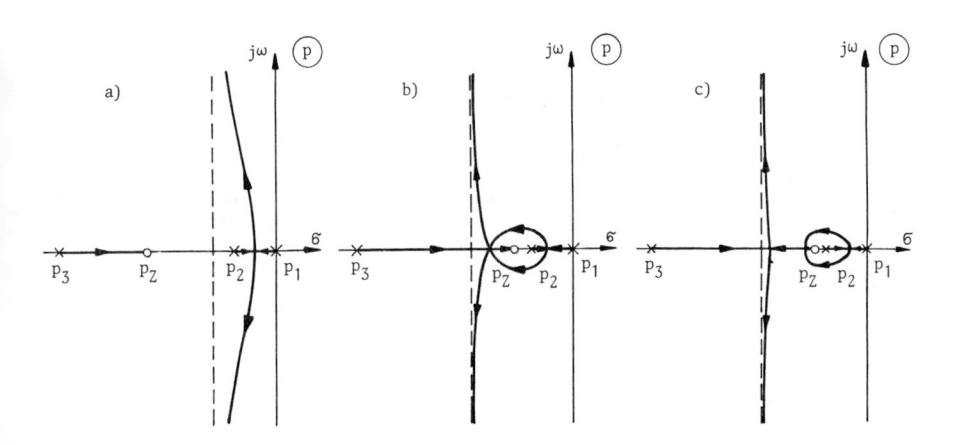

Bild 5.3.5 Wurzelortskurve bei drei reellen Polen und einer Nullstelle:
a) $p_3 < p_Z = -6.0 \text{ s}^{-1} < p_2$
b) $p_3 < p_Z = -2.29 \text{ s}^{-1} < p_2$
c) $p_3 < p_Z = -2.15 \text{ s}^{-1} < p_2$

ortskurven. Man erkennt, daß Äste der Wurzelortskurve von einer Nullstelle angezogen und von einem Pol abgestoßen werden. Der Regelkreis ist auch hier für jeden P-Beiwert stabil. Im Fall a) liegt für mittlere und große P-Beiwerte ein dominantes, konjugiert komplexes Polpaar des geschlossenen Regelkreises vor, so daß ein schwingender Regelverlauf zu erwarten ist. Rückt die Nullstelle p_Z wie im Fall c) nahe an den Pol p_2 heran, ändert sich die Gestalt der Wurzelortskurve. Der geschlossene Kreis hat dann für mittlere P-Beiwerte nur reelle Pole. Sein Einschwingverhalten ist aperiodisch. Beim Übergang vom Fall a) zum Fall c) tritt als Grenzkurve Fall b) auf.

Liegt eine instabile Regelstrecke mit einem Pol in der rechten Halbebene der p-Ebene vor, so führt der Einsatz eines P-Reglers nicht zu einem stabilen Regelkreis (Bild 5.3.6). Es ist auch nicht zweckmäßig, den instabilen Pol durch eine Reglernullstelle aufheben zu wollen, da eine exakte Kompensation meist nicht gelingt und der Regelkreis instabil bleibt. Durch Einsatz eines PD-Reglers und geeignete Wahl der Lage der Reglernullstelle kann der Regelkreis stabilisiert werden (Bild 5.3.7), so daß für bestimmte P-Beiwerte die Äste der Wurzelortskurve nur in der linken Halbebene verlaufen und damit der Regelkreis stabil ist.

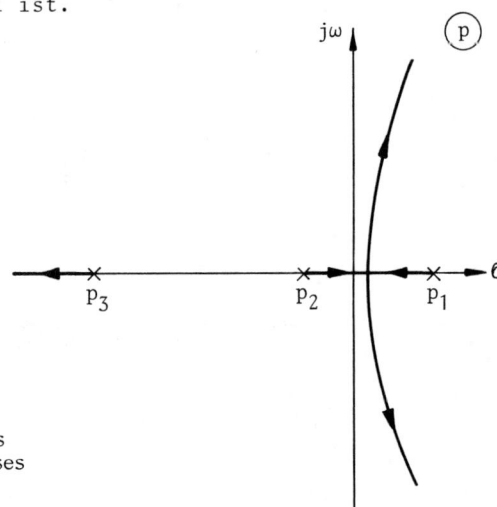

Bild 5.3.6 Wurzelortskurve eines instabilen Regelkreises

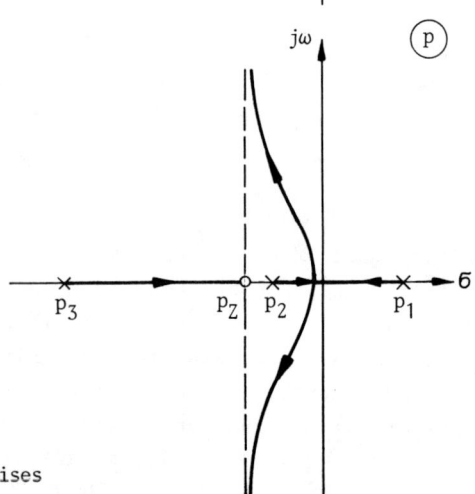

Bild 5.3.7 Wurzelortskurve des stabilisierten Regelkreises

5.3.2 Frequenzkennlinienverfahren

Im Abschnitt 4.2.2.3 wurde gezeigt, daß die Analyse eines Regelkreises mit Hilfe seiner Frequenzkennlinien im Bode-Diagramm einfach durchführbar ist. Der Einfluß von Parameteränderungen sowie der Einfluß von zusätzlich in Reihe geschalteten Übertragungsgliedern läßt sich im Bode-Diagramm leicht überblicken. Überträgt man das Nyquist-Kriterium (vergl. Abschnitt 5.1.4.2) ins Bode-Diagramm, so kann die absolute Stabilität des Regelkreises sowie die Regelgüte während des Einschwingvorganges und im Beharrungszustand beurteilt werden. Das Bode-Diagramm eignet sich also bestens zum Entwurf von Regelkreisen. Im folgenden werden zuerst die Spezifikationen zusammengestellt und erläutert und dann der Einfluß von Reglerstrukturen und -kennwerten untersucht.

5.3.2.1 Spezifikationen

Die Ausführungen gelten speziell für das Führungsverhalten eines Einfachregelkreises nach Bild 5.3.8. Analoges trifft für das Störverhalten zu. Die Stabilität des Regelkreises wird durch die charakteristische Gleichung $1 + F_o(p) = 1 + F_R \cdot F_S = 0$ bestimmt. Absolute Stabilität ist gegeben, wenn alle Wurzeln dieser Gleichung negative Realteile haben. Die Regelgüte im Beharrungszustand ist durch die bleibende Regeldifferenz $x_{d\,st}$ gegeben. Nach Gleichung (5.1.9) ist $x_{d\,st}$ umso kleiner, je größer die Kreisverstärkung $V_o = K_{PR} \cdot K_{PS}$ ist. Sie wird dann zu Null, wenn der aufgeschnittene Regelkreis I-Verhalten aufweist, die Kreisverstärkung also unendlich groß ist. Diese Forderungen beeinflussen aber nachteilig die Regelgüte während des Einschwingvorganges. Große Kreisverstärkungen führen zu einem schlecht gedämpften Einschwingen und ein I-Verhalten hat lange Ausregelzeiten zur Folge.

Die Regelgüte während des Einschwingvorganges ist gegeben durch einen hinreichend schnellen und gut gedämpften Regelverlauf. Er wird bestimmt durch die Lage der dominanten Wurzel der charakteristischen Gleichung in der p-Ebene, wobei der Realteil der Wurzel die Dauer und das Verhältnis von Realteil und Imaginärteil die Dämp-

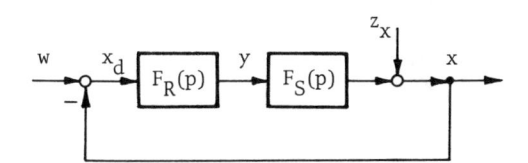

Bild 5.3.8 Einfachregelkreis

fung des Vorganges beeinflussen. Betrachtet man den Verlauf der Ortskurve $F_o(j\omega)$ des aufgeschnittenen Kreises (Bild 5.3.9) in Bezug auf den kritischen Punkt $(-1; 0 \cdot j)$, so wird der Einschwingvorgang genügend gedämpft sein, wenn die Ortskurve nur weit genug vom kritischen Punkt entfernt ist. Als geeignetes Maß dafür bietet sich ein großer Phasenrand φ_{rand} an. Um aber sicher zu gehen, daß trotz großem Phasenrand die Ortskurve dem kritischen Punkt nicht zu nahe kommt, wird gefordert, daß $|F_o(j\omega)|$ in der Umgebung der Amplitudendurchtrittsfrequenz ω_D mit steigender Frequenz möglichst rasch abnimmt. Bild 5.3.10 zeigt das Führungsverhalten eines Regelkreises

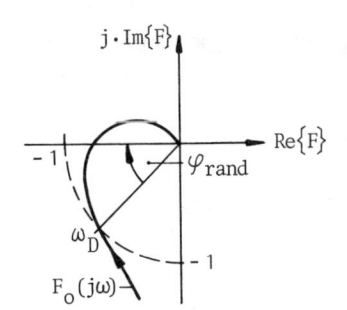

Bild 5.3.9 Ortskurve eines aufgeschnittenen Regelkreises.

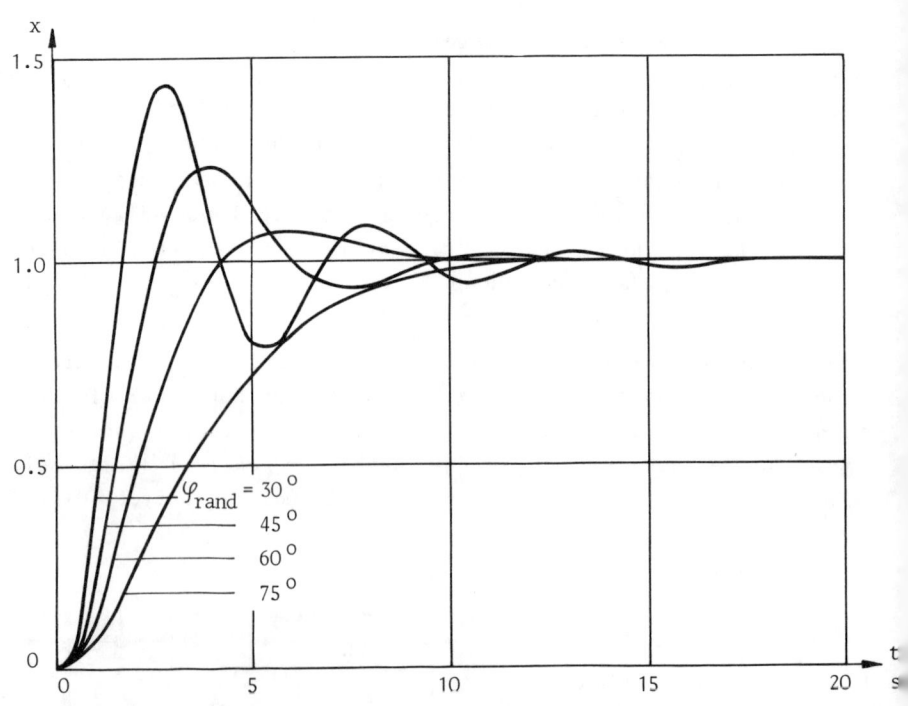

Bild 5.3.10 Führungsverhalten in Abhängigkeit vom Phasenrand

in Abhängigkeit vom Phasenrand. Ein kleiner Phasenrand ($\varphi_{rand} = 30\,^{\circ}$) hat einen lebhaften Einschwingvorgang mit großem Überschwingen und langer Ausregelzeit zur Folge. Bei zunehmendem Phasenrand wird der Einschwingvorgang gedämpfter. Die Überschwingweite und die Ausregelzeit nehmen ab. Bei großem Phasenrand ($\varphi_{rand} = 75\,^{\circ}$) verläuft der Vorgang aperiodisch und langsam.

Wie der Phasenrand ein Maß für die Dämpfung des Einschwingvorganges ist, so ist bei gegebenem Phasenrand die Amplitudendurchtrittsfrequenz ω_D ein Maß für seine Schnelligkeit. Je größer ω_D bei gegebenem Phasenrand ist, desto schneller ist das Einschwingverhalten des Regelkreises.

Zusammenfassend sind in Bild 5.3.11 die Spezifikationen dargestellt, die beim Entwurf eines Regelkreises nach dem Frequenzkennlinienverfahren zu erfüllen sind. Im unteren Frequenzbereich soll wegen der stationären Regelgüte der Betrag des Frequenzganges sehr groß sein: $|F_o(j\omega)| \gg 1$. Im mittleren Frequenzbereich soll aus Gründen der Stabilität ein rascher Abfall des Frequenzgangs auftreten: $|F_o(j\omega)| \sim 1/\omega$. Die Amplitudendurchtrittsfrequenz soll aus Gründen der Schnelligkeit und Bandbreite möglichst groß sein. Im oberen Frequenzbereich soll zur Bedämpfung hochfrequenter Störungen der Betrag des Frequenzganges sehr klein sein: $|F_o(j\omega)| \ll 1$.

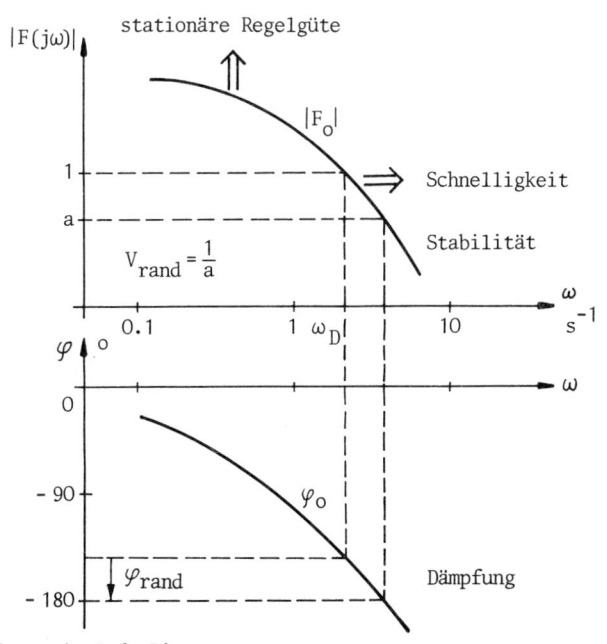

Bild 5.3.11 Spezifikationen im Bode-Diagramm

5.3.2.2 Reglerentwurf

Der Entwurf eines Regelkreises mit Hilfe des Frequenzkennlinienverfahrens besteht nun darin, die Frequenzkennlinien des aufgeschnittenen Kreises im Bode-Diagramm zu zeichnen und durch Wahl der Struktur und Kennwerte des Reglers diese Frequenzkennlinien so zu modifizieren, daß die Spezifikationen bezüglich Stabilität und Regelgüte erfüllt werden. Um einen Regelkreis zu stabilisieren und seine Regelgüte zu verbessern, gibt es grundsätzlich drei Maßnahmen: ein Absenken der Amplitudenkennlinie, ein Anheben der Phasenkennlinie und Kombinationen beider Maßnahmen in verschiedenen Frequenzbereichen.

a) Absenken der Amplitudenkennlinie

Ein Absenken der Amplitudenkennlinie eines aufgeschnittenen Regelkreises kann bei Einsatz eines P-Reglers an einer integrierenden Regelstrecke oder eines PI-Reglers an einer proportionalen Regelstrecke durch entsprechende Einstellung des P-Beiwerts K_{PR} erzielt werden. Eine Verkleinerung von K_{PR} bewirkt eine Verschiebung der Amplitudendurchtrittsfrequenz ω_D in Richtung kleinerer Werte in Bereiche größerer Phase. Damit werden der Phasenrand φ_{rand} und der Verstärkungsrand V_{rand} vergrößert. Das Einschwingverhalten des Regelkreises wird aber durch das kleinere ω_D langsamer.

Bild 5.3.12 zeigt die Frequenzkennlinien eines P-Reglers. Eine Verkleinerung des P-Beiwerts K_{PR} verschiebt die Amplitudenkennlinie parallel zur ω-Achse nach unten, die Phasenkennlinie bleibt konstant gleich Null. Die Wirkung dieser Maßnahme bei Einsatz des Reglers im Regelkreis zeigt Bild 5.3.13. Die Amplitudenkennlinie $|F_o(j\omega)|$ und

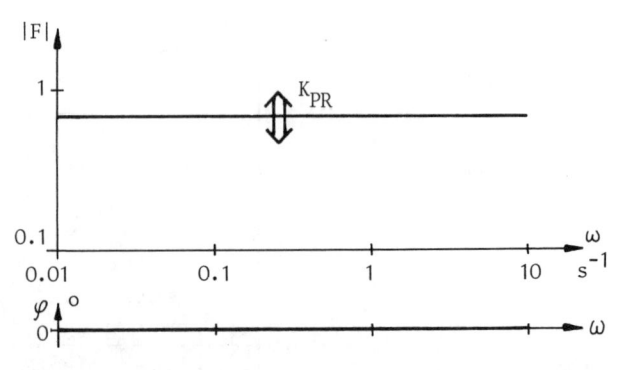

Bild 5.3.12 Frequenzkennlinien eines P-Reglers: $F_R(j\omega) = K_{PR}$

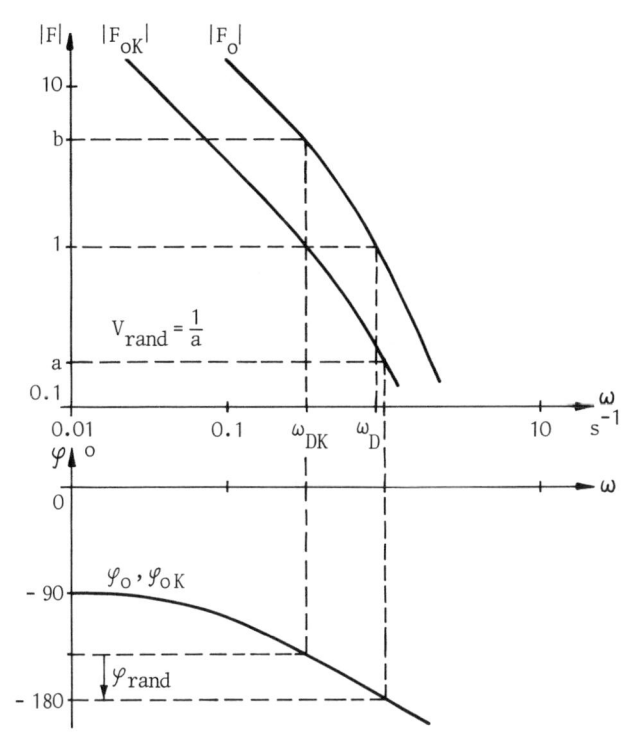

Bild 5.3.13 Entwurf eines Regelkreises mit einem P-Regler durch Absenken der Amplitudenkennlinie

die Phasenkennlinie $\varphi_o(\omega)$ sind die Frequenzkennlinien eines aufgeschnittenen Regelkreises bestehend aus einer mit Verzögerungen behafteten, integrierend wirkenden Regelstrecke und einem P-Regler mit dem P-Beiwert $K_{PR} = 1$. Die Amplitudenkennlinie $|F_{oK}(j\omega)|$ ist die durch Verkleinerung von K_{PR} resultierende Kennlinie des aufgeschnittenen und korrigierten Regelkreises. Der am Regler einzustellende P-Beiwert K_{PR} ermittelt sich aus dem vorgegebenen Phasenrand φ_{rand} und ist hier $K_{PR} = 1/b$. Die Phasenkennlinie bleibt bei der Korrektur unverändert.

In Bild 5.3.14 sind die Frequenzkennlinien eines PI-Reglers gezeichnet. Durch die Nachstellzeit T_n wird die Lage der Phasenkennlinie vorgegeben, durch den P-Beiwert K_{PR} die Lage der Amplitudenkennlinie. Die Wirkung des Einsatzes eines PI-Reglers an einer proportionalen Regelstrecke mit Verzögerungen ist in Bild 5.3.15 aufgezeigt. Die Nachstellzeit T_n wird zur Erzielung eines günstigen Führungsverhaltens an die größte Streckenzeitkonstante angepaßt. Der P-

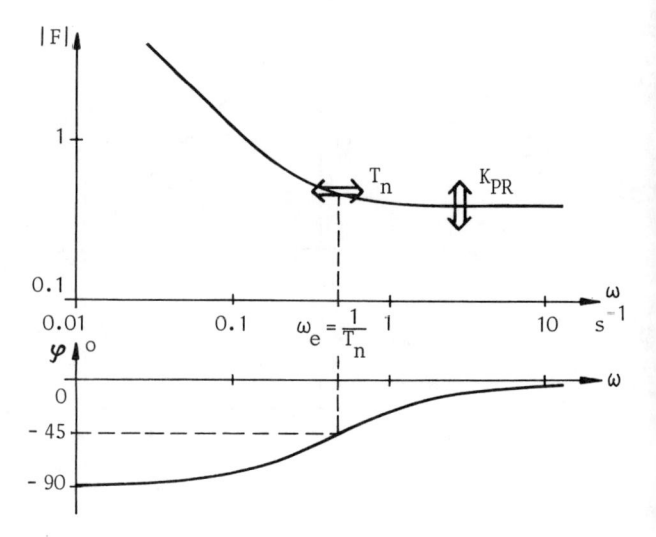

Bild 5.3.14 Frequenzkennlinien eines PI-Reglers: $F_R(j\omega) = K_{PR} \cdot (1 + 1/j\omega T_n)$

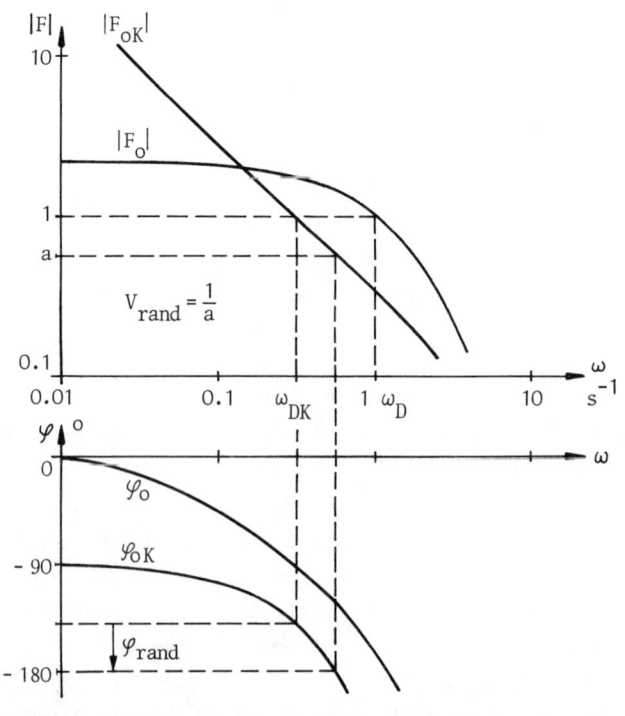

Bild 5.3.15 Entwurf eines Regelkreises mit einem PI-Regler durch Absenken der Amplitudenkennlinie

Beiwert K_{PR} wird entsprechend dem vorgegebenen Phasenrand φ_{rand} eingestellt. Die Regelgüte im Beharrungszustand ist durch das I-Verhalten des aufgeschnittenen Kreises im unteren Frequenzbereich gegeben. Durch Absenken der Amplitudenkennlinie entsprechend K_{PR} wird der geforderte Phasenrand erzeugt. Wegen der kleinen Amplitudendurchtrittsfrequenz wird sich nur ein mäßig schneller Regelvorgang ergeben.

b) Anheben der Phasenkennlinie

Ein Anheben der Phasenkennlinie eines aufgeschnittenen Regelkreises im mittleren Frequenzbereich kann z. B. bei Einsatz eines PD- oder PDT_1-Reglers an einer mit Verzögerungen behafteten, integrierend wirkenden Regelstrecke durch entsprechende Reglereinstellungen erzielt werden. Dies führt bei nahezu gleicher Amplitudendurchtrittsfrequenz zu einer Vergrößerung der Stabilitätsreserve V_{rand} und φ_{rand}, oder bei gleicher Stabilitätsreserve zu einer Erhöhung der Amplitudendurchtrittsfrequenz und damit auch der Bandbreite.

In Bild 5.3.16 sind die Frequenzkennlinien eines PDT_1-Reglers dargestellt. Die Wirkung des PDT_1-Reglers auf die Frequenzkennlinien des aufgeschnittenen Regelkreises zeigt Bild 5.3.17. Die Vorhaltzeit T_V wird meist an die größte Streckenzeitkonstante angepaßt.

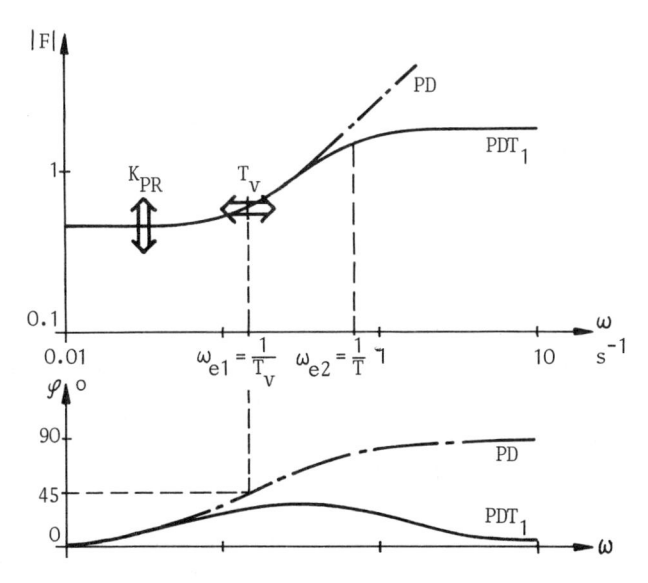

Bild 5.3.16 Frequenzkennlinien eines PD-Reglers: $F_R(j\omega) = K_{PR} \cdot (1 + j\omega T_V)$
und PDT_1-Reglers: $F_R(j\omega) = K_{PR} \cdot (1 + j\omega T_V)/(1 + j\omega T)$

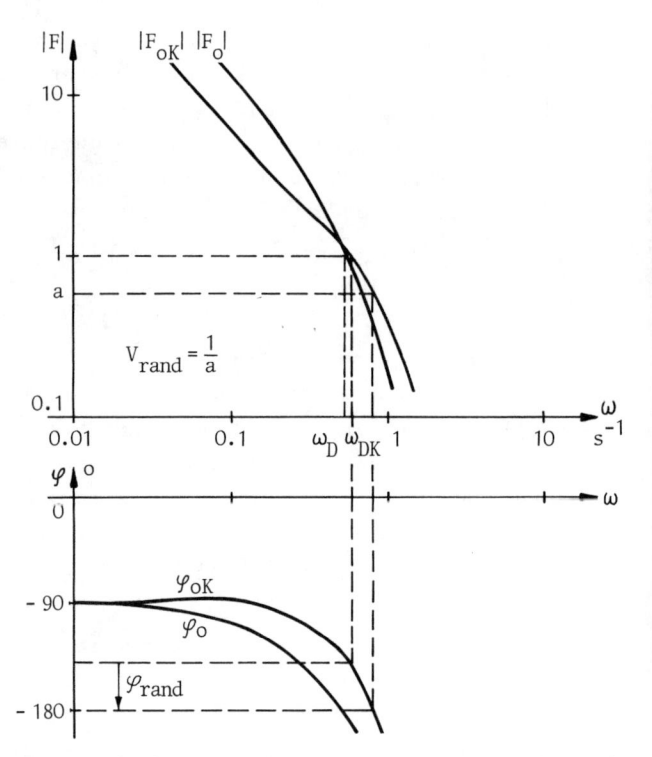

Bild 5.3.17 Entwurf eines Regelkreises mit einem PDT_1-Regler durch Anheben der Phasenkennlinie

Die parasitäre Zeitkonstante T, die gewöhnlich in einem Bereich von $0.1 \cdot T_V \leq T < T_V$ liegt, wird möglichst klein gewählt. Der P-Beiwert K_{PR} wird gemäß dem geforderten Phasenrand oder der Amplitudendurchtrittsfrequenz eingestellt.

c) Absenken der Amplitudenkennlinie und Anheben der Phasenkennlinie in verschiedenen Frequenzbereichen

Ein Absenken der Amplitudenkennlinie und ein Anheben der Phasenkennlinie in verschiedenen Frequenzbereichen kann z. B. durch Einsatz eines $PIDT_1$-Reglers an einer PT_n-Regelstrecke bei geeigneter Wahl der Reglerkennwerte erzielt werden. Der $PIDT_1$-Regler läßt sich durch Reihenschaltung eines PI- und eines PDT_1-Reglers realisieren. Durch den PI-Regler ist die Regelgüte im Beharrungszustand gewährleistet. Durch den PDT_1-Regler wird im mittleren Frequenzbereich die Phase angehoben, so daß bei nahezu gleicher Amplitudendurchtrittsfrequenz der Phasenrand vergrößert, also bei gleicher Schnelligkeit ein besser gedämpfter Einschwingvorgang als nur mit einem PI-Regler erzielt wird. Bei gleichem Phasenrand, also gleicher Dämpfung des Einschwingvorgangs, kann dafür die Amplitudendurchtrittsfrequenz nach höheren Werten verschoben werden, wodurch der Regelkreis schneller als nur bei Einsatz eines PI-Reglers einschwingt.

Die Frequenzkennlinien eines $PIDT_1$-Reglers sind in Bild 5.3.18 dargestellt. Die Wirkung des Reglers im Regelkreis zeigt Bild 5.3.19. Nachstellzeit T_n und Vorhaltzeit T_v werden an die größten Streckenzeitkonstanten angepaßt. Die parasitäre Zeitkonstante T wird möglichst klein gewählt. Der P-Beiwert K_{PR} wird durch Vorgabe des Phasenrandes oder der Amplitudendurchtrittsfrequenz ermittelt.

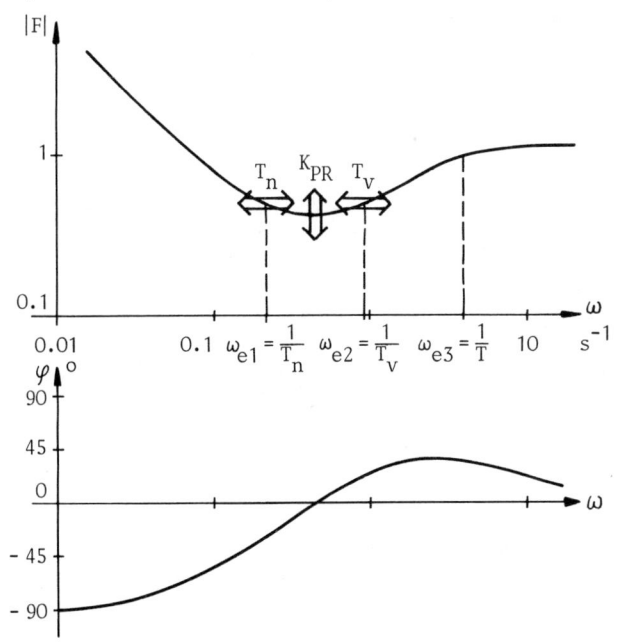

Bild 5.3.18 Frequenzkennlinien eines $PIDT_1$-Reglers:
$F_R(j\omega) = K_{PR} \cdot (1 + 1/j\omega T_n) \cdot (1 + j\omega T_v)/(1 + j\omega T)$

Als Beispiel soll nun zur Regelung einer IT_2-Regelstrecke mit dem Frequenzgang:

$$F_S(j\omega) = \frac{5}{j\omega \cdot (1 + 0.4 \cdot j\omega)^2} \qquad \omega \text{ in } s^{-1}$$

ein geeigneter Regler mit Hilfe des Frequenzkennlinienverfahrens ausgewählt und eingestellt werden, so daß der Regelkreis stabil ist und einen Phasenrand von $\varphi_{rand} = 40°$ aufweist.

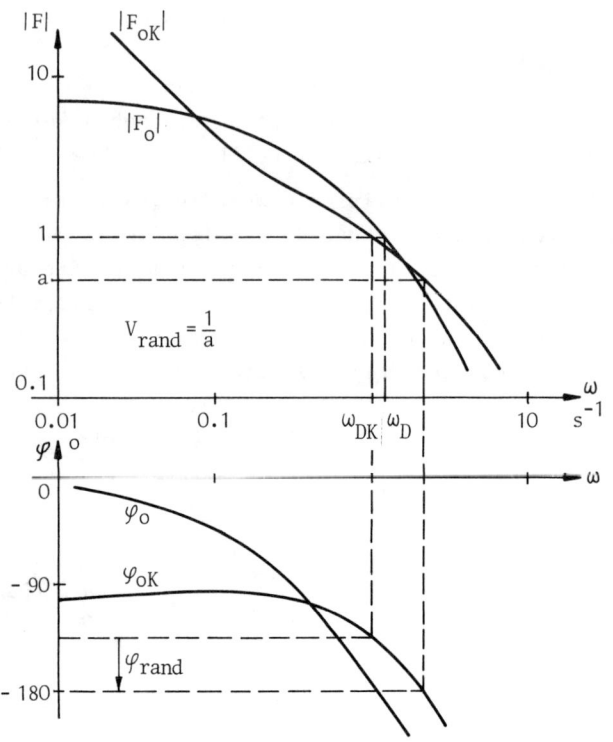

Bild 5.3.19 Entwurf eines Regelkreises mit einem $PIDT_1$-Regler

Als erster Lösungsschritt wird der Frequenzgang der Regelstrecke gezeichnet (Bild 5.3.20). Dieser ist identisch mit dem Frequenzgang eines aufgeschnittenen Regelkreises bestehend aus obiger Regelstrecke und einem P-Regler mit dem P-Beiwert $K_{PR} = 1$. Man erkennt, daß der so ausgelegte Regelkreis im geschlossenen Zustand gerade an der Stabilitätsgrenze ($V_{rand} = 1$, $\varphi_{rand} = 0$) arbeitet und Dauerschwingungen mit der kritischen Frequenz $\omega_{krit} = 2.5\ s^{-1}$, die hier gleich der Amplitudendurchtrittsfrequenz ω_D ist, ausführt. Durch Absenken der Amplitudenkennlinie mit Hilfe eines P-Reglers mit einem $K_{PR} < 1$ kann der Regelkreis stabilisiert und ein Phasenrand von $\varphi_{rand} = 40$ eingehalten werden. Aus Bild 5.3.20 ergibt sich der einzustellende P-Beiwert des Reglers zu $K_{PR\ 1} = 0.28$. Die Amplitudendurchtrittsfrequenz ist auf einen Wert von $\omega_{DK} = 1.17\ s^{-1}$ gesunken. Das Einschwingverhalten des Regelkreises wird also nur mäßig schnell sein.

Soll die Amplitudendurchtrittsfrequenz bei $\omega_D = 2.5\ s^{-1}$ bleiben, so muß die Phasenkennlinie durch Einsatz eines proportional und differenzierend wirkenden Reglers angehoben werden. Es wird ein PDT_1-Regler verwendet, dessen parasitäre Zeitkonstante $T = 0.2 \cdot T_v$ beträgt.

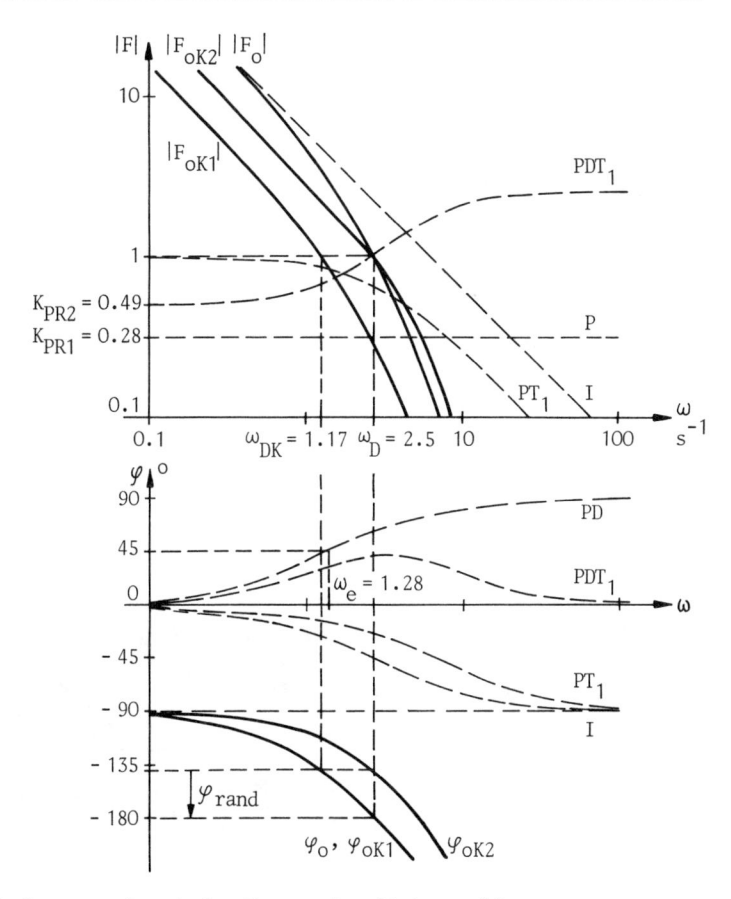

Bild 5.3.20   Reglerentwurf nach dem Frequenzkennlinienverfahren

Man zeichnet nun den prinzipiellen Verlauf der Phasenkennlinie dieses PDT_1-Reglers und verschiebt sie parallel zur φ-Achse so lange, bis sie den Gesamtphasengang bei $\omega_D = 2.5 \text{ s}^{-1}$ um 40 ° anhebt. Aus der Eckfrequenz ergibt sich die Vorhaltzeit zu $T_v = 1/\omega_e = 1/1.28 = 0.78$ s. Nun kann die Amplitudenkennlinie des PDT_1-Reglers bezüglich der Lage der Eckfrequenz gezeichnet werden. Sie wird nun so lange parallel zur ω-Achse verschoben, bis der korrigierte Gesamtamplitudengang bei $\omega_D = 2.5 \text{ s}^{-1}$ durch den Punkt 1 geht. Der einzustellende P-Beiwert des Reglers ergibt sich zu $K_{PR\,2} = 0.49$. Damit ist die Einstellung des Reglers gefunden:

$$F_R(j\omega) = 0.49 \cdot (1 + 0.78 \cdot j\omega)/(1 + 0.156 \cdot j\omega)$$

5.4 Entwurf von Regelkreisen mit schaltenden Reglern im Zeitbereich

Neben den stetig wirkenden Regeleinrichtungen werden in Regelkreisen auch nichtstetig wirkende Regler eingesetzt. Bei einem stetigen P-Regler ist jeder Regeldifferenz x_d ein bestimmter Wert der Stellgröße Δy zugeordnet (Bild 5.4.1). Die Stellgröße kann stetig von y_{min} bis y_{max} verstellt werden, was allerdings meist einen hohen gerätetechnischen Aufwand erfordert. Läßt man beim P-Regler den P-Bereich X_p gegen Null gehen, so geht der stetige Regler über in einen nichtstetigen, schaltenden Regler, der nur mehr zwei Zustände für die Stellgröße aufweist (Bild 5.4.2):

$$\Delta y = y_{min} \quad \text{für } x_d < 0$$

$$\Delta y = y_{max} \quad \text{für } x_d > 0$$

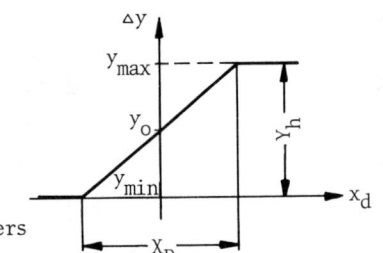

Bild 5.4.1 Kennlinie eines stetigen P-Reglers

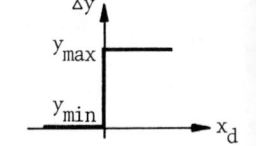

Bild 5.4.2 Kennlinie eines Zweipunktreglers

Wegen der zwei Zustände, die die Stellgröße annehmen kann, wird dieser Regler Zweipunktregler genannt. In den meisten Fällen schaltet der Regler nicht genau beim Über- oder Unterschreiten der Führungsgröße w, sondern infolge von Hysterese erst bei einer bestimmten Regeldifferenz $\pm x_L$ (Bild 5.4.3). Durch Hinzunehmen einer weiteren Schaltstufe entstehen sogenannte Dreipunktregler (Bild 5.4.4).

Neben dem reinen Schaltelement enthält die schaltende Regeleinrichtung noch einen Stellverstärker, der die zur Verstellung des Stellgliedes benötigte Energie bereitstellt. Ein solcher Verstärker ist in den meisten Fällen besonders einfach auszubilden und besteht in

Bild 5.4.3 Kennlinie eines Zweipunktreglers mit Hysterese

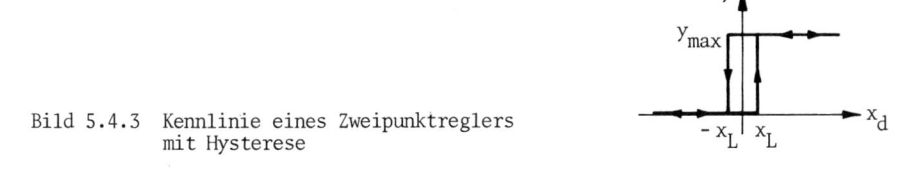

Bild 5.4.4 Kennlinie eines Dreipunktreglers mit Hysterese

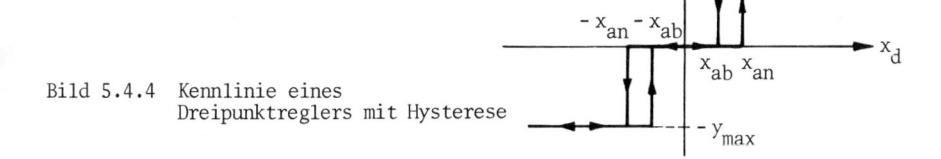

allgemeinen aus elektrischen Berührungskontakten (Relais), Stromtoren (Stromrichter), magnetischen Kippverstärkern oder mechanischen Kupplungen. Diese Stellantriebe sind gegenüber den Stellverstärkern und Stelltransformatoren bei stetigen Regelungen etwa um den Faktor 100 billiger.

Schaltende Regler wurden ursprünglich für Regelaufgaben verwendet, bei denen an das Regelverhalten und die Regelgenauigkeit keine allzu hohen Anforderungen gestellt wurden. Um die Regelgüte zu erhöhen und auch schwieriger regelbare Strecken zufriedenstellend zu regeln, wird der schaltende Regler mit einer stetigen Rückführung, meist einer PT_1-Rückführung, versehen. Mit einer solchen Rückführung weist die Regeleinrichtung dann ein quasi-stetiges Verhalten auf. Man erzielt mit einem solchen Regler dann ebenso gute Regelergebnisse wie mit einem stetigen Regler.

Ein typisches Beispiel für eine Zweipunktregelung ist die Temperaturregelung eines Bügeleisens. Ihr gerätetechnischer Aufbau ist in Bild 5.4.5 dargestellt. Mit wachsender Temperatur verbiegt sich der Bimetallstreifen, bis beim Überschreiten des eingestellten Temperatursollwertes der Kontakt öffnet. Dadurch wird der Strom und die Heizleistung abgeschaltet, so daß die Temperatur des Bügeleisens wieder absinkt. Auch der Bimetallstreifen kühlt sich ab und geht in seine ursprüngliche Lage zurück. Dabei schaltet er den Kontakt und die Heizung wieder ein und das Spiel beginnt von neuem. Die Temperatur des Bügeleisens wird durch diese Regelung nicht auf einem festen Wert konstant gehalten. Sie führt im Beharrungszustand eine

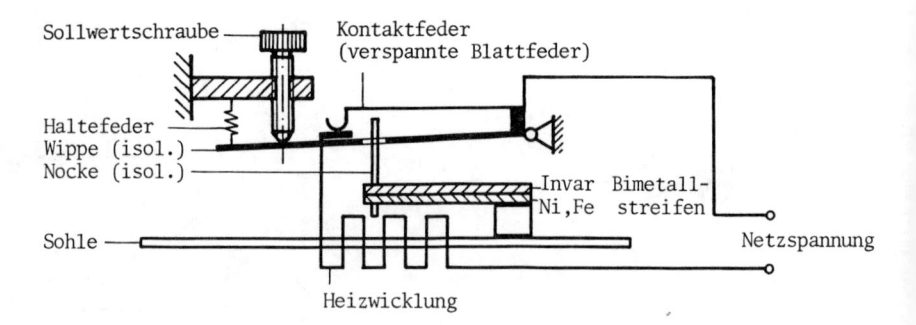

Bild 5.4.5 Gerätetechnische Darstellung der Temperaturregelung eines Bügeleisens

Dauerschwingung um die Führungsgröße aus. Da diese Schwingung zum ordnungsgemäßen Arbeiten des Regelkreises gehört, wird sie Arbeitsbewegung genannt. Die Daten der Arbeitsbewegung, die sich im Zeitbereich leicht ermitteln lassen, sind kennzeichnend für den Regelvorgang.

Der Temperaturregelkreis besteht also aus einem linearen Streckenteil und einem Schalter als Regler (Bild 5.4.6). Wegen der Nichtlinearität des Reglers kann der Regelkreis nicht durch Aufstellen der Differentialgleichung geschlossen berechnet werden. Der Regelvorgang läßt sich aber im Zeitbereich grafisch analysieren und näherungsweise berechnen, da der Regelkreis stückweise linear arbeitet (Superposition).

Im folgenden soll das Zusammenwirken von schaltenden Reglern mit verschiedenen Regelstrecken untersucht werden.

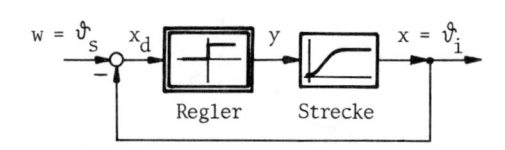

Bild 5.4.6 Signalflußplan des Temperaturregelkreises

5.4.1 Zweipunktregler ohne Hysterese an einer $PT_1 T_t$-Regelstrecke

Für den in Bild 5.4.7 dargestellten Regelkreis bestehend aus einer $PT_1 T_t$-Regelstrecke mit den Kenngrößen K_{PS}, T_t und T_S und einem hysteresefreien Zweipunktregler mit unsymmetrischer Kennlinie der Amplitude m werden an Hand des Führungsverhaltens seine Arbeitsweise

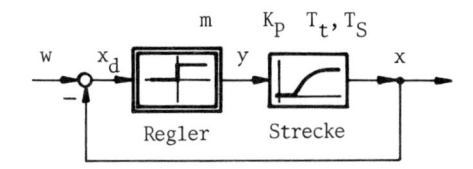

Bild 5.4.7 Regelkreis

aufgezeigt und die Kenngrößen der Arbeitsbewegung im Beharrungszustand ermittelt. Der P-Beiwert $K_{P\,St}$ des Stellverstärkers und der P-Beiwert K_{PS} der Strecke ergeben die resultierende Verstärkung $K_P = K_{P\,St} \cdot K_{PS}$.

5.4.1.1 Führungsverhalten

Das Führungsverhalten des Regelkreises beim Anfahren zeigt Bild 5.4.8. Zum Zeitpunkt t = 0 wird eine sprungförmige Führungsgröße w aufgeschaltet, während die Regelgröße x noch Null ist. Im Vergleicher wird die Regeldifferenz x_d gebildet und da $x_d > 0$ ist, nimmt die Ausgangsgröße y des Zweipunktreglers den Zustand $y = y_{max} = m$ ein. Nach Ablauf der Totzeit T_t steigt die Regelgröße x gemäß einer Exponentialfunktion mit der Zeitkonstanten T_S an. Erreicht die Regelgröße x den Wert der Führungsgröße w, so schaltet der Regler ab. Seine Ausgangsgröße ist dann y = 0. Wegen der Totzeit der Regelstrecke steigt die Regelgröße jedoch noch weiter an und sinkt dann nach Ablauf der Totzeit wieder exponentiell ab. Beim Unterschreiten der Führungsgröße wird der Regler wieder eingeschaltet und das Regelspiel beginnt von neuem. Die Regelgröße führt also eine Arbeitsbewegung um den Sollwert aus. Als Stellgröße y tritt die im Bild 5.4.8 gezeichnete Impulsfolge auf. Beim schaltenden Regler wird also eine Stellgröße mit konstanter Amplitude $y_{max} = m$ verschieden lang und häufig eingeschaltet (Impulsbreiten- und Impulsfrequenzmodulation), während beim stetigen Regler eine Stellgröße mit veränderlicher Amplitude dauernd eingeschaltet bleibt (Amplitudenmodulation). Die auf die Regelstrecke einwirkende effektive Stellgröße, der Stellgrad $\bar{y}$, ergibt sich aus dem Mittelwert der Impulse zu:

$$(5.4.1) \quad \bar{y} = \frac{t_E}{t_E + t_A} \cdot m$$

wobei t_E die Dauer der Einschaltzeit und t_A die der Ausschaltzeit ist.

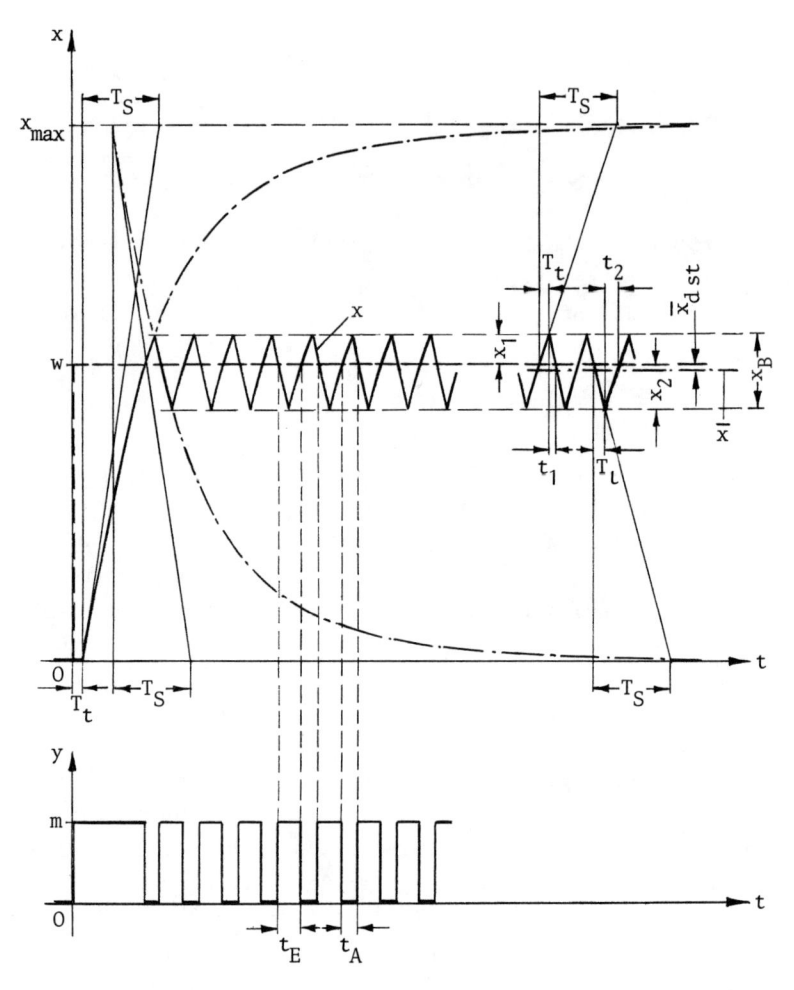

Bild 5.4.8 Führungsverhalten eines Regelkreises mit einer PT_1T_t-Strecke und einem Zweipunktregler ohne Hysterese

5.4.1.2 Kenngrößen der Arbeitsbewegung

Die Kenngrößen der Arbeitsbewegung im Beharrungszustand sind die Schwankungsbreite x_B der Regelgröße, die Periodendauer τ_S und der Mittelwert $\bar{x}$. Die Schwankungsbreite x_B und der Mittelwert $\bar{x}$ der Schwingung, bzw. die mittlere bleibende Regeldifferenz $\bar{x}_{d\,st}$ sind Kriterien für die Regelgüte. Die Periodendauer τ_S bzw. die Schaltfrequenz $f_S = 1/\tau_S$ sind u. U. maßgebend für die Lebensdauer des Schaltgliedes.

Die auf- und absteigenden Äste der Arbeitsbewegung sind nach Bild 5.4.8 Exponentialfunktionen. Werden sie durch Gerade angenähert, so ergeben sich aufgrund ähnlicher Dreiecke die folgenden Beziehungen für die Kenngrößen der Arbeitsbewegung.

a) Schwankungsbreite

Für die Schwankungsbreite x_B gilt:

$$x_B = x_1 + x_2$$

Da:

$$x_1 = \frac{T_t}{T_S} \cdot (x_{max} - w)$$

und:

$$x_2 = \frac{T_t}{T_S} \cdot w$$

folgt für die Schwankungsbreite:

(5.4.2) $\quad x_B = \dfrac{T_t}{T_S} \cdot x_{max} = \dfrac{T_t}{T_S} \cdot K_P \cdot m$

mit $x_{max} = K_P \cdot y_{max} = K_P \cdot m$. Die Schwankungsbreite x_B ist also umso kleiner, je kleiner die Totzeit ist. Falls keine Totzeit vorhanden ist und der Schalter hysteresefrei arbeitet, geht die Schwankungsbreite nach Null. Die Schwankungsbreite ist ferner direkt proportional dem P-Beiwert K_P von Strecke und Leistungsstellglied und der Schaltamplitude m, sowie umgekehrt proportional der Streckenzeitkonstante T_S. Die Schwankungsbreite ist aber unabhängig von der Führungsgröße w.

b) Schaltzeiten

Nach Bild 5.4.8 gilt:

$$t_E = T_t + t_2$$

Mit:

$$t_2 = \frac{x_2}{x_{max} - w} \cdot T_S = T_t \cdot \frac{w}{x_{max} - w}$$

ergibt sich für die Dauer der Einschaltzeit:

(5.4.3). $\quad t_E = T_t + T_t \cdot \dfrac{w}{x_{max} - w} = \dfrac{T_t}{1 - w/x_{max}}$

Für die Dauer der Ausschaltzeit t_A gilt:

$$t_A = T_t + t_1$$

Mit:

$$t_1 = \frac{x_1}{w} \cdot T_S = T_t \cdot (\frac{1}{w/x_{max}} - 1)$$

folgt:

(5.4.4) $\quad t_A = T_t + T_t \cdot (\frac{1}{w/x_{max}} - 1) = \frac{T_t}{w/x_{max}}$

Die Schaltzeiten sind direkt proportional der Totzeit und abhängig vom Verhältnis w/x_{max}. Das Verhältnis η der Schaltzeiten berechnet sich zu:

(5.4.5) $\quad \eta = \frac{t_E}{t_A} = \frac{1}{x_{max}/w - 1}$

Es ist nur abhängig vom Verhältnis x_{max}/w und unabhängig von der Totzeit oder der Zeitkonstanten der Regelstrecke.

c) Periodendauer

Für die Periodendauer τ_S gilt:

(5.4.6) $\quad \tau_S = t_E + t_A = \frac{T_t}{(w/x_{max}) \cdot (1 - w/x_{max})}$

Die Periodendauer ist unabhängig von der Zeitkonstanten T_S der Regelstrecke.

Die Abhängigkeit der Periodendauer, der Einschaltzeit und der Ausschaltzeit vom Verhältnis w/x_{max} ist in Bild 5.4.9 dargestellt. Mit steigendem w/x_{max} steigt die Einschaltzeit monoton an, während die Ausschaltzeit monoton abfällt. Für $w/x_{max} = 0.5$ sind die Schaltzeiten gleich groß und die Periodendauer ein Minimum.

Die Schaltfrequenz f_S ist gleich der reziproken Periodendauer:

(5.4.7) $\quad f_S = \frac{1}{\tau_S} = \frac{(w/x_{max}) \cdot (1 - w/x_{max})}{T_t}$

Je kleiner T_t ist, desto kleiner wird nach Gleichung (5.4.2) die Schwankungsbreite der Regelgröße und desto größer wird nach Gleichung (5.4.7) die Schaltfrequenz. Eine höhere Regelgüte wird also

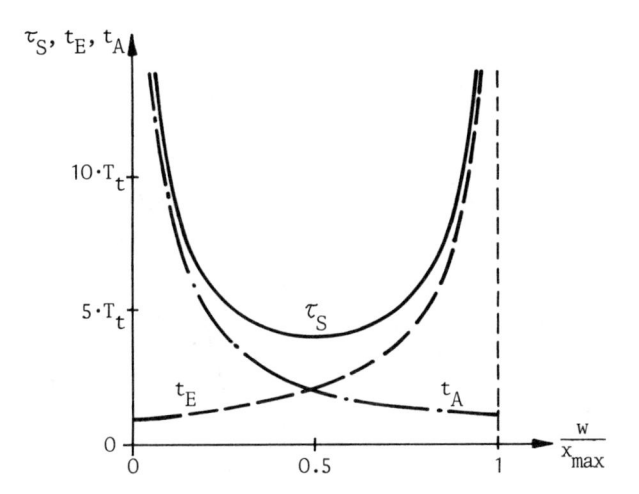

Bild 5.4.9 Abhängigkeit der Periodendauer und der Schaltzeiten vom Verhältnis w/x_{max}

durch häufigeres Schalten erkauft, was die Lebensdauer der dem Verschleiß unterworfenen Schaltglieder nachteilig beeinflussen und den Einsatz elektronischer Schalter erfordern kann.

d) Mittlere bleibende Regeldifferenz

Wie aus Bild 5.4.8 zu ersehen ist, ist der Mittelwert $\bar{x}$ der Regelgröße nicht gleich der Führungsgröße w, so daß eine bleibende Regeldifferenz $\bar{x}_{d\,st}$ im Mittel auftritt. Sie ergibt sich zu:

$$\bar{x}_{d\,st} = w - \bar{x}$$

(5.4.8) $\qquad \bar{x}_{d\,st} = \dfrac{T_t}{T_S} \cdot (w - x_{max}/2)$

Die mittlere bleibende Regeldifferenz ist umso kleiner, je kleiner die Totzeit ist. Sie ist positiv für $w > x_{max}/2$ und negativ für $w < x_{max}/2$. Sie wird Null für $w = x_{max}/2$, wenn die Führungsgröße also in der Mitte des Regelbereiches liegt (Bild 5.4.10).

e) Stellgrad

Der Stellgrad ergibt sich hier zu:

(5.4.9) $\qquad \bar{y} = \dfrac{t_E}{t_E + t_A} \cdot m = \dfrac{w}{x_{max}} \cdot m$

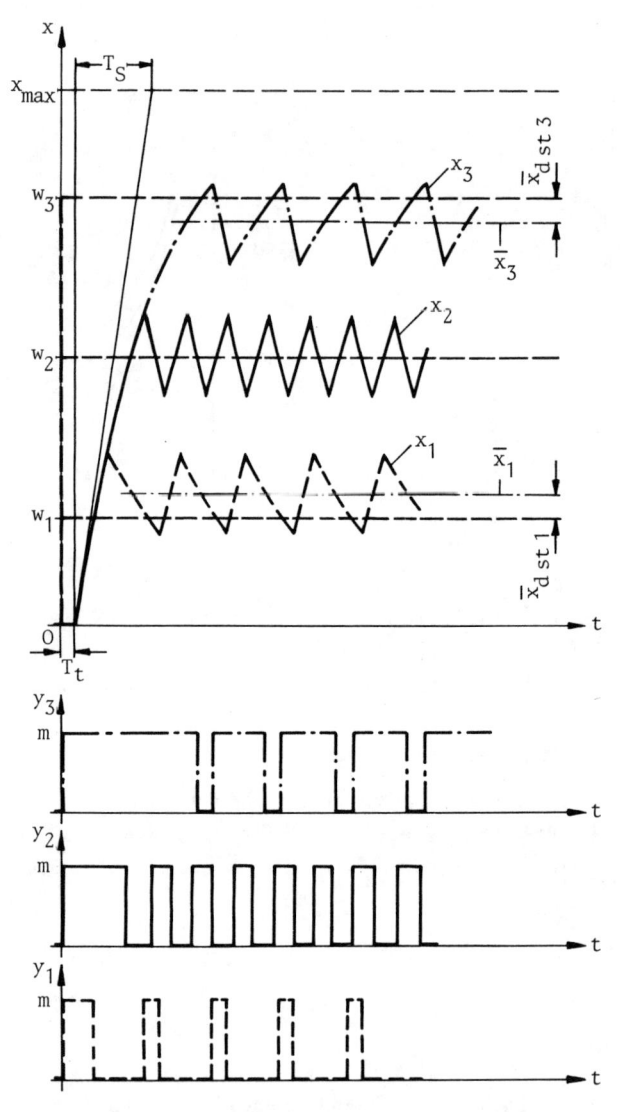

Bild 5.4.10 Verlauf der Regelgröße und der Stellgröße in Abhängigkeit von der Führungsgröße

Er ist also proportional dem Verhältnis w/x_{max}.

Für den Sonderfall $w = x_{max}/2$ sind die Schaltzeiten gleich groß: $t_E = t_A = 2 \cdot T_t$. Die Periodendauer wird zum Minimum: $T_S = 4 \cdot T_t$. Die mittlere bleibende Regeldifferenz verschwindet: $\overline{x}_{d\,st} = 0$. Der Stellgrad ist $\overline{y} = m/2$. Es ist also günstig, durch Einstellung des P-Beiwertes des Stellverstärkers die Zweipunktregelung so auszulegen, daß $w/x_{max} = 0.5$ ist. Das bedeutet, daß das Stellglied doppelt soviel Energie schalten muß, wie zum Erreichen des Sollwerts gerade nötig wäre. In diesem Fall ist dann die Regelgüte am größten, da die mittlere bleibende Regeldifferenz $\bar{x}_{d\,st} = 0$ und die Schaltfrequenz mit $f_S = 0.25/T_t$ ein Maximum ist. Als zweckmäßiger Arbeitsbereich einer Zweipunktregelung kann angesehen werden: $0.2 < w/x_{max} < 0.8$.

In einem Beispiel soll die Temperatur eines Tiefofens mit einem hysteresefreien Zweipunktregler auf einem Sollwert von $w = 650\ °C$ gehalten werden. Beim Verstellen der Stellgröße um den vollen Stellbereich wurden der Sprungantwort der Regelgröße folgende Daten entnommen:

Anfangstemperatur	$\vartheta(0)$	$= 0\ °C$
Endtemperatur	$\vartheta(\infty)$	$= 1300\ °C$
Totzeit	T_t	$= 1$ min
Zeitkonstante	T_S	$= 40$ min

Gesucht sind die Kennwerte der Arbeitsbewegung.

Als Schwankungsbreite x_B für die Temperatur stellt sich ein:

$$x_B = \frac{T_t}{T_S} \cdot x_{max} = \frac{1}{40} \cdot (1300 - 0) = 32.5\ K$$

Die Schwankungen bezogen auf den Sollwert betragen also nur $\pm 2.5\ \%$. Die Dauer der Einschaltzeit ergibt sich zu:

$$t_E = \frac{T_t}{1 - w/x_{max}} = \frac{1}{1 - 650/1300} = 2.0\ min$$

und die der Ausschaltzeit zu:

$$t_A = \frac{T_t}{w/x_{max}} = \frac{1}{650/1300} = 2.0\ min$$

Das Verhältnis der Schaltzeiten ist also $\eta = 1$. Die Periodendauer beträgt:

$$\tau_S = t_E + t_A = 4.0\ min$$

Die mittlere bleibende Regeldifferenz ist:

$$\bar{x}_{d\,st} = \frac{T_t}{T_S} \cdot (w - x_{max}/2) = 0$$

und der Stellgrad:

$$\bar{y} = \frac{w}{x_{max}} \cdot m = \frac{650}{1300} \cdot m = 0.5 \cdot m$$

Soll ein Sollwert von w = 800 °C eingehalten werden, so ergeben sich die Schaltzeiten zu t_E = 2.6 min und t_A = 1.625 min. Ihr Verhältnis beträgt η = 1.6. Die Periodendauer steigt auf τ_S = 4.225 min. Die nun auftretende mittlere bleibende Regeldifferenz ist $\bar{x}_{d\,st}$ = 3.75 K, der Stellgrad $\bar{y}$ = 0.615·m.

5.4.2 Zweipunktregler ohne Hysterese an einer IT_t-Regelstrecke

Der Zweipunktregler wird auch zur Regelung von Strecken mit integrierendem Verhalten, wir z. B. für Höhenstandregelstrecken, eingesetzt. Enthält die Regelstrecke außer dem I-Glied noch eine Verzugszeit und/oder eine Zeitkonstante, so kann die Strecke durch eiIT_t-Verhalten angenähert werden. Bild 5.4.11 zeigt einen Regelkrei mit einem Zweipunktregler ohne Hysterese und einer IT_t-Regelstreck Dabei bedeuten x die Regelgröße Behälterhöhenstand, y die Stellgrö ße Behälterzufluß und z die Störgröße Behälterabfluß.

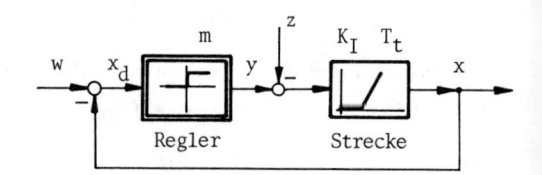

Bild 5.4.11 Regelkreis

5.4.2.1 Führungsverhalten

Das Führungsverhalten des Regelkreises bei Anwesenheit einer konstanten Störung z ist in Bild 5.4.12 dargestellt. Für den zeitlich Anstieg der Regelgröße gilt:

(5.4.10) $\quad \frac{dx(t)}{dt} = K_I \cdot y(t-T_t) - K_I \cdot z(t-T_t)$

Er ergibt sich also aus der Differenz zwischen Zufluß y und Abfluß z. K_I ist der Integrierbeiwert der Anordnung, der durch die Behälterabmessungen und den Stellverstärker bestimmt wird.

Erreicht beim Anfahren des Regelkreises die Regelgröße, die sich mit der Geschwindigkeit $\dot{x}_{auf}$ = $K_I \cdot (y - z)$ ändert, den Sollwert, so wird das Zuflußventil geschlossen. Der Stand steigt aber wegen der

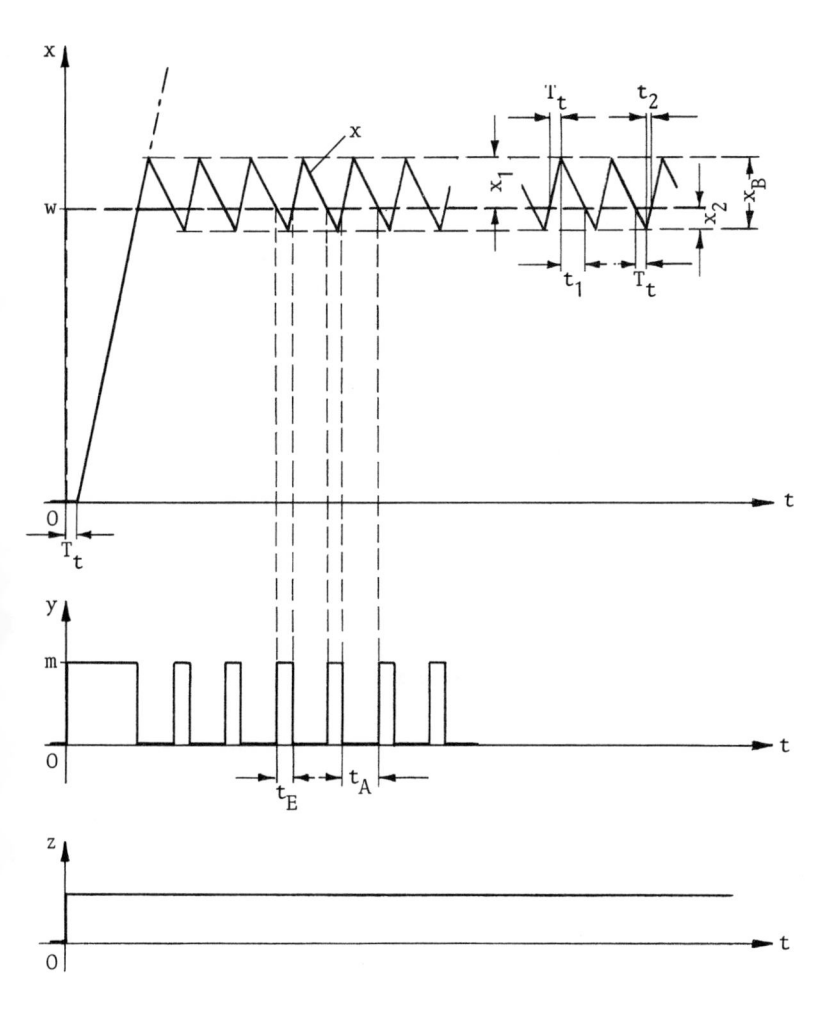

Bild 5.4.12 Führungsverhalten eines Regelkreises mit einer IT_t-Strecke und einem Zweipunktregler ohne Hysterese

Totzeit weiter an. Dann fällt die Regelgröße mit der Geschwindigkeit $\dot{x}_{ab} = K_I \cdot z$ ab. Beim Unterschreiten des Sollwertes wird das Zuflußventil wieder voll geöffnet. Der Stand fällt wegen der Totzeit aber noch weiter ab, steigt dann wieder und das Spiel beginnt von neuem.

5.4.2.2 Kenngrößen der Arbeitsbewegung

Aus Bild 5.4.12 ergeben sich die Kenngrößen der Arbeitsbewegung im Beharrungszustand.

Für die Schwankungsbreite gilt:

(5.4.11) $\quad x_B = x_1 + x_2 = T_t \cdot \dot{x}_{auf} + T_t \cdot \dot{x}_{ab} = T_t \cdot K_I \cdot m$

Die Dauer der Einschaltzeit beträgt:

(5.4.12) $\quad t_E = T_t + t_2 = T_t + x_2/\dot{x}_{auf} = \dfrac{T_t}{1 - z/m}$

und die der Ausschaltzeit:

(5.4.13) $\quad t_A = T_t + t_1 = T_t + x_1/\dot{x}_{ab} = \dfrac{T_t}{z/m}$

Für das Verhältnis der Schaltzeiten gilt:

(5.4.14) $\quad \eta = \dfrac{t_E}{t_A} = \dfrac{1}{m/z - 1}$

Die Periodendauer berechnet sich zu:

(5.4.15) $\quad \tau_S = t_E + t_A = \dfrac{T_t}{(z/m) \cdot (1 - z/m)}$

Die mittlere bleibende Regeldifferenz ermittelt sich zu:

(5.4.16) $\quad \overline{x}_{d\,st} = w - \overline{x} = \dfrac{x_B}{2} - x_1 = T_t \cdot K_I \cdot (z - \dfrac{m}{2})$

Der Stellgrad beträgt:

(5.4.17) $\quad \overline{y} = \dfrac{t_E}{t_E + t_A} \cdot m = z$

5.4.3 Zweipunktregler mit Hysterese an einer PT$_1$-Regelstrecke

Da Zweipunktschalter meist mit einer Hysterese behaftet sind, soll nun das Verhalten eines Regelkreises mit einer PT$_1$-Regelstrecke und einem Zweipunktregler mit Hysterese (Bild 5.4.13) untersucht werden.

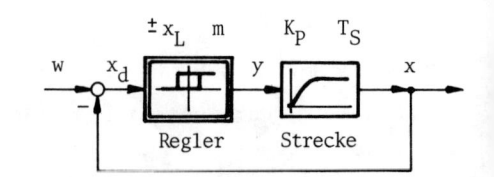

Bild 5.4.13 Regelkreis

5.4.3.1 Führungsverhalten

In Bild 5.4.14 ist das Führungsverhalten des Regelkreises beim Anfahren dargestellt, wobei angenommen wurde, daß eine Führungsgröße $w > x_L$ aufgeschaltet wird. Der Regler schaltet seine Ausgangsgröße $y = m$ ein. Die Regelgröße x steigt nach einer Exponentialfunktion mit der Zeitkonstante T_S an. Hat die Regelgröße den Wert $w + x_L$ erreicht, so schaltet der Regler ab. Die Regelgröße sinkt sofort ab, bis nach Verminderung um $2 \cdot x_L$ der Regler wieder einschaltet. Die Regelgröße steigt und fällt also zwischen $w \pm x_L$.

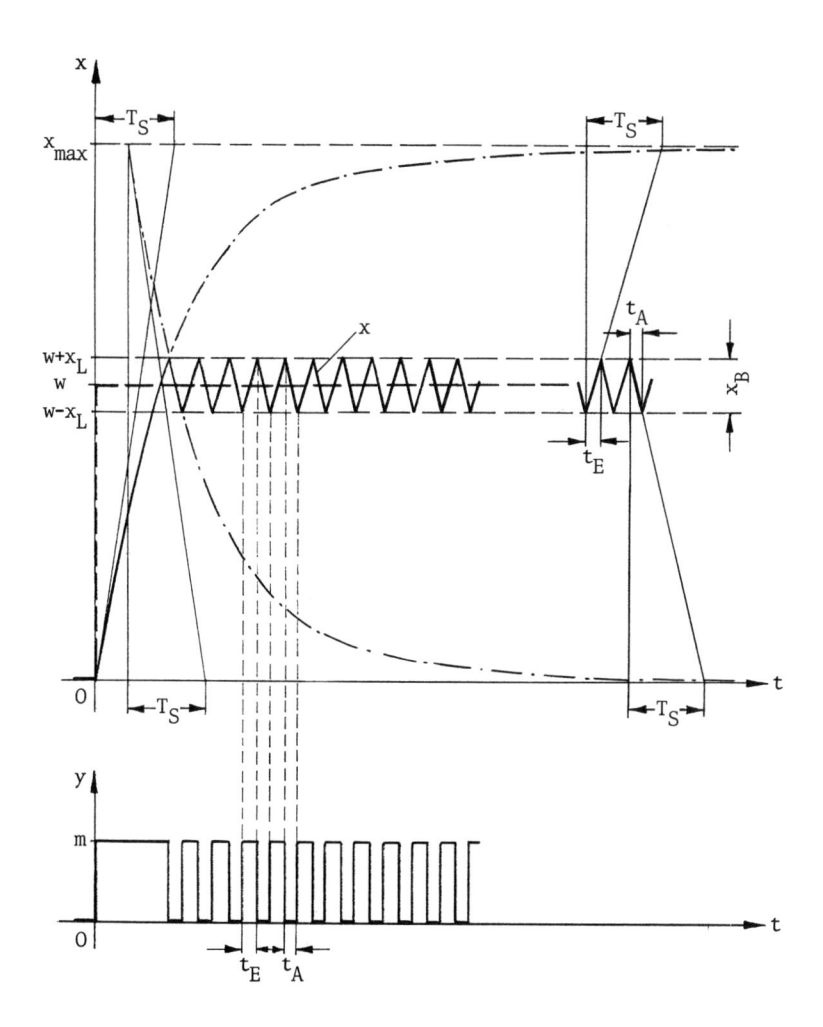

Bild 5.4.14 Führungsverhalten eines Regelkreises mit einer PT_1-Strecke und einem Zweipunktregler mit Hysterese

5.4.3.2 Kenngrößen der Arbeitsbewegung

Aus Bild 5.4.14 ergeben sich die Kenngrößen der Arbeitsbewegung im Beharrungszustand.

Die Schwankungsbreite x_B ist gleich der Hysteresebreite des Zweipunktgliedes:

(5.4.18) $\quad x_B = 2 \cdot x_L$

Eine hohe Regelgüte erfordert also eine kleine Hysteresebreite.

Nähert man wegen $x_L \ll x_{max}$ den exponentiellen Verlauf der Regelgröße innerhalb der Schaltzeiten durch Gerade an, dann gilt für die Einschaltzeit:

(5.4.19) $\quad t_E = \dfrac{2 \cdot x_L}{x_{max} - (w - x_L)} \cdot T_S \approx \dfrac{2 \cdot x_L \cdot T_S}{x_{max} - w}$

und die Ausschaltzeit:

(5.4.20) $\quad t_A = \dfrac{2 \cdot x_L}{w + x_L} \cdot T_S \approx \dfrac{2 \cdot x_L \cdot T_S}{w}$

Die Periodendauer ist dann:

(5.4.21) $\quad \tau_S = t_E + t_A \approx \dfrac{2 \cdot x_L \cdot T_S}{w \cdot (1 - w/x_{max})}$

Läßt man, um die Schwankungsbreite zu verkleinern und die Regelgüte zu erhöhen, die Hysteresebreite $2 \cdot x_L$ sehr klein werden, so wächst die Schaltfrequenz $f_S = 1/\tau_S$ sehr stark an, was nur bei Verwendung rein elektronischer Geräte zulässig ist.

Die mittlere bleibende Regeldifferenz ergibt sich zu:

(5.4.22) $\quad \overline{x}_{d\,st} = w - \overline{x}$

Sie ist positiv für $w < x_{max}/2$, negativ für $w > x_{max}/2$ und gleich Null für $w = x_{max}/2$.

Der Stellgrad beträgt:

(5.4.23) $\quad \overline{y} = \dfrac{t_E}{t_E + t_A} \cdot m \approx \dfrac{w}{x_{max}} \cdot m$

5.4.4 Zweipunktregler mit Hysterese an einer PT_n-Regelstrecke

Zweipunktregler mit Hysterese können auch an proportionalen Regelstrecken mit Verzögerungen höherer Ordnung (Bild 5.4.15) eingesetzt werden, wenn keine allzu hohen Anforderungen an die Regelgüte gestellt werden. Bild 5.4.16 zeigt das Führungsverhalten des Regelkreises. Der Verlauf der Regelgröße ergibt sich durch Superposition der Teilvorgänge gemäß der auf die Strecke aufgeschalteten Folge von Sprungfunktionen. Die Regelgröße führt um den Sollwert eine Arbeitsbewegung aus, die wegen der Siebwirkung (Unterdrückung der Oberwellen) der PT_n-Strecke nahezu sinusförmig ist. Wegen der großen Schwankungsbreite und der kleinen Schaltfrequenz ist die Regelgüte nicht groß.

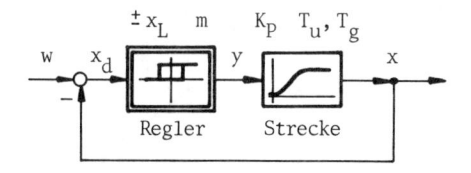

Bild 5.4.15 Regelkreis

Um die Schwankungsbreite zu verringern und damit die Regelgüte zu verbessern, erhöht man künstlich die Schaltfrequenz des Zweipunktreglers dadurch, daß man ihm, ähnlich wie bei stetigen Regelverstärkern, durch Einbau einer einstellbaren Rückführung ein bestimmtes Zeitverhalten gibt.

5.4.5 Zweipunktregler mit Hysterese und PT_1-Rückführung

Um dem Zweipunktregler ein gewünschtes Zeitverhalten mit Vorhaltwirkung zu geben, wird das Schaltglied mit einer PT_1-Rückführung versehen (Bild 5.4.17). Für die Eingangsgröße x_e des Schaltgliedes gilt:

$$x_e = x_d - x_r = w - x - x_r = w - (x + x_r)$$

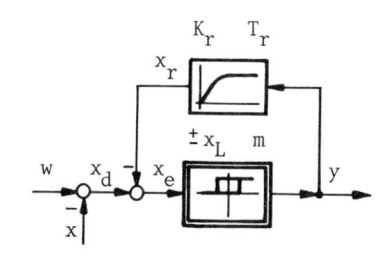

Bild 5.4.17 Zweipunktregler mit Hysterese und PT_1-Rückführung

238   5. Entwurf von Regelkreisen

Durch Addition der Rückführgröße x_r zur Regelgröße x wird das Erreichen der Führungsgröße w vorgetäuscht, noch bevor die Regelgröße selbst die Führungsgröße erreicht hat. Dadurch erhält das Zweipunktglied über die Rückführung früher als über die Regelstrecke den Befehl zum Umschalten. Es vollzieht sich also ein schnellerer Wechsel zwischen dem Ein- und Ausschalten. Die Schaltfrequenz wird erhöht und die Schwankungsbreite verkleinert.

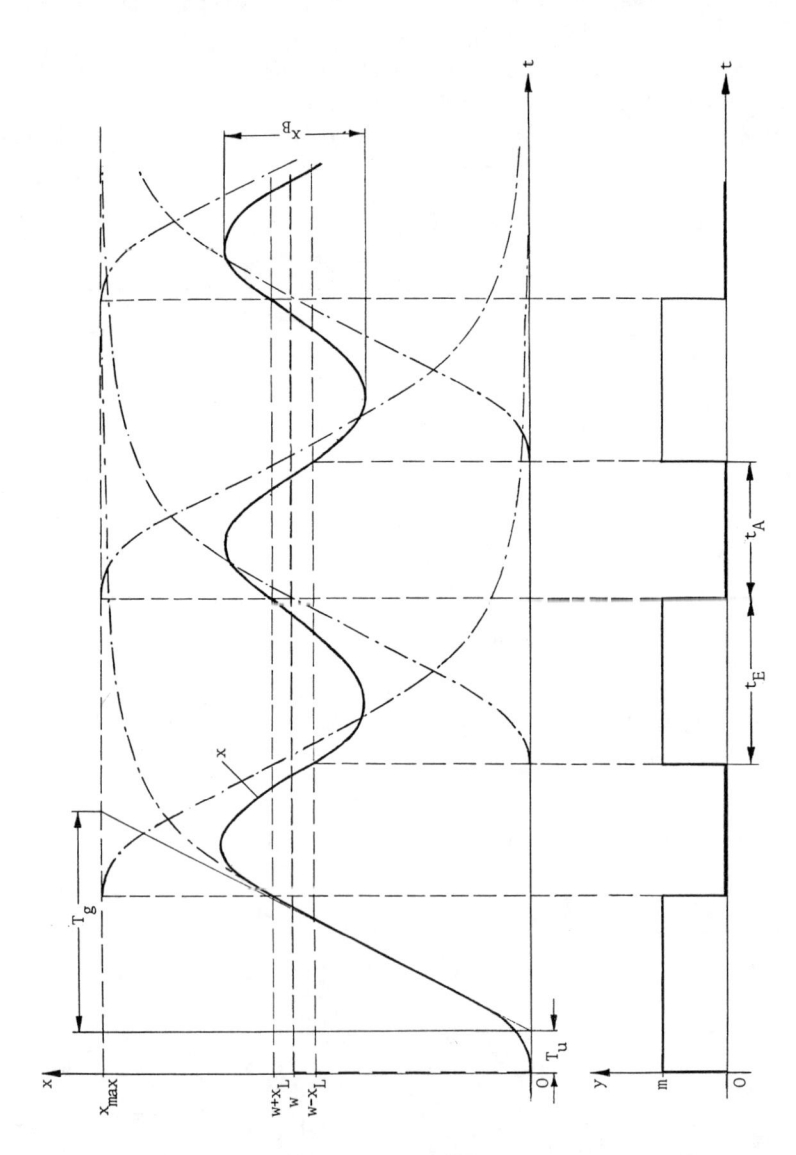

Bild 5.4.16 Führungsverhalten eines Regelkreises mit einer PT_n-Strecke und einem Zweipunktregler mit Hysterese

5.4.5.1 Übergangsverhalten des Reglers

Prinzipiell unterscheidet sich das Verhalten eines Zweipunktreglers mit PT_1-Rückführung nicht von dem Verhalten eines Zweipunktreglers ohne Rückführung an einer PT_1-Regelstrecke (vergl. Abschnitt 5.4.3). Lediglich die Eingangsgrößen sind in ihrer Bedeutung verändert. Bild 5.4.18 zeigt für eine sprungförmige Regeldifferenz x_d das Übergangs-

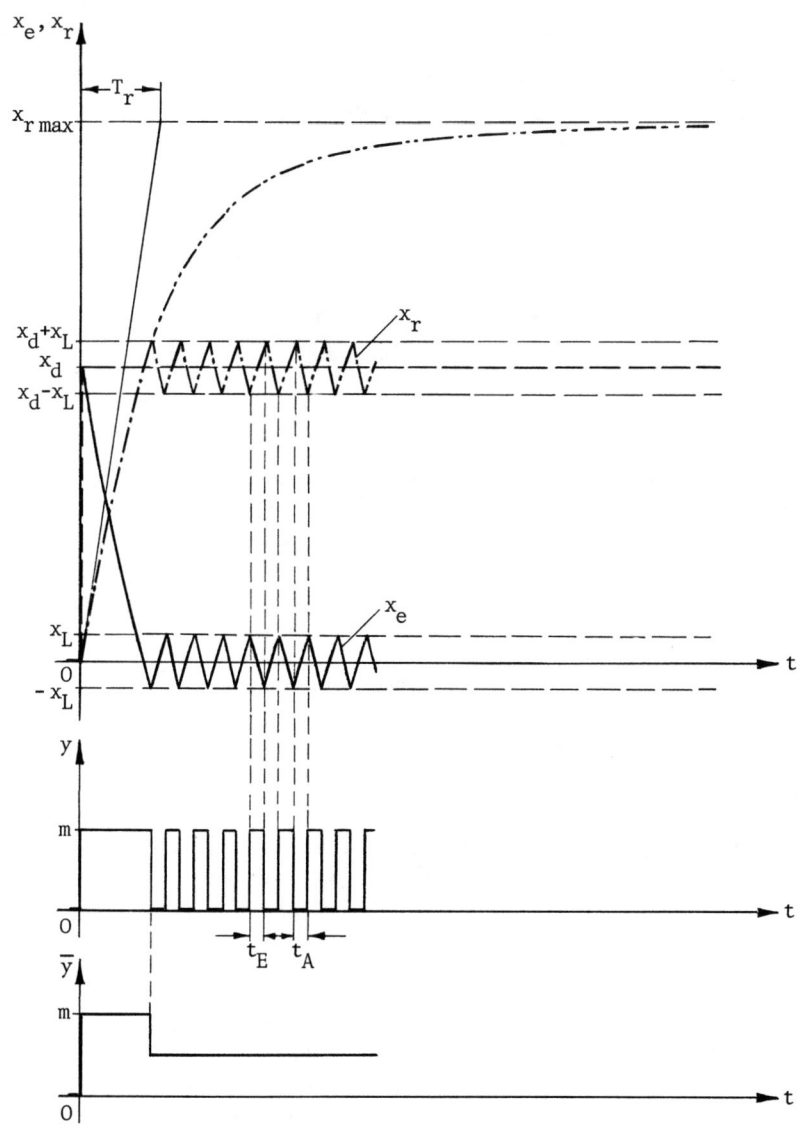

Bild 5.4.18 Übergangsverhalten eines Zweipunktreglers mit Hysterese und PT_1-Rückführung

verhalten des Reglers auf. Im Einschaltaugenblick ist die Eingangsgröße x_e des Zweipunktgliedes gleich der Regeldifferenz x_d. Es wird y = m eingeschaltet und gleichzeitig die Rückführung aufgeladen. Die Ausgangsgröße x_r der Rückführung steigt mit fortschreitender Zeit nach einer Exponentialfunktion an. Dadurch sinkt x_e ab, bis das Zweipunktglied wieder abschaltet. Nach dem Abschalten fällt x_r wieder ab. Damit steigt x_e bis zum Einschaltpunkt an und der Vorgang wiederholt sich von neuem. Die Größe x_r schwingt zwischen den Werten $x_d + x_L$ und $x_d - x_L$ hin und her, die Größe x_e zwischen x_L und $-x_L$.

In Bild 5.4.18 ist auch der Verlauf der Schaltimpulse dargestellt. Die wirksame Stellgröße $\bar{y}$ ist gleich dem Mittelwert der Impulse. Sie ist ähnlich der Sprungantwort eines PD-Reglers. Bei hinreichend großer Schaltfrequenz kann man also das Verhalten eines Zweipunktreglers mit PT_1-Rückführung gleichsetzen dem Verhalten eines stetigen PD-Reglers. Wie beim stetigen PD-Regler kann man beim Zweipunktregler mit Rückführung Reglerkenngrößen definieren. Sie sind bestimmend für das Verhalten des Reglers an einer Regelstrecke. Der P-Bereich X_P ergibt sich aus dem Endwert der Rückführgröße zu:

(5.4.24) $\quad X_P = x_{r\,max} = K_r \cdot m$

Die Vorhaltzeit T_v ist wie beim stetigen Regler gleich der Zeitkonstanten der Rückführung:

(5.4.25) $\quad T_v = T_r$

5.4.5.2 Arbeitsweise im Regelkreis und Einstellung der Reglerkennwerte

Setzt man einen Zweipunktregler mit Hysterese und PT_1-Rückführung in einem Regelkreis ein, so ergibt sich für eine sprungförmige Störgröße z_y der in Bild 5.4.19 gezeigte Verlauf der Regelgröße x. Man erkennt, daß dem Einschwingvorgang der Regelgröße, der analog wie bei Regelung mit einem stetigen Regler abläuft, eine Arbeitsbewegung infolge des Zweipunktverhaltens überlagert ist. Diese ist auch im Beharrungszustand vorhanden, wenn der eigentliche Regelvorgang beendet ist. Der Einschwingvorgang läßt sich, wie beim stetigen Regler durch Einstellung der Reglerkennwerte P-Bereich X_P und Vorhaltzeit T_v geeignet beeinflussen. Die eingestellten Werte für X_P und T_v bestimmen aber auch die Schaltfrequenz f_S. Bei zu kleiner Schaltfrequenz ist dann dem Einschwingvorgang eine langsame Arbeitsbewegung mit großer Amplitude (Schwankungsbreite) überlagert.

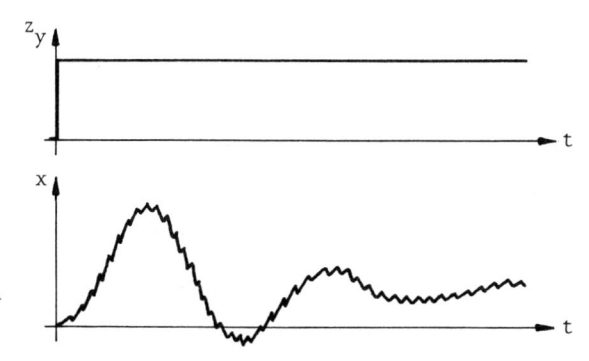

Bild 5.4.19 Störverhalten

Um eine günstige Einstellung der Reglerkennwerte zu ermitteln, geht man folgendermaßen vor: Man betreibt den Regelkreis zunächst mit dem Zweipunktregler ohne Rückführung und nimmt für eine sprungförmige Führungsgröße den Verlauf der Regelgröße mit Hilfe eines Schreibers auf. Die Regelgröße wird gemäß Bild 5.4.20 Schwankungen um die Führungsgröße ausführen. Man bestimmt nun die kritische Schwankungsbreite $x_{B\,krit}$ und die kritische Periodendauer τ_{krit} und ermittelt daraus die Einstellwerte des Reglers. Aufgrund von Erfahrungen ergeben sich als günstige Einstellwerte:

$$X_P = 2 \cdot x_{B\,krit}$$

$$T_V = \tau_{krit}/16$$

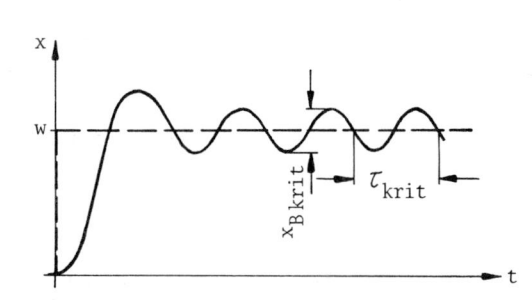

Bild 5.4.20 Arbeitsbewegung bei Einsatz eines Zweipunktreglers ohne Rückführung

5.4.6 Dreipunktregler mit PT_1-Rückführung und I-Stellglied

Dreipunktregler werden meist in Verbindung mit elektromotorischen Stellgliedern eingesetzt (Bild 5.4.21). Der Regler ist gekennzeichnet durch den Ansprechwert $\pm x_{an}$ und den Abfallwert $\pm x_{ab}$, sowie durch die Amplitude $\pm m$ der Ausgangsgröße x_a. Das Stellglied ist be-

Bild 5.4.21 Dreipunktregler mit
I-Stellglied

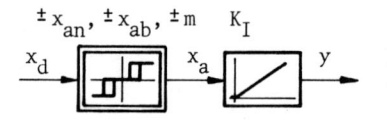

stimmt durch seinen Integrierbeiwert K_I. Liegt die Regeldifferenz x_d innerhalb des Unempfindlichkeitsbereiches $-x_{an}$ und $+x_{an}$, so ist das Stellglied in Ruhe. Überschreitet die Regeldifferenz den positiven oder negativen Ansprechwert, so wird der Stellmotor je nach Polarität seiner Eingangsgröße in die eine oder andere Richtung eingeschaltet. Bei einem Dreipunktregler ohne Rückführung und mit kleiner Stellzeit läuft dann das Stellglied mit voller Geschwindigkeit gegen den Anschlag. Da die Regeleinrichtung so nicht brauchbar ist, wird der Regler mit einer elektrischen oder thermischen PT_1-Rückführung ausgestattet (Bild 5.4.22) und erhält damit ein einstellbares Zeitverhalten. Die Größe K_r ist der P-Beiwert der Rückführung. Die Größen T_{an} und T_{ab} sind die Ankling- und die Abklingzeitkonstanten der Rückführung, wobei meist $T_{an} < T_{ab}$ ist. Im Zusammenwirken mit dem Stellmotor erhält man eine quasi-stetige Regeleinrichtung mit PI-Verhalten.

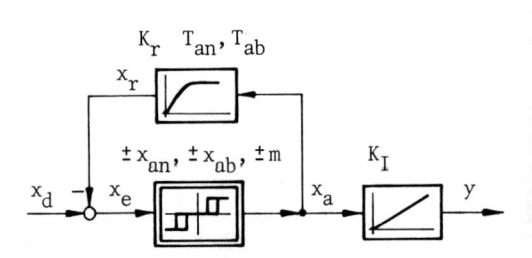

Bild 5.4.22 Dreipunktregler mit PT_1-Rückführung und I-Stellglied

5.4.6.1 Übergangsverhalten des Reglers

Bild 5.4.23 zeigt das Übergangsverhalten eines Dreipunktreglers mit Hysterese, PT_1-Rückführung und I-Stellglied. Tritt beim ersten Anfahren eine Regeldifferenz $x_d > x_{an}$ auf, so schaltet der Regler sowohl den Stellmotor als auch die PT_1-Rückführung ein, die als Gegenkopplung auf den Reglereingang wirkt. Der Stellmotor integriert den auf seinen Eingang gegebenen Sprung $x_a = m$, so daß sein Ausgang y mit konstanter Geschwindigkeit ansteigt. Wird nun die Eingangsgröße des Schalters $x_e = x_d - x_r < x_{ab}$, so schaltet er ab und damit ist $x_a = 0$. Dadurch bleibt der Motor stehen und verharrt auf seinem Wert. Nach diesem ersten größeren Stellschritt steigt wegen des Abklingens

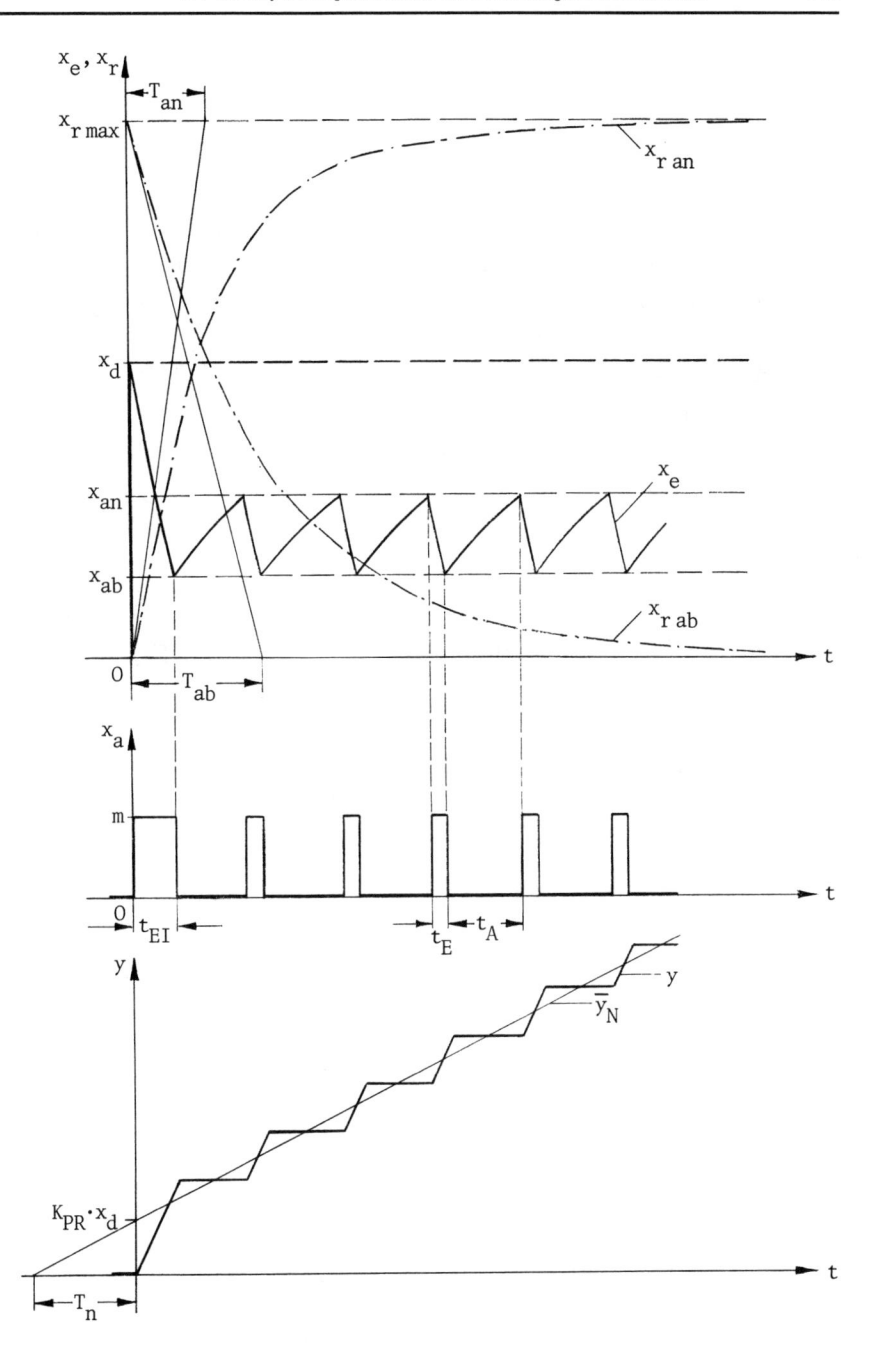

Bild 5.4.23 Übergangsverhalten eines Dreipunktreglers mit Hysterese, PT_1-Rückführung und I-Stellglied

der Rückführung die Eingangsgröße x_e des Schalters wieder an. Beim Überschreiten des Schaltpunktes x_{an} wird die Ausgangsgröße $x_a = m$ wieder auf die Rückführung und den Stellmotor aufgeschaltet und der Vorgang wiederholt sich. Die Regeleinrichtung führt also periodisch Schaltungen aus und das Stellglied bewegt sich mit einer mittleren Geschwindigkeit in Richtung einer Endlage. Betrachtet man die Motorstellung als Stellgröße, so hat diese Regeleinrichtung ein PI-ähnliches Übergangsverhalten. Der treppenförmige Verlauf der Stellgröße y wird von einer trägen Regelstrecke ausgeglichen, so daß für die Regelgröße meist keine Schwankungen festgestellt werden können.

Tritt eine negative Regeldifferenz auf, so arbeitet der zweite Schaltpunkt des Reglers in gleicher Weise und der Motor läuft in umgekehrter Richtung. Im folgenden werden die Schaltzeiten und die Reglerkenngrößen ermittelt.

a) Schaltzeiten

Die Einschaltdauer t_{EI} für den ersten Einschaltimpuls berechnet sich nach Bild 5.4.23 aus dem PT_1-Verhalten der Rückführung. Für eine sprungförmige Änderung der Reglerausgangsgröße $x_a = m$ gilt:

$$x_{r\,an} = K_r \cdot m \cdot (1 - e^{-t/T_{an}}) = x_{r\,max} \cdot (1 - e^{-t/T_{an}})$$

Die Zeit t_{EI} wird erreicht, wenn:

$$x_e = x_d - x_r = x_{ab}$$

wenn also:

$$x_{r\,an} = x_d - x_{ab} = x_{r\,max} \cdot (1 - e^{-t_{EI}/T_{an}})$$

Daraus folgt für die Dauer des ersten Einschaltimpulses:

$$(5.4.26) \qquad t_{EI} = T_{an} \cdot \ln \frac{x_{r\,max}}{x_{r\,max} - x_d + x_{ab}}$$

Die Dauer des ersten Einschaltimpulses ist also proportional der Aufklingzeitkonstanten T_{an} der Rückführung und abhängig von der Regeldifferenz x_d, dem Abfallwert x_{ab} und dem Maximalbeiwert $x_{r\,max} = K_r \cdot m$ der Rückführung. Die Schaltzeit t_{EI} ist maßgebend für den proportionalen Anteil des Reglers.

Für die Dauer aller folgenden Einschaltzeiten ergibt sich aus Bild 5.4.23:

(5.4.27) $\quad t_E = T_{an} \cdot \ln \dfrac{x_{r\,max} - x_d + x_{an}}{x_{r\,max} - x_d + x_{ab}}$

Die Dauer der Ausschaltzeit berechnet sich zu:

(5.4.28) $\quad t_A = T_{ab} \cdot \ln \dfrac{x_d - x_{ab}}{x_d - x_{an}}$

Aus den Schaltzeiten und dem I-Beiwert des Motors können der mittlere Verlauf der Stellgröße $\bar{y}_N$ und die 'Reglerkenngrößen' ermittelt werden.

b) 'Reglerkenngrößen'

Durch Aufstellen der Geradengleichung erhält man für die Stellgröße $\bar{y}_N$ des Dreipunktreglers nach Bild 5.4.23:

(5.4.29) $\quad \bar{y}_N = \dfrac{t_E \cdot t_A}{t_E + t_A} \cdot m \cdot K_I \cdot (\dfrac{t_{EI}}{t_E} - \dfrac{1}{2}) + \dfrac{t_E}{t_E + t_A} \cdot m \cdot K_I \cdot t$

Die Gleichung für die Stellgröße eines stetigen PI-Reglers bei sprungförmiger Regeldifferenz lautet:

(5.4.30) $\quad y = K_{PR} \cdot x_d + \dfrac{K_{PR}}{T_n} \cdot x_d \cdot t$

Durch Koeffizientenvergleich ergeben sich die 'Kenngrößen' des Dreipunktreglers. Sein P-Beiwert ist dann:

(5.4.31) $\quad K_{PR} = \dfrac{1}{x_d} \cdot \dfrac{t_E \cdot t_A}{t_E + t_A} \cdot m \cdot K_I \cdot (\dfrac{t_{EI}}{t_E} - \dfrac{1}{2})$

Es ist direkt proportional dem Integrierbeiwert des Stellmotors und über die Schaltzeiten eine nichtlineare Funktion der Regeldifferenz. Er ist keine eigentliche Reglerkenngröße mehr, da er von der Regeldifferenz abhängt. Die Nachstellzeit ergibt sich zu:

(5.4.32) $\quad T_n = t_A \cdot (\dfrac{t_{EI}}{t_E} - \dfrac{1}{2})$

Sie ist ebenfalls abhängig von der Regeldifferenz, da die Schaltzeiten von der Regeldifferenz abhängen. Ferner ist sie direkt proportional zur Ausschaltzeit und damit zur Abklingzeitkonstanten und ist durch sie einstellbar. P-Beiwert K_{PR} und Nachstellzeit T_n eines

Dreipunktreglers sind also bei festen Daten der Rückführung (K_r, T_{an}, T_{ab}) und des Stellgliedes (K_I) Funktionen der Regeldifferenz. Diese nichtlineare Abhängigkeit ist aus Bild 5.4.24 ersichtlich.

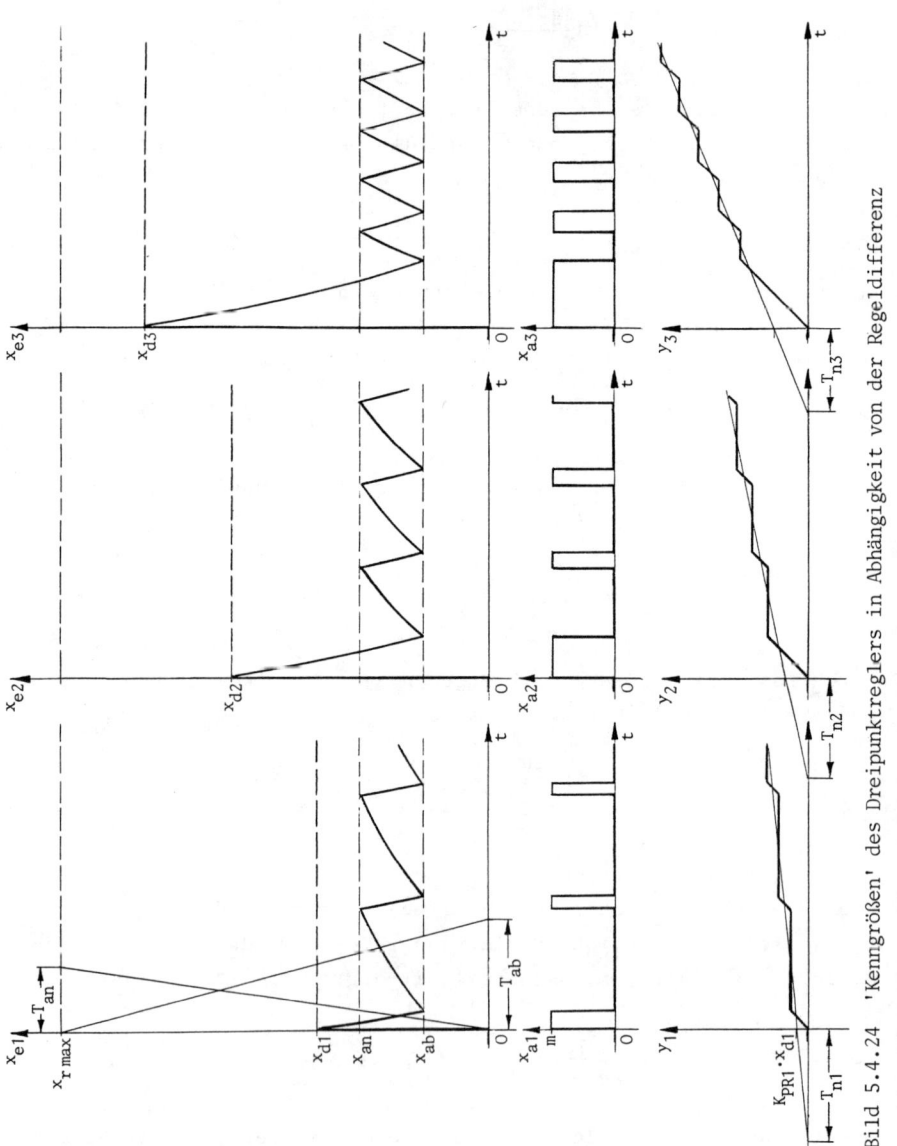

Bild 5.4.24 'Kenngrößen' des Dreipunktreglers in Abhängigkeit von der Regeldifferenz

5.4.6.2 Arbeitsweise im Regelkreis

Da die 'Kenngrößen' des Dreipunktreglers Funktionen der Regeldifferenz sind, läßt sich das Verhalten eines Regelkreises mit Dreipunktregler weder einfach berechnen noch zeichnen. Es soll daher nur qualitativ beschrieben werden. Tritt im Regelkreis plötzlich eine große Regeldifferenz auf, so wirkt ihr der Regler mit einem großen P-Beiwert und einer kleinen Nachstellzeit schnell und nahezu ungedämpft entgegen. Nimmt im Laufe des Regelvorganges die Regeldifferenz wieder ab, so erfolgt nun wegen des kleineren P-Beiwertes und der größeren Nachstellzeit eine langsame und stark gedämpfte Ausregelung der Störung. Mit kleiner werdender Regeldifferenz wird nämlich die Dauer der Ausschaltzeit immer größer und die Dauer der Einschaltzeit immer kürzer, bis die Regeldifferenz innerhalb des Unempfindlichkeitsbereiches des Reglers zu liegen kommt. Dann noch auftretende kleine Störungen gleicht der Regler durch gelegentliche kurze Stellimpulse aus. Der Regler besitzt also progressives Verhalten und paßt sich selbsttätig den Verhältnissen im Regelkreis an.

Bestimmend für die Regelgüte ist die kürzest mögliche Einschaltzeit und der kleinste ausführbare Stellschritt. Die Dauer der Einschaltzeit ist nach unten dadurch begrenzt, daß der Schalter noch sicher schalten und der Motor noch sicher anlaufen muß. Der kleinste Stellschritt sollte die Regelgröße um weniger verändern, als es dem doppelten Ansprechwert des Reglers entspricht, da der Regelkreis sonst schwingt. Durch Verkleinern der Stellgeschwindigkeit kann meist ein Schwingen auf Kosten einer größeren Ausregelzeit vermieden werden.

Dreipunktregler werden vorteilhaft zur Regelung langsamer Regelstrecken mit großen Zeitkonstanten, wie z. B. Temperaturregelstrecken, eingesetzt und gewährleisten eine hohe Regelgüte sowohl während des Einschwingvorganges als auch im Beharrungszustand. Bei Einsatz an schnellen Regelstrecken mit kleinen Zeitkonstanten, wie z. B. an Drehzahlregelstrecken, müssen entweder Arbeitsbewegungen im Beharrungszustand oder verhältnismäßig lange Ausregelzeiten in Kauf genommen werden.

5.5 Auslegung von Regelschaltungen

5.5.1 Einfachregelkreis mit Störgrößenaufschaltung

Im Abschnitt 1.5.1.2 wurden zur Verbesserung des Störverhaltens eines Einfachregelkreises Regelungen mit Störgrößenaufschaltungen angegeben. Liegt eine wesentliche und meßbare Störgröße mit bekanntem Angriffspunkt vor, so kann diese Störgröße über ein Kompensationsglied mit der Übertragungsfunktion F_H auf den Reglerausgang oder Reglereingang aufgeschaltet werden (Bild 5.5.1). Durch eine Störgrößenaufschaltung wird weder die Stabilität des Regelkreises, die durch die charakteristische Gleichung:

$$1 + F_R \cdot F_{S1} \cdot F_{S2} = 0$$

gekennzeichnet ist, noch das Führungsverhalten, das durch die Führungsübertragungsfunktion:

$$F_W(p) = \frac{X(p)}{W(p)} = \frac{F_R \cdot F_{S1} \cdot F_{S2}}{1 + F_R \cdot F_{S1} \cdot F_{S2}}$$

gegeben ist, beeinflußt. Das Störverhalten des Regelkreises kann aber wesentlich verbessert werden, wenn das Kompensationsglied F_H so entworfen wird, daß die Störübertragungsfunktion gegen Null geht Für die beiden Arten der Aufschaltungen wird nun der Entwurf des Kompensationsgliedes angegeben.

5.5.1.1 Aufschaltung auf den Reglerausgang

In Bild 5.5.1 a) ist der Signalflußplan für die Festwertregelung mit Störgrößenaufschaltung auf den Reglerausgang dargestellt. Im Idealfall soll die Störübertragungsfunktion $F_Z(p)$:

$$F_Z(p) = \frac{X(p)}{Z(p)} = \frac{F_{S2} \cdot (F_{ZS} - F_H \cdot F_{S1})}{1 + F_R \cdot F_{S1} \cdot F_{S2}}$$

gegen Null gehen, da dann keine Beeinflussung der Regelgröße x durc die Störgröße z erfolgt. Die Störübertragungsfunktion geht gegen Null für:

$$F_{ZS} - F_H \cdot F_{S1} = 0$$

Daraus ergibt sich als Bemessungsvorschrift für das Kompensationsglied:

5.5 Auslegung von Regelschaltungen

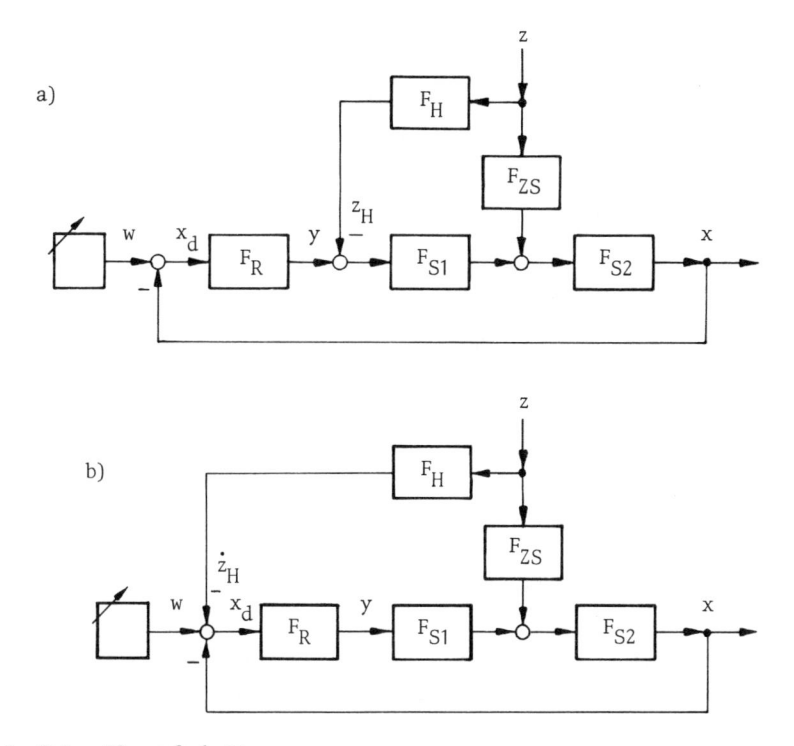

Bild 5.5.1 Störgrößenaufschaltung
a) auf den Reglerausgang
b) auf den Reglereingang

(5.5.1) $\quad F_H = F_{ZS}/F_{S1}$

Hat z. B. die erste Teilstrecke PT_1-Verhalten: $F_{S1} = K_{PS}/(1 + T_S \cdot p)$ und ebenso der Einfluß der Störung: $F_{ZS} = 1/(1 + T_Z \cdot p)$, so ist für eine vollständige Kompensation das Glied F_H als PDT_1-Glied auszulegen:

$$F_H = \frac{F_{ZS}}{F_{S1}} = \frac{1}{K_{PS}} \cdot \frac{1 + T_S \cdot p}{1 + T_Z \cdot p}$$

Um das Kompensationsglied technisch realisieren zu können, ist es notwendig, daß F_{ZS} mindestens von gleicher Ordnung in p ist wie F_{S1}. Da die Übertragungsfunktion des Reglers nicht in die Bemessung von F_H eingeht, kann der Regler nach geeigneten Kriterien ausgelegt und eingestellt werden. So kann z. B. ein PI-Regler ausgewählt und für gutes Führungsverhalten nach den Vorschriften von Chien, Hrones und Reswick eingestellt werden.

5.5.1.2 Aufschaltung auf den Reglereingang

Bild 5.5.1 b) zeigt den Regelkreis mit Störgrößenaufschaltung auf den Reglereingang. Die Störübertragungsfunktion lautet:

$$F_Z(p) = \frac{F_{S2} \cdot (F_{ZS} - F_H \cdot F_R \cdot F_{S1})}{1 + F_R \cdot F_{S1} \cdot F_{S2}}$$

Sie geht gegen Null für:

$$F_{ZS} - F_H \cdot F_R \cdot F_{S1} = 0$$

Daraus folgt als Bemessungsvorschrift für das Kompensationsglied:

$$(5.5.2) \qquad F_H = \frac{F_{ZS}}{F_R \cdot F_{S1}}$$

Die Reglerübertragungsfunktion geht hier in die Bemessung von F_H ein.

Hat z. B. die erste Teilstrecke P-Verhalten: $F_{S1} = K_{PS}$, ist $F_{ZS} = 1$ und wird ein PI-Regler mit $F_R = K_{PR} \cdot [1 + 1/(T_n \cdot p)]$ eingesetzt, so ist das Kompensationsglied als DT_1-Glied auszulegen:

$$F_H = \frac{F_{ZS}}{F_R \cdot F_{S1}} = \frac{1}{K_{PR} \cdot K_{PS}} \cdot \frac{T_n \cdot p}{1 + T_n \cdot p}$$

Es liegt also hier eine sogenannte vorübergehende Störgrößenaufschaltung vor. Für eine technische Realisierung des Kompensationsgliedes muß auch hier F_{ZS} mindestens von gleicher Ordnung wie F_{S1} sein.

Die beiden Arten der Aufschaltung wirken also im Sinne einer Steuerung. Daher ist darauf zu achten, daß die Aufschaltung gemäß den Bemessungsvorschriften richtig dimensioniert wird und ihr Zeitverhalten keine integrierende Wirkung aufweist. Da die Ausgangsgröße einer Steuerung nicht rückgemeldet wird, könnte bei einem I-Verhalten der Steuereingriff willkürliche Werte annehmen.

5.5.2 Einfachregelkreis mit Hilfsgrößenaufschaltung

Ist eine Störgröße z_y selbst nicht meßbar, aber dafür eine aus der Regelstrecke stammende Hilfsgröße x_1, so kann eine Aufschaltung von x_1 über ein Kompensationsglied mit der Übertragungsfunktion F_H auf den Reglereingang (Bild 5.5.2) eine Verbesserung des dynamischen Verhaltens des Regelkreises bringen, wenn die erste Teilstrecke F_{S1} verzögerungsarm ist und die zweite Teilstrecke die wesentlichen Verzögerungen enthält. Durch diese Hilfsgrößenaufschaltung wird sowohl die Stabilität des Regelkreises, die durch die charakteristische Gleichung:

$$1 + F_R \cdot F_{S1} \cdot (F_{S2} + F_H) = 0$$

gegeben ist, als auch das Führungsverhalten:

$$F_W(p) = \frac{F_R \cdot F_{S1} \cdot F_{S2}}{1 + F_R \cdot F_{S1} \cdot (F_{S2} + F_H)}$$

und das Störverhalten:

$$F_Z(p) = \frac{F_{ZS} \cdot F_{S1} \cdot F_{S2}}{1 + F_R \cdot F_{S1} \cdot (F_{S2} + F_H)}$$

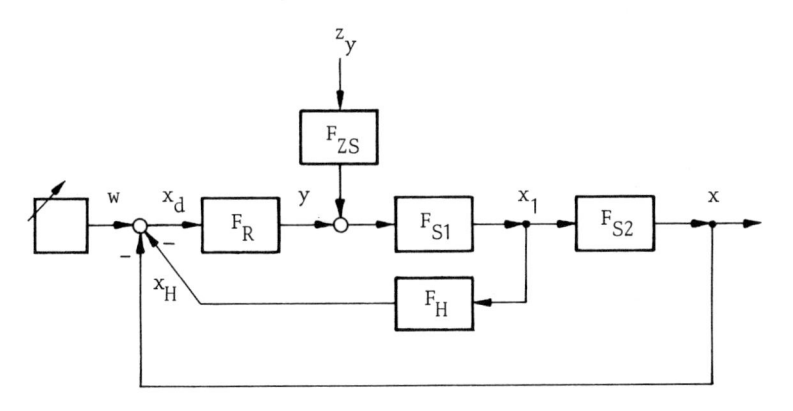

Bild 5.5.2 Festwertregelung mit Hilfsgrößenaufschaltung

beeinflußt. Zur Erzielung eines guten Störverhaltens muß auch hier die Störübertragungsfunktion ein Minimum anstreben. Dies ist der Fall, wenn die Parallelschaltung von F_{S2} und F_H reines P-Verhalten aufweist. Hat z. B. die erste Teilstrecke P-Verhalten: $F_{S1} = K_1$ und die zweite Teilstrecke PT_1-Verhalten: $F_{S2} = K_2/(1 + T_2 \cdot p)$, so ist als Kompensationsglied ein DT_1-Glied mit:

$$F_H = \frac{K_2 \cdot T_2 \cdot p}{1 + T_2 \cdot p}$$

zu wählen. Die Wahl der Reglerstruktur und die Einstellung der Reglerparameter ist nicht mehr unabhängig von der Auslegung des Kompensationsgliedes und muß so getroffen werden, daß der Regelkreis stabil ist und die geforderte Regelgüte aufweist.

5.5.3 Kaskadenregelkreis

Versagen die einfachen Regelschaltungen, so kann mit einer Kaskadenregelung, einem zweischleifigen Regelkonzept (Bild 5.5.3), eine Verbesserung der Regelgüte erzielt werden. Das Zusammenwirken zwischen dem unterlagerten inneren und dem überlagerten äußeren Regelkreis funktioniert nur dann, wenn der innere Kreis ein schnelleres Zeitverhalten als der äußere aufweist. Beim Entwurf einer Kaskadenregelung geht man also so vor, daß man zunächst den Folgeregler des unterlagerten Regelkreises so auslegt, daß dieser Kreis ein schnelles Zeitverhalten aufweist. Dieser Kreis wirkt dann wie ein verzögerungsarmes proportionales Übertragungsglied des äußeren Kreises. Nun wird nach den bekannten Entwurfsverfahren, z. B. dem Wurzelortsverfahren oder dem Frequenzkennlinienverfahren, der Führungsregler ausgelegt, wobei im wesentlichen das dynamische Verhalten der äußeren Teilstrecke F_{S1} zu berücksichtigen ist.

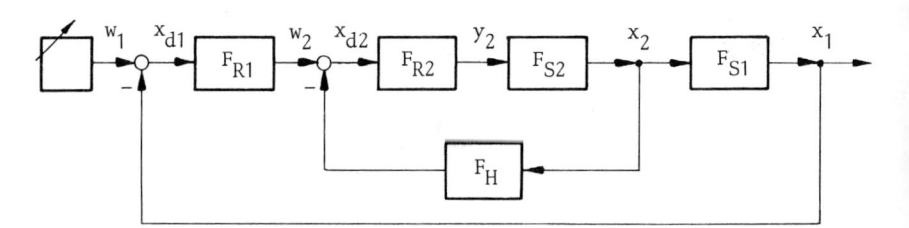

Bild 5.5.3 Kaskadenregelung

a) Besitzt die innere Teilstrecke PT_1-Verhalten:

$$F_{S2} = \frac{K_{PS2}}{1 + T_{S2} \cdot p}$$

und ist:

$$F_H = K_H$$

so genügt der Einsatz eines P-Reglers für den Folgeregler:

$$F_{R2} = K_{PR2}$$

um den inneren Kreis beliebig schnell zu machen. Das Führungsverhalten des inneren Kreises ergibt sich zu:

$$F_2(p) = \frac{X_2(p)}{W_2(p)} = \frac{K_2}{1 + T_2 \cdot p}$$

mit:

$$K_2 = \frac{K_{PR2} \cdot K_{PS2}}{1 + K_{PR2} \cdot K_{PS2} \cdot K_H}$$

$$T_2 = \frac{T_{S2}}{1 + K_{PR2} \cdot K_{PS2} \cdot K_H}$$

Damit die Ausregelzeit $T_{aus} \approx 4 \cdot T_2$ klein wird, muß der P-Beiwert K_{PR2} groß gewählt werden. Damit folgt für den P-Beiwert $K_2 \approx 1/K_H$. Ein eventueller Verlust an Verstärkung kann durch Einbau eines Stellverstärkers oder durch entsprechende Einstellung der Verstärkung des Führungsreglers ausgeglichen werden. Als Führungsregler wird zweckmäßigerweise ein PI-Regler oder auch ein $PIDT_1$-Regler gewählt. Geeignete Reglerkennwerte können dann mit Hilfe des Wurzelortsverfahrens oder des Frequenzkennlinienverfahrens gefunden werden.

b) Besitzt die innere Teilstrecke PT_2-Verhalten:

$$F_{S2} = \frac{K_{PS2}}{(1 + T_{S21} \cdot p) \cdot (1 + T_{S22} \cdot p)}$$

und ist:

$$F_H = K_H$$

so empfiehlt sich als Folgeregler ein PDT_1-Regler:

$$F_{R2} = K_{PR2} \cdot \frac{1 + T_v \cdot p}{1 + T \cdot p}$$

Die Führungsübertragungsfunktion des inneren Kreises ergibt sich dann zu:

$$F_2(p) = \frac{X_2(p)}{W_2(p)} = \frac{F_{R2} \cdot F_{S2}}{1 + F_{R2} \cdot F_{S2} \cdot F_H}$$

und die Übertragungsfunktion des aufgeschnittenen inneren Kreises

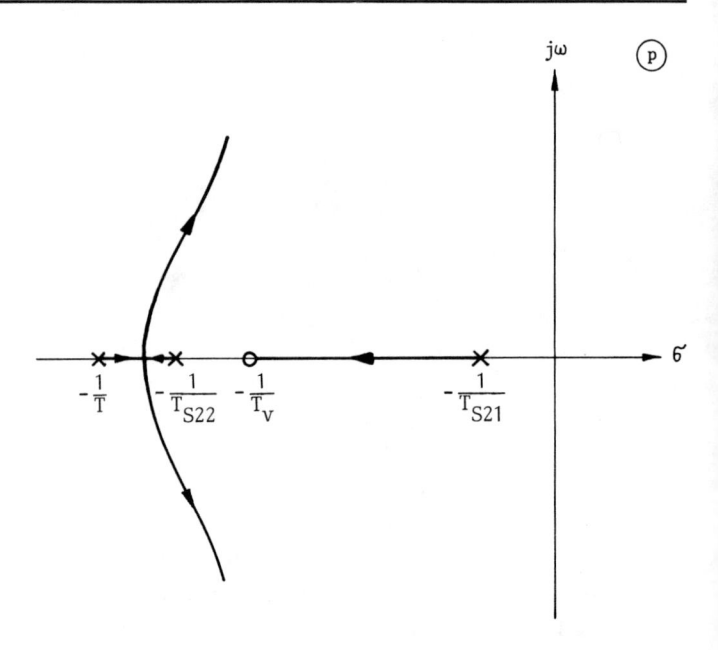

Bild 5.5.4 Wurzelortskurve des inneren Regelkreises bei Einsatz eines PDT$_1$-Reglers

zu:

$$F_{o2}(p) = F_{R2}F_{S2}F_H = \frac{K_{PR2}K_{PS2}K_H \cdot (1 + T_v \cdot p)}{(1 + T_{S21} \cdot p)\cdot(1 + T_{S22}\cdot p)\cdot(1 + T\cdot p)}$$

Aus dem Verlauf der Wurzelortskurve (Bild 5.5.4) des inneren Regelkreises läßt sich bei Vorgabe einer geeigneten Reglernullstelle $p_Z = -1/T_v$ eine günstige Einstellung des P-Beiwertes des Reglers finden. Bei kleinen P-Beiwerten wird der innere Regelkreis mäßig schnell und aperiodisch gedämpft, bei mittleren P-Beiwerten schnell und gut gedämpft einschwingen.

Wird für den Folgeregler ein PI-Regler eingesetzt:

$$F_{R2} = K_{PR2}\cdot(1 + \frac{1}{T_n\cdot p})$$

so werden zwar Störungen im inneren Kreis ausgeregelt, das Einschwingverhalten wird aber bei gleicher Dämpfung träger als bei Einsatz eines PDT$_1$-Reglers, wie man aus dem Verlauf der Wurzelortskurve nach Bild 5.5.5 sieht. Als Führungsregler werden auch hier zweckmäßigerweise ein PI- oder ein PIDT$_1$-Regler gewählt und die Reglerkennwerte im wesentlichen unter Berücksichtigung des Verhaltens der Teilstrecke F$_{S1}$ eingestellt.

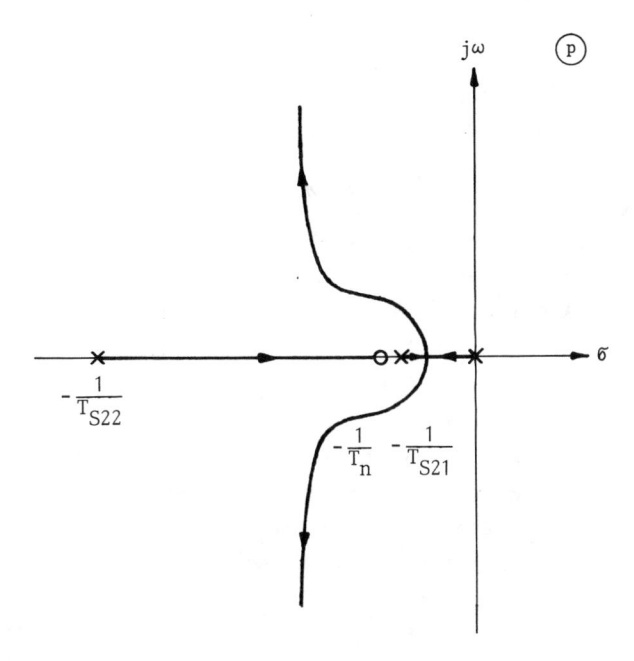

Bild 5.5.5 Wurzelortskurve des inneren Regelkreises bei Einsatz eines PI-Reglers

6. Prozeßlenkung mit Digitalrechnern

6.1 Einführung

Seit Ende des 18. Jahrhunderts wird versucht, technische Prozesse zu automatisieren. Um 1950 wurde erstmalig der Vorschlag gemacht, Digitalrechner zum Steuern von Prozessen einzusetzen. Anfang der 60er Jahre wurden in der Bundesrepublik Deutschland die ersten Prozeßrechner installiert. Zehn Jahre später waren es etwa 10 000 Prozeßrechnersysteme. Weltweit liegt die Anzahl weitaus höher. Wichtige Einsatzgebiete für Prozeßrechner sind z. B. Anlagen in der Grundstoffindustrie, der Energieversorgung und der Großforschung.

Die ersten Digitalrechner verarbeiteten die Informationen noch mit Hilfe von Relaisschaltungen. In den 40er Jahren wurden elektronische Bauelemente in Rechnern eingesetzt und dadurch die Arbeitsgeschwindigkeit erhöht. Der Einsatz von Transistoren führte aufgrund kürzerer Schaltzeiten und hoher Betriebssicherheit zu einer weiteren Steigerung der Leistungsfähigkeit. Mit der technologischen Entwicklung und der dadurch verursachten Miniaturisierung der Bauelemente und Integration von Funktionseinheiten wurden auch Fortschritte in der Prozeßrechentechnik ermöglicht. Durch den modularen Aufbau ergaben sich ständig verbesserte Einsatzmöglichkeiten. Die früheren zentralen Großrechner werden mehr und mehr durch Prozeßrechner in Kleinbauweise (Minirechner, Mikrorechner) ergänzt oder ersetzt. Zur Automatisierung technischer Prozesse tritt heute an die Stelle eines mächtigen Einzelrechners meist ein leistungsfähiges, kostengünstiges, dezentrales und hierarchisch strukturiertes Mehrrechnersystem.

Technische Prozesse sind gekennzeichnet durch Umformung und/oder Transport von Materie, Energie und/oder Information. Durch Messung geeigneter Prozeßgrößen kann das Prozeßgeschehen beobachtet und durch Beeinflussung geeigneter Eingangsgrößen gesteuert werden (Bild 6.1.1). Damit ein technischer Prozeß automatisiert werden kann, muß

    der Prozeßzustand durch von außen meßbare Größen beobachtbar,

    der Prozeßverlauf durch gezielte Beeinflussung geeigneter Eingangsgrößen steuerbar und

```
                              Prozeß
      Eingangsgrößen  ┌─────────────────────┐  Ausgangsgrößen
      ═══════════════▶│  Umformung, Transport│═══════════════▶
                      │         von          │
                      │ Materie, Energie, Information │
                      └─────────────────────┘
```

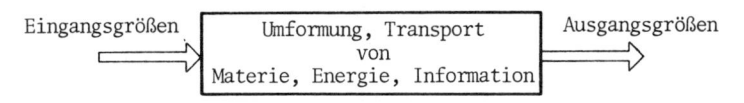

Bild 6.1.1 Technischer Prozeß

das Zeitverhalten zwischen den Eingangsgrößen und den Ausgangsgrößen bekannt sein.

Die Aufgaben, die eine Automatisierungseinrichtung zu erfüllen hat, sind das

Erfassen und Verarbeiten von Daten,

Überwachen (Protokollieren, Melden) des Prozeßgeschehens und

Leiten (Steuern, Regeln, Führen, Optimieren) des Prozeßablaufs.

Das wesentliche Ziel der Prozeßautomatisierung mit Digitalrechnern ist die Verbesserung der Wirtschaftlichkeit des Prozesses durch

Senkung der Produktionskosten,

Erhöhung der Produktionsrate und

Erhöhung der Produktionserträge.

6.2 Digitalrechner als Automatisierungsmittel

6.2.1 Anforderungen an Rechner

Prinzipiell kann jeder Digitalrechner als Prozeßrechner eingesetzt werden, wenn

er mit entsprechender Hardware und Software zum Anschluß an einen Prozeß, der Prozeßperipherie, ausgestattet ist,

die Datenverarbeitung im Echtzeitbetrieb erfolgt und

die Bearbeitung der Programme durch eine Unterbrechungssteuerung und eine Prioritätensteuerung gelenkt wird.

Über die Prozeßperipherie werden Daten und Signale zwischen Rechner und Prozeß ausgetauscht. Auf der Prozeßseite sind entsprechende Meßfühler und Stellgeräte, auf der Rechnerseite entsprechende Multiplexer, Digital-Analog-Umsetzer und Analog-Digital-Umsetzer und Halteglieder erforderlich.

6.2.2 Arten der Prozeßkopplung

Die Aufgaben, die ein Prozeßrechner übernehmen kann, hängen von der Art der Kopplung zwischen Prozeß und Rechner ab. Man unterscheidet offene und geschlossene Prozeßkopplungen. Bei einer offenen Prozeßkopplung (on line open loop) werden zwischen Prozeß und Rechner Informationen direkt (on line) aber nur in einer Richtung (open loop) ausgetauscht (Bild 6.2.1). In der Mehrzahl aller Fälle empfängt der Rechner Daten vom Prozeß, hat aber selbst keine direkte Eingriffsmöglichkeit in den Prozeß. Der Prozeßrechner verarbeitet die Daten und tauscht mit dem Bedienungspersonal Informationen in beiden Richtungen aus. Der Mensch entscheidet dann, ob er in den Prozeß eingreifen muß. Eine offene Prozeßkopplung liegt auch vor, wenn der Prozeßrechner nur Daten an den Prozeß liefert, aber keine von ihm empfängt. Dieser Fall kommt in der Praxis kaum vor.

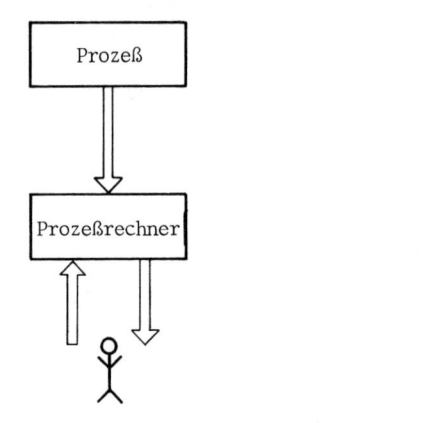

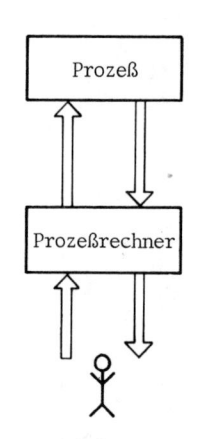

Bild 6.2.1 Offene Prozeßkopplung   Bild 6.2.2 Geschlossene Prozeßkopplung

Bei einer geschlossenen Prozeßkopplung (on line closed loop) werden zwischen Prozeß und Rechner Informationen in beiden Richtungen ausgetauscht. Der Prozeß stellt die Daten zur Verfügung, der Rechner liest sie ein, verarbeitet sie und wirkt auf den Prozeß wieder ein, ohne daß der Mensch zwischengeschaltet ist (Bild 6.2.2). Je enger die Prozeßkopplung ist, desto mehr steigen die Anforderungen an die Arbeitsgeschwindigkeit, Flexibilität, Kapazität und Verfügbarkeit des Prozeßrechners.

6.2.3 Rechneraufgaben bei offener Prozeßkopplung

Bei der offenen Prozeßkopplung mit Datenfluß vom Prozeß zum Rechner nutzt man die Fähigkeit des Rechners, große Mengen von Daten in kurzer Zeit zu verarbeiten und Informationen über Peripheriegeräte, wie Schnelldrucker oder Farbsichtgeräte, an des Personal auszugeben. Der Rechner übernimmt in diesem Fall die Aufgaben der Datenerfassung, Datenverarbeitung und Prozeßüberwachung.

6.2.3.1 Datenerfassung

Die Datenerfassung ist die wichtigste Aufgabe der Prozeßautomatisierung. Vom Rechner werden die Daten, Meßwerte und Ereignisse des Prozesses, programmgesteuert zyklisch abgefragt und eingelesen. Für Analogsignale werden im allgemeinen drei verschiedene Abtastperioden vorgesehen. Schnell veränderliche Meßgrößen, wie z. B. Durchflüsse, werden alle 0.5 bis 2 s, mittelschnelle, wie z. B. Drücke, alle 5 bis 10 s und langsame, wie z. B. Temperaturen, alle 20 bis 60 s abgetastet. Die Binärsignale der Ereignis- und Zustandsmeldungen, wie z. B. von Grenzwertgebern und Ventilendstellungsschaltern, werden meist alle 0.5 bis 1 s erfaßt.

6.2.3.2 Datenverarbeitung

Die in den Prozeßrechner eingelesene Datenmenge wird durch arithmetische und logische Operationen geeignet verarbeitet und verdichtet. Dazu gehört z. B. das Normieren und Korrigieren von Meßwerten, das Bilden von Mittelwerten, das Aufsummieren über einen vorgegebenen Zeitabschnitt und das Berechnen von nicht direkt meßbaren Kennwerten, sowie das Verdichten und Reduzieren einer Vielzahl von Daten auf wenige wesentliche und aussagekräftige.

6.2.3.3 Prozeßüberwachung

Bei der Prozeßüberwachung werden bei kontinuierlichen Prozessen die Prozeßdaten über einen bestimmten Zeitraum in Zwischenspeichern abgelegt und dann zu vorgegebenen Zeitpunkten, z. B. stündlich, täglich oder zum Schichtwechsel, in übersichtlicher und geordneter Form in den Betriebsprotokollen ausgegeben. Bei diskontinuierlichen Prozessen werden Betriebsprotokolle im allgemeinen mit dem Abschluß einer Charge oder der Fertigstellung eines Produktes erstellt.

Neben den Betriebsprotokollen, die den Normalbetrieb der Anlage dokumentieren, werden Störungsprotokolle erstellt, die die mit einer Störung zusammenhängenden Daten enthalten. Im Störablaufprotokoll werden Vorgeschichte und Ablauf der Störung dokumentiert. Anhand dieses Protokolls lassen sich die Ursachen der Störung analysieren und der Verlauf der Störung zeitrichtig und objektiv rekonstruieren.

In Tabelle 6.2.1 ist ein typisches Beispiel für ein Störablaufprotokoll dargestellt. Es handelt sich um ein Protokoll, das vom Prozeßrechner eines Kernkraftwerks ausgegeben wurde, nachdem der Kondensatorschutz ansprach und einen Turbinenschnellschluß auslöste. Im Kopf des Protokolls werden zunächst Art und Zeitpunkt der Störung sowie die Auslösesignale angegeben. Dann folgt eine Liste der Prozeßgrößen, die für diesen Störfall relevant und deren Analogwerte nachfolgend protokolliert sind. Die Analogwerte sind in einem Zeitraster von 5, 15 und 60 Sekunden gestaffelt. Das feinste Raster ist in der Umgebung der Störung. Vor- und Nachgeschichte überstreichen hier jeweils 8 Minuten. Aus der Vorgeschichte ersieht man, daß Turbinendrehzahl, Frischdampfdruck, Lager- und Steueröldrücke Normalwerte aufweisen, der Druck im Kondensator 1 aber schnell ansteigt. Beim Erreichen des Grenzwertes von 0.6 ata spricht der Kondensatorschutz an und löst Turbinenschnellschluß aus. Aus der Nachgeschichte sieht man, daß der Druck noch weiter ansteigt, die Turbinendrehzahl aber abfällt, der Turbinenschnellschluß also erfolgreich ausgelöst wurde. Da der Frischdampfdruck vor der Turbine etwa 5 s nach dem Auslösezeitpunkt fällt, haben auch die Turbinenumleitventile erfolgreich geöffnet. Im letzten Teil des Protokolls sind die Vor- und Nachgeschichte der Binärmeldungen und die Binärsignalzustände zum Auslösezeitpunkt aufgelistet. Man sieht, daß 8 min vor dem Auslösezeitpunkt das Kühlwassereintrittsventil des Kondensators 1 schloß. Der Steuerschrank 11 war 4 s vorher ausgefallen. Hier ist wohl die Ursache für die Störung zu suchen. Mit Hilfe des Störablaufprotokolls können also Ursache und Verlauf der Störung eindeutig festgestellt werden.

6.2.4 Rechneraufgaben bei geschlossener Prozeßkopplung

Bei der geschlossenen Prozeßkopplung findet ein Datenfluß zwischen Prozeß und Rechner in beiden Richtungen statt. Dem Rechner werden aus dem Prozeß analoge wie binäre Daten zugeführt. Vom Rechner werden an den Prozeß analoge Daten, wie z. B. Sollwerte für kontinuierliche Regler oder Stellwerte für kontinuierliche Stellglieder, und binäre Daten, wie z. B. Auf- oder Zu-Befehle für Zweipunktstellglie-

Tabelle 6.2.1 Störablaufprotokoll [17]

```
TURBINENSCHNELLSCHLUSSAUSLOESUNG
ANREGENDE SIGNALE
08.50.21.10 12  D0357   SD11P001  G01  KONDENSATORSCHUTZ   AUSLSG

        A0405   S010K001    TURBINEN DREHZAHL              U/M
        A0468   RA12P002    FD- DRUCK VOR TURBINE          KP/CM2
        A5011   SL02P005    LAGER OELDRUCK                 KP/CM2
        A0520   SC01P002    STEUER OELDRUCK VOR FILTER     KP/CM2
        A0521   SC01P003    STEUER OELDRUCK HINTER FILTER  KP/CM2
        A0601   SD12P001    KONDENSATOR SCHUTZ KOND 1      ATA
        A0602   SD22P001    KONDENSATOR SCHUTZ KOND 2      ATA
```

		A0405	A0468	A0511	A0520	A0521	A0601	A0602
	08.42.20	1500	71.0	5.10	15.2	15.1	0.050	0.051
	08.43.20	1500	71.1	5.12	15.1	15.0	0.051	0.050
	08.44.20	1500	71.0	5.10	15.1	15.0	0.059	0.051
	08.45.20	1500	71.0	5.13	15.2	15.1	0.061	0.050
	08.46.20	1500	71.1	5.10	15.2	15.1	0.069	0.050
	08.47.20	1500	71.2	5.11	15.1	15.0	0.071	0.050
	08.48.20	1500	70.9	5.11	15.1	15.0	0.081	0.051
	08.48.35	1500	70.9	5.10	15.1	15.0	0.099	0.051
	08.48.50	1500	71.0	5.13	15.1	15.0	0.101	0.051
AVG	08.49.05	1500	71.0	5.11	15.2	15.1	0.213	0.050
	08.49.20	1500	71.1	5.11	15.2	15.1	0.310	0.051
	08.49.35	1500	71.0	5.11	15.1	15.1	0.400	0.051
	08.49.50	1500	71.0	5.10	15.2	15.1	0.480	0.051
	08.49.55	1500	71.0	5.11	15.2	15.1	0.511	0.051
	08.50.00	1500	71.1	5.10	15.3	15.2	0.541	0.051
	08.50.05	1500	71.0	5.13	15.3	15.1	0.558	0.051
	08.50.10	1500	71.0	5.14	15.2	15.0	0.571	0.050
	08.50.15	1500	71.1	5.11	15.2	15.1	0.582	0.050
	08.50.20	1500	71.0	5.10	15.3	15.2	0.599	0.051
Anregezeitpunkt (Stoerung) →	08.50.25	1499	71.1	5.11	15.2	15.3	0.600	0.050
	08.50.30	1498	71.0	5.09	15.3	15.4	0.609	0.050
	08.50.35	1497	71.0	5.10	15.4	15.2	0.614	0.049
	08.50.40	1495	71.1	5.08	15.4	15.3	0.621	0.048
	08.50.45	1493	71.1	5.11	15.5	15.3	0.623	0.047
	08.50.50	1491	71.0	5.10	15.5	15.3	0.629	0.048
	08.51.05	1486	71.0	5.11	15.6	15.4	0.631	0.047
	08.51.20	1482	71.1	5.12	15.5	15.3	0.638	0.047
ANG	08.51.35	1476	71.0	5.09	15.5	15.4	0.641	0.046
	08.51.50	1471	70.0	5.10	15.6	15.4	0.658	0.046
	08.52.05	1465	70.8	5.11	15.6	15.4	0.662	0.046
	08.52.20	1458	70.6	5.09	15.6	15.4	0.673	0.045
	08.53.20	1441	70.1	5.11	15.5	15.3	0.679	0.045
	08.54.20	1430	69.1	5.11	15.5	15.4	0.681	0.044
	08.55.20	1419	68.1	5.10	15.5	15.4	0.691	0.044
	08.56.20	1409	67.8	5.09	15.5	15.4	0.695	0.042
	08.57.20	1399	65.9	5.11	15.6	15.3	0.699	0.041
	08.58.20	1378	65.1	5.10	15.6	15.4	0.711	0.040

```
BINAERMELDUNGEN
08.42.20.10 11  D0117  EF02H011 G51  STEUER SCHRANK 11              AUSGF
08.42.24        D0573  VC3S101  G01  KUEHLWASSER EINTR-VENTIL KOND 1 ZU
08.50.21.10 12  D0357  SD11P001 G01  KONDENSATOR SCHUTZ             AUSLSG
08.50.21.40 02  D0831  RA14S201 G51  UMLEIT VENTIL 1                AUF
08.50.21.40 04  D0832  RA14S202 G51  UMLEIT VENTIL 2                AUF
08.50.21.40 05  D0871  RA32S101 G01  SCHNELL SCHLUSS                ZU
08.50.21.40 07  D0833  RA24S201 G51  UMLEIT VENTIL 3                AUF
08.50.21.40 07  D0834  RA24S202 G51  UMLEIT VENTIL 4                AUF
08.50.23.       D1011  RA14S101 G01  HEIZ DAMPF VENTIL 1            ZU
08.50.23.       D1012  RA14S102 G01  HEIZ DAMPF VENTIL 2            ZU

BINAERSIGNAL-ZUSTAENDE ZUM ANREGUNGSZEITPUNKT
08.50.21.10 12  D0831  RA14S201 G51  UMLEIT VENTIL 1                ZU
08.50.21.10 12  D0832  RA14S202 G51  UMLEIT VENTIL 2                ZU
08.50.21.10 12  D0833  RA24S201 G51  UMLEIT VENTIL 3                ZU
08.50.21.10 12  D0834  RA24S202 G51  UMLEIT VENTIL 4                ZU
```

BVG anregendes Signal, BNG (labels pointing to BINAERMELDUNGEN and BINAERSIGNAL-ZUSTAENDE sections)

AVG analoge Vorgeschichte   BVG binäre Vorgeschichte
ANG analoge Nachgeschichte   BNG binäre Nachgeschichte

der ausgegeben. Neben den Aufgaben der Datenerfassung, Datenverarbeitung und Prozeßüberwachung übernimmt der Prozeßrechner jetzt Aufgaben der Prozeßsteuerung, Prozeßregelung, Prozeßführung und Prozeßoptimierung.

6.2.4.1 Prozeßsteuerung

Bei der Prozeßsteuerung werden vom Rechner eine Anzahl von binären Signalen, wie z. B. Stellungsmeldungen, Grenzwert- und Zeitintervallüberschreitungen, sowie von analogen Signalen, wie z. B. Durchflüsse, Drücke und Temperaturen, miteinander zu Bedingungen verknüpft, bei deren Erfüllung Befehle an entsprechende Stellgeräte im Prozeß ausgegeben werden (Bild 6.2.3). Neben diesen sogenannten freiprogrammierbaren Steuerungen über den Rechner werden auch die konventionellen festverdrahteten Steuerungen eingesetzt.

Mehrere Steuerungen können ferner in einer Kettenstruktur zu einer sogenannten Folgesteuerung aufgebaut sein, wobei in die Bedingungen des nächsten Steuerschrittes die Rückmeldungen der ausgeführten Befehle des vorangegangenen Schrittes eingehen. Derartige Folgesteuerungen werden z. B. in Kraftwerken zum An- oder Abfahren von Aggregaten, wie der Kühlwasser- oder der Ölversorgung, oder in chemischen Anlagen zur Steuerung des Ablaufs von Chargenprozessen in Reaktoren eingesetzt.

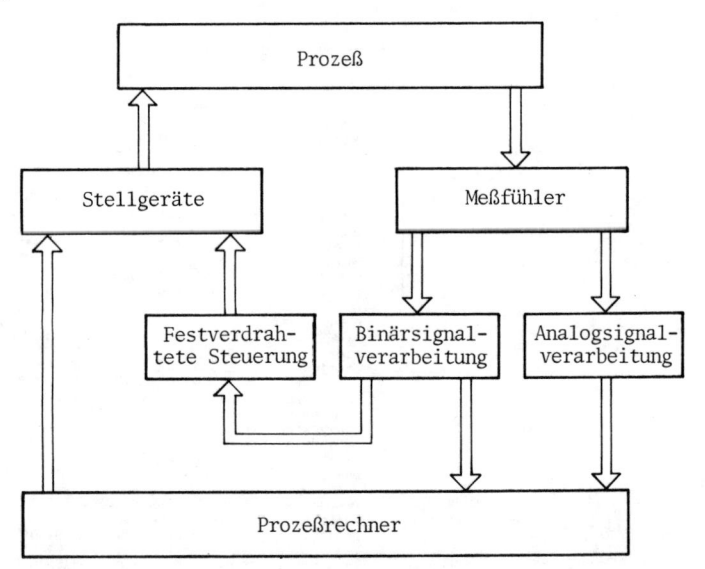

Bild 6.2.3 Einsatz eines Prozeßrechners zur Prozeßsteuerung

6.2.4.2 Prozeßregelung

Eine Regelung mit Prozeßrechner ist nur bei geschlossener Prozeßkopplung möglich. Typisch für den Regelvorgang ist der Ablauf im geschlossenen Wirkungskreis. Der Rechner tritt an die Stelle des konventionellen Reglers und wirkt unmittelbar auf die Stellgeräte ein. Bild 6.2.4 zeigt eine solche direkte digitale Regelung mit Hilfe eines Prozeßrechners (Direct Digital Control, DDC). Üblicherweise bedient ein zentraler Prozeßrechner eine Vielzahl von Regelstrecken im Zeitmultiplex-Verfahren. In einem ausreichend schnellen Zeitraster wird eine Regelgröße nach der anderen abgefragt und mit ihrem Sollwert verglichen. Über eine Regelfunktion, Regelalgorithmus genannt, wird der Wert der Stellgröße berechnet und an den zugehörigen Stellantrieb ausgegeben. Bei dieser Art der Rechnerregelung treten Fragen der Wirtschaftlichkeit und der Zuverlässigkeit auf. Der zentrale Prozeßrechner arbeitet aufgrund seiner hohen Investitionskosten erst dann wirtschaftlich, wenn er mehr als etwa hundert Regelkreise bedient. Der Rechner muß aber auch zuverlässig arbeiten, da ein Rechnerausfall einen Totalausfall der Regelung zur Folge hat. Zur Erhöhung der Zuverlässigkeit kontrolliert ein Programm zur Rechnerselbstüberwachung in regelmäßigen Zeitabständen den Rechner sowie die Koppelglieder am Rechnereingang und -ausgang.

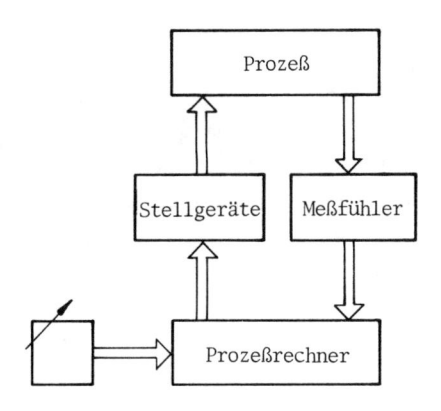

Bild 6.2.4 Einsatz eines zentralen Prozeßrechners zur Prozeßregelung

Im allgemeinen ist aber die vom Prozeß her geforderte Zuverlässigkeit durch einen zentralen Prozeßrechner allein nicht zu gewährleisten, so daß in der Praxis analoge Reserveregler (analoges back-up System) oder Reseverechner (digitales back-up System) installiert werden. Bei der Rechnerregelung mit analogen Reservereglern (Bild 6.2.5) sind im Normalbetrieb die Analogregler nicht aktiv in den Regelvorgang eingeschaltet. Sie werden jedoch parallel mitgeführt, um jederzeit bei Ausfall des Rechners die Regelung stoßfrei übernehmen zu können. Bei der Rechnerregelung mit digitaler Reserve kommen zum Einsatz Systeme mit zwei Zentraleinheiten, Systeme mit Rechner

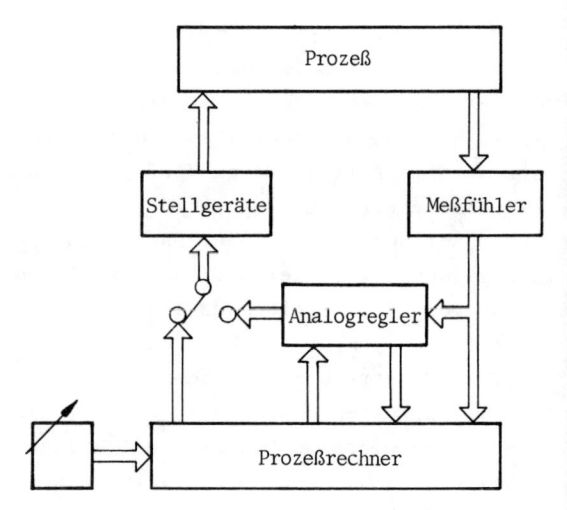

Bild 6.2.5 Direkte digitale Regelung mit zentralem Prozeßrechner
und analogen Reservereglern

und primitivem Ersatzrechner (stand-by Rechner) und Systeme mit Doppelrechnern (hot stand-by Rechner). Bild 6.2.6 zeigt eine direkte digitale Regelung mit Doppelrechnern. Bei Ausfall eines Rechners übernimmt der parallel mitlaufende andere Rechner dessen Aufgaben. Solche Doppelrechnersysteme sind aber nicht nur aufwendig, sondern werfen auch Probleme der Synchronisierung auf.

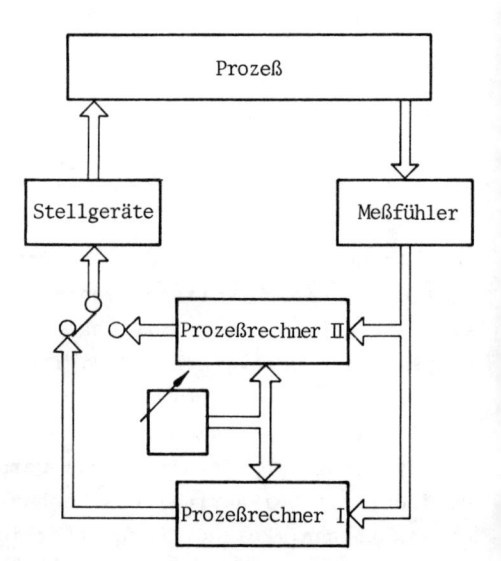

Bild 6.2.6 Direkte digitale Regelung mit einem Doppelrechnersystem

6.2 Digitalrechner als Automatisierungsmittel

In neuerer Zeit geht aufgrund der technologischen Fortschritte in der Halbleitertechnik der Trend weg vom zentralen Prozeßrechner hin zu dezentralen Mikrorechnern. Der einzelne Mikrorechner übernimmt die Regelung jeweils einer Regelstrecke oder nur weniger Strecken. Bei Ausfall eines Mikrorechners ist dann nur ein kleiner Teilbereich des Prozesses betroffen. Durch Einsatz geeigneter Strukturen kann ein Mikrorechner bei Ausfall des Nachbarrechners dessen Aufgaben ganz oder teilweise übernehmen. Bild 6.2.7 zeigt eine solche direkte digitale Regelung mit dezentralen Mikrorechnern. Von weiterem Vorteil ist der Einsatz hierarchischer Strukturen, bei denen ein übergeordneter Prozeßrechner die einzelnen mit Mikrorechnern geregelten Kreise koordiniert und die übergeordnete Prozeßführung übernimmt (Bild 6.2.8). Damit ist bereits die Aufgabe der Prozeßführung bei geschlossener Prozeßkopplung angesprochen.

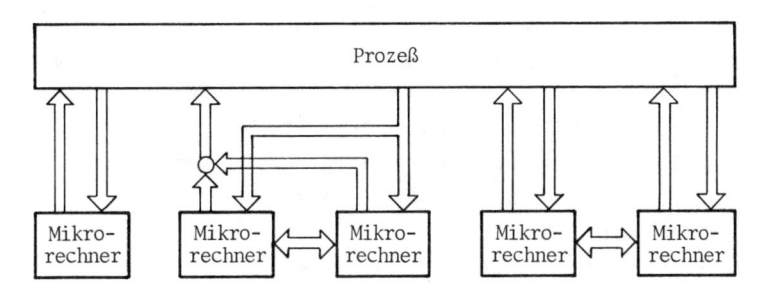

Bild 6.2.7 Direkte digitale Regelung mit dezentralen Mikrorechnern

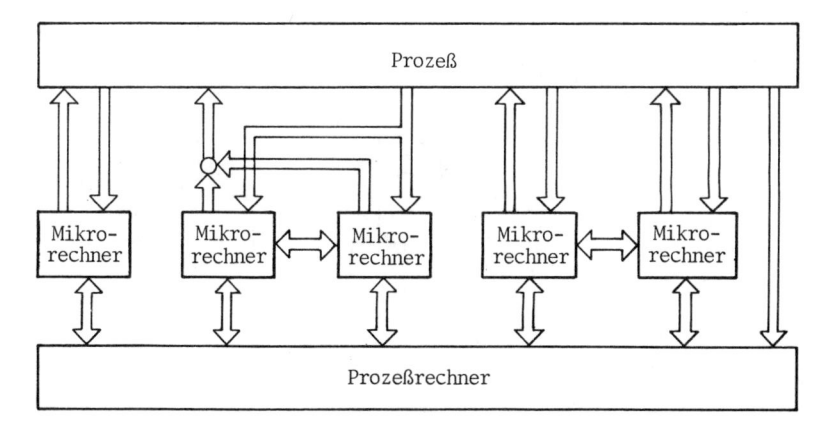

Bild 6.2.8 Hierarchische Rechnerregelung

6.2.4.3 Prozeßführung

Bei dieser Art des Einsatzes wird der Prozeßrechner zur Führung des Prozesses herangezogen. Der Rechner liefert die Sollwerte für die unterlagerten Regelkreise, die mit analogen Reglern oder mit Mikrorechnern als Regler ausgestattet sind. Bild 6.2.9 zeigt die Ausführung mit analogen Reglern. Bei einer Rechnerstörung bleibt die unterlagerte Ebene mit den analogen Reglern voll in Funktion und arbeitet mit den zuletzt eingestellten Sollwerten weiter. Aus diesem Grund hat sich diese Art der Prozeßregelung in weiten Bereichen durchgesetzt. Die einfachste Form der Prozeßführung ist die nach einem festvorgegebenen Programm. Abhängig von logischen und zeitlichen Bedingungen werden, insbesondere bei Chargenprozessen, die im Speicher des Prozeßrechners vorliegenden festen Sollwerte oder Soll wertfolgen abgerufen und als Führungswerte für die unterlagerten Regelkreise ausgegeben.

Eine weitere Form der Prozeßführung ist die Sollwertvorgabe mit Hilfe eines Prozeßmodells. Das Modell stellt eine mathematische Beschreibung des Prozeßgeschehens dar. Der Prozeßrechner ermittelt anhand des Modells aus den Istwerten der Prozeßgrößen und den vorgegebenen Sollwerten der Regelgrößen Führungswerte für die einzelnen unterlagerten Regelkreise mit dem Ziel, die Istwerte der Regelgrößen auf ihren Sollwerten zu halten. Als Beispiel für eine Sollwertführung mit Hilfe eines Prozeßmodells zeigt Bild 6.2.10 die Regelung der Temperatur ϑ des Einsatzproduktes eines chemischen Reaktors durch Verstellen der Dampfzufuhr zum Wärmetauscher. Kann der

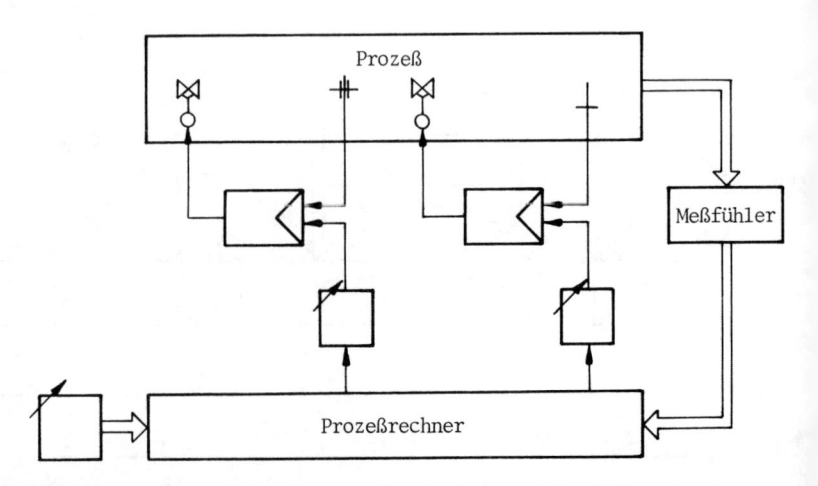

Bild 6.2.9 Einsatz eines zentralen Prozeßrechners zur Prozeßführung

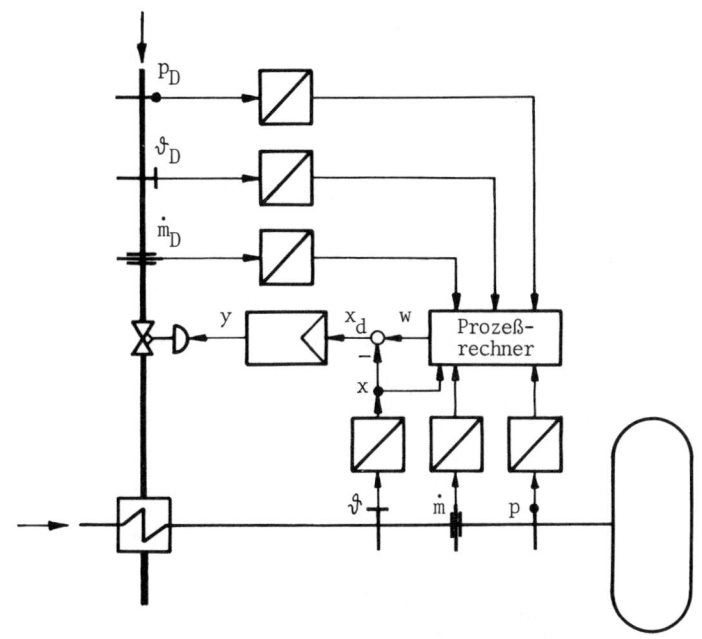

Bild 6.2.10 Prozeßführung eines chemischen Reaktors

Einfluß der Größen Durchsatz $\dot{m}_D$, Temperatur ϑ_D und Druck p_D des Dampfes sowie Durchsatz $\dot{m}$ und Druck p des Einsatzproduktes auf die Temperatur ϑ in einem mathematischen Modell beschrieben werden, so kann mit Hilfe des Prozeßrechners ein Führungswert w für die Temperatur berechnet und ein entsprechender Dampfdurchsatz $\dot{m}_D$ so eingestellt werden, daß der Temperaturistwert ϑ einem vorgegebenen konstanten Sollwert folgt. Bei der Sollwertführung arbeitet der Regelkreis in anderer Weise als bei einer konventionellen Festwertregelung. Dort wird der Istwert der Regelgröße, der sich unter dem Einfluß von Störgrößen ändert, an den Sollwert angepaßt. Hier wird der Wert der Führungsgröße unter dem Einfluß von Prozeß- und Störgrößen so geändert, daß der Istwert der Regelgröße auf dem Sollwert gehalten wird.

6.2.4.4 Prozeßoptimierung

Auf der höchsten Stufe der Automatisierung wird der Prozeß von einem Prozeßrechner so geführt, daß ein vorgegebenes Optimum erreicht wird. Der Rechner hat die Aufgabe, aufgrund eines gespeicherten Prozeßmodells und der eingelesenen Prozeßdaten optimale Werte für die Prozeßführung so zu ermitteln, daß der Prozeß unter

vorgegebenen Randbedingungen auf das Optimierungsziel hin, wie z.
B. Kostenminimum oder Qualitätsmaximum, ausgerichtet und geführt
wird. Bei Prozessen mit häufig sich ändernden Produkten, bei denen eine gleichmäßige Auslastung der Produktionseinrichtungen wichtig ist, als auch bei Prozessen mit lange gleichbleibenden Produkten, bei denen lange störungsfreie Produktionsphasen erwünscht
sind, kann eine Prozeßoptimierung dringend notwendig und wirtschaftlich sehr effektiv sein.

6.2.5 Arbeitsweise des Rechners im Regelkreis

Konventionelle mit analogen Regeleinrichtungen instrumentierte Regelkreise bilden eine Einheit aus Regelstrecke, Fühler, Meßumformer, Sollwerteinsteller, Regler und Stellgerät (Bild 6.2.11). In
industriellen Prozessen arbeiten im allgemeinen mehrere solcher Regelkreise parallel.

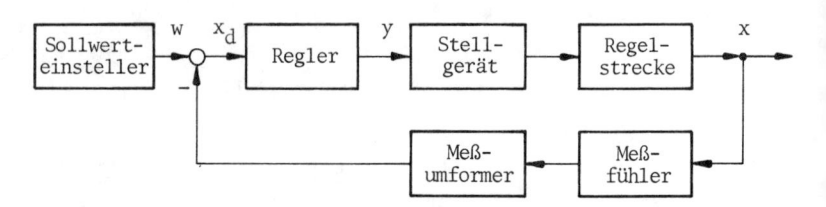

Bild 6.2.11 Regelkreis mit analoger Regeleinrichtung

Bei der direkten digitalen Regelung werden alle analogen Regler
durch Rechner ersetzt. Bei Einsatz von dezentralen Mikrorechnern
als Regler bilden Rechner und Regelstrecke im Regelkreis wieder
eine Einheit (Bild 6.2.12). Die Meßwerterfassung durch den Meßfühler und die Stellgrößenausgabe an das Stellgerät bleiben unverändert. Die Meßwertverarbeitung erfolgt aber digital im Mikrorechner
und wird seriell ausgeführt. Mehrere Regelkreise eines Prozesses
arbeiten auch hier parallel, so daß von der Struktur her kein Unterschied zu konventionellen analogen Regelkreisen besteht.

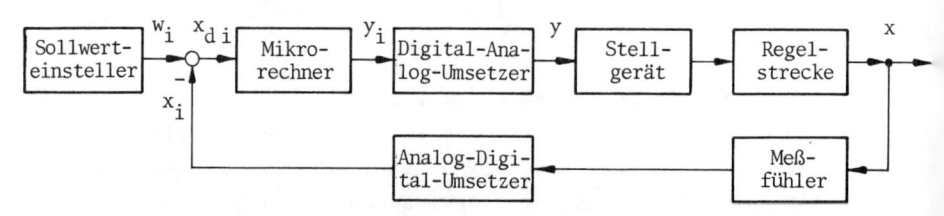

Bild 6.2.12 Regelkreis mit digitaler Regeleinrichtung

Bei der direkten digitalen Regelung mit Hilfe eines zentralen Prozeßrechners werden alle Regler durch den Prozeßrechner ersetzt (Bild 6.2.13). Die Signalverarbeitung erfolgt für alle Regelkreise zentral im Rechner und wird seriell durchgeführt. Zwischen den einzelnen Fühlern und dem Prozeßrechner befinden sich Koppelglieder, die eine gesteuerte Abfrage der von den Fühlern angebotenen analogen Größen über einen analogen Multiplexer und einigen wenigen Analog-Digital-Umsetzern ermöglichen. Die so erhaltenen Digitalwerte der Regelgrößen werden in den Arbeitsspeicher des Rechners eingelesen, dort mit den gespeicherten Führungswerten verglichen und zyklisch über programmgesteuerte regelkreisspezifische Regelfunktionen (Regelalgorithmen) zu Stellwerten verarbeitet. Als Regelalgorithmen werden quasi-stetige Algorithmen mit P-, PI- oder PID-Verhalten oder Abtastalgorithmen, die zu Regelvorgängen mit minimaler Ausregelzeit führen, verwendet. Am Rechnerausgang werden die digitalen Stellwerte in entsprechenden Digital-Analog-Umsetzern in Analogwerte umgewandelt und über eine steuerbare Adressenmatrix dem jeweiligen Halteglied des Stellgeräts der einzelnen Regelstrecke zugeführt. Das Halteglied speichert den augenblicklichen Stellwert so lange, bis vom Rechner ein neuer Wert errechnet und an das Halteglied weitergegeben wird. Ein Halteglied einfachster Art ist ein integrierender Stellantrieb, z. B. ein elektromotorischer Antrieb. Bei den proportional wirkenden pneumatischen Stellantrieben dient meist ein elektronischer Speicher zur Speicherung des Stellwertes und ein elektropneumatischer Umsetzer zur Signalumformung.

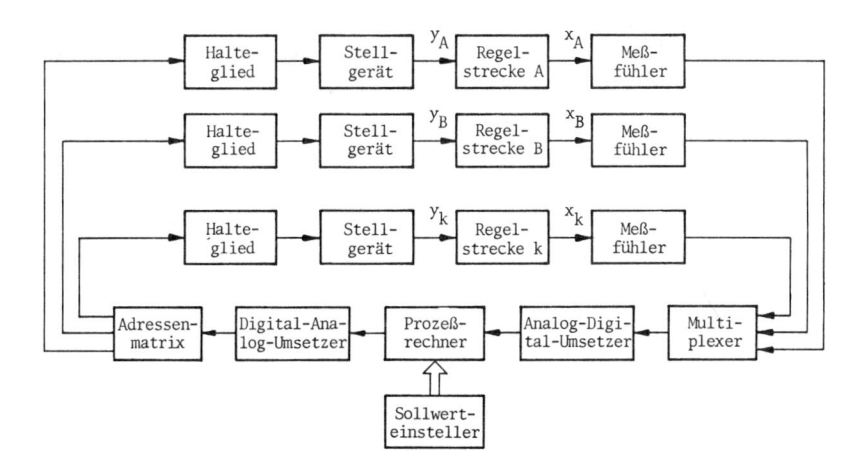

Bild 6.2.13 Digitale Regelung mit zentralem Prozeßrechner

Analoge Regler sind wegen des verzögernden Verhaltens der Fühler und Meßumformer meist unempfindlich gegenüber den der Regelgröße überlagerten hochfrequenten Störungen. Digitalrechner als Regler sind wegen der Abtastung und Verarbeitung von Augenblickswerten sehr empfindlich gegenüber überlagerten Störungen. Es werden daher Maßnahmen zur Unterdrückung hochfrequenter Störungen mit Hilfe analoger Filter (PT_1-Glieder) oder digitaler Filter (Glättungsprogrammen) vorgesehen.

Unabhängig vom Regelalgorithmus treten bei der direkten digitalen Regelung zwei zusätzliche Parameter auf, die Quantisierung der Regelgröße und die Abtastperiode. Beide Parameter beeinflussen die Regelgüte. Die Quantisierung der Regelgröße bestimmt die Regelgüte im Beharrungszustand. Ihr Einfluß kann eliminiert werden, wenn die Genauigkeit der Meßwertdarstellung größer ist als die Genauigkeit des Fühlers. Die Wahl des Abtastintervalls, also der Zeitspanne zwischen zwei Abtastungen der gleichen Meßgröße, ist abhängig vom Zeitverhalten der Regelstrecke und beeinflußt die Regelgüte während des Einschwingvorganges. Nach dem Abtasttheorem nach Shannon ist ein Signal begrenzter Bandbreite mit einer Frequenz abzutasten, die mehr als das Doppelte der höchsten noch im Signal vorhandenen Frequenz beträgt, wenn die gesamte im Signal vorhandene Information erfaßt werden soll. Für Durchflußregelstrecken, den schnellsten digital geregelten Strecken in der Verfahrenstechnik, hat sich in der Praxis eine Abtastperiode von 1 s als ausreichend erwiesen. Langsame Temperaturregelstrecken vertragen Abtastperioden von 20 s und mehr.

Die Berechnung der Stellwerte wird im Rechner nach programmierten Regelfunktionen durchgeführt. Dabei wird entweder die vollständige Stellung y des Stellantriebs (Stellungsalgorithmus) oder die Änderung Δy des Stellantriebs gegenüber der augenblicklichen Stellung (Geschwindigkeitsalgorithmus) ermittelt. Geht man davon aus, daß im Speicher des Rechners für den k-ten Regelkreis eine Anzahl vergangener Werte der Regelgröße, der Führungsgröße und der Stellgröße verfügbar ist (Bild 6.2.14), so kann die Stellgröße $y_{k\,i}$ für das i-te Abtastintervall als Funktion dieser Werte innerhalb einer bestimmten Rechenzeit T_R berechnet werden:

$$y_{k\,i} = f(x_{dk\,i},\ x_{dk\,i-1},\ \ldots,\ x_{dk\,i-m},\ y_{k\,i-1},\ y_{k\,i-2},\ \ldots,\ y_{k\,i-n})$$

wobei $x_{dk} = w_k - x_k$ ist.

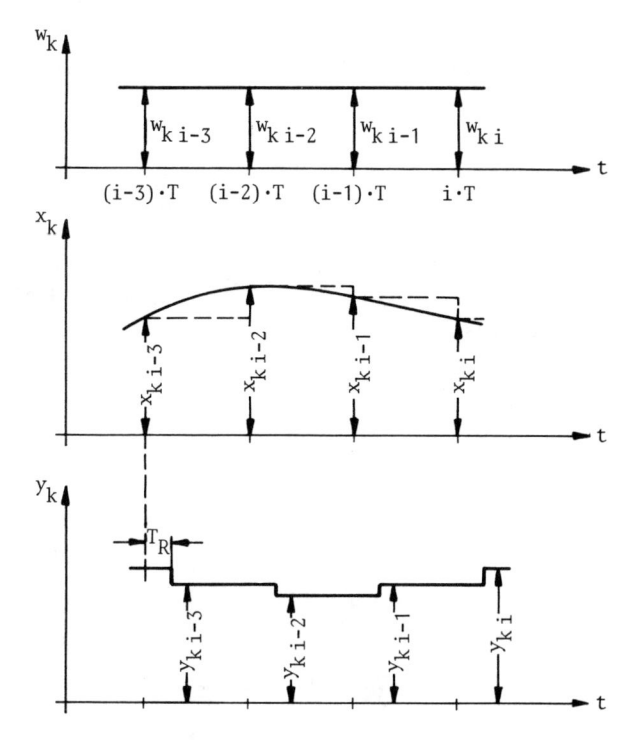

Bild 6.2.14 Größen im Regelkreis

Der Synthese eines analogen Reglers in einem konventionellen Regelkreis entspricht bei der Rechnerregelung die Aufgabe, eine geeignete Funktion f (Regelalgorithmus) zu finden, so daß der k-te Regelkreis ein gewünschtes Zeitverhalten aufweist. Als Regelalgorithmus wird gewöhnlich eine lineare Funktion:

(6.2.1) $\quad y_{k\,i} = d_0 \cdot x_{dk\,i} + d_1 \cdot x_{dk\,i-1} + \ldots + d_m \cdot x_{dk\,i-m} +$
$\quad\quad\quad\quad + c_1 \cdot y_{k\,i-1} + c_2 \cdot y_{k\,i-2} + \ldots + c_n \cdot y_{k\,i-n}$

mit geeigneten Koeffizienten d_0 mit d_m und c_1 mit c_n ausgewählt. Soll ein quasi-stetiger PID-Regelalgorithmus erzeugt werden, so bestimmen sich die Koeffizienten der Gleichung (6.2.1) folgendermaßen. Ein analoger PID-Regler berechnet seine Stellgröße nach der Gleichung:

$$y = K_{PR} \cdot (x_d + \frac{1}{T_n}\int x_d \, dt + T_v \cdot \frac{dx_d}{dt})$$

Für den Rechner, der nur in diskreten Werten arbeitet, geht das Integral in eine Summe und der Differentialquotient in einen Differenzenquotienten über. Für das i-te Zeitintervall gilt dann:

$$y_i = K_{PR} \cdot (x_{d\,i} + \frac{1}{T_n} \cdot \sum_1^i x_{d\,i} \cdot T + T_v \cdot \frac{x_{d\,i} - x_{d\,i-1}}{T}$$

wenn T die Abtastperiode ist. Zieht man von dieser Gleichung noch jene für das vorhergegangene Abtastintervall ab, um die unhandliche Summe zu umgehen, so erhält man folgende Gleichung für den Stellungsalgorithmus:

(6.2.2) $\quad y_i = d_o \cdot x_{d\,i} + d_1 \cdot x_{d\,i-1} + d_2 \cdot x_{d\,i-2} + c_1 \cdot y_{i-1}$

mit:

$$d_o = K_{PR} \cdot (1 + \frac{T}{T_n} + \frac{T_v}{T})$$

$$d_1 = - K_{PR} \cdot (1 + 2 \cdot \frac{T_v}{T})$$

$$d_2 = K_{PR} \cdot \frac{T_v}{T}$$

$$c_1 = 1$$

Für den Geschwindigkeitsalgorithmus, der wegen der einfachen und weniger aufwendigeren Realisierung einer stoßfreien Umschaltung von direkter digitaler Regelung auf analoge Regelung über Reserveregler oder auf Handbetrieb in der Praxis überwiegend eingesetzt wird, ergibt sich die Gleichung:

(6.2.3) $\quad \Delta y = y_i - y_{i-1} = d_o \cdot x_{d\,i} + d_1 \cdot x_{d\,i-1} + d_2 \cdot x_{d\,i-2}$

Die Kennwerte der Reglerkenngrößen K_{PR}, T_n und T_v lassen sich aufgrund des gewählten Einstellkriteriums, z. B. minimale quadratische Regelfläche, festlegen. Somit sind bei vorgegebener Abtastperiode auch die Koeffizienten d_o, d_1 und d_2 bestimmt.

Die Vorteile der direkten digitalen Regelung liegen in der freien Programmierbarkeit und der nahezu unbeschränkten Anwendbarkeit des Digitalrechners. Im einzelnen können folgende Vorteile genannt werden:

Einsatz linearer und auch nichtlinearer Regelalgorithmen mit konstanten oder variablen Parametern,

Modifizierung der Regelalgorithmen und Kennwerte zur optimalen
Anpassung an die Regelstrecke in allen Lastbereichen und
Programmierung beliebig vermaschter Regelschaltungen, wie Störgrößenaufschaltungen, Kaskaden- und Verhältnisregelungen.

6.3 Einsatzbeispiele

Im folgenden soll an Beispielen der Einsatz von Digitalrechnern
zur Prozeßlenkung aufgezeigt werden.

6.3.1 Zentrales Prozeßrechnersystem

Zur Lenkung von Dampfkraftwerken werden seit mehr als zehn Jahren
Prozeßrechner eingesetzt. Dampfkraftwerke besitzen einen hohen Grad
an Automatisierung. Wegen ihrer Komplexität treten eine Vielzahl
von Meß-, Regel- und Stellgrößen auf. Zum An- und Abfahren der Anlage sind komplizierte Schalthandlungen auszuführen. Um das Kraftwerk mit optimalem Wirkungsgrad zu fahren, müssen gewisse Betriebszustände sehr genau eingehalten werden. Aus Gründen der Wirtschaftlichkeit und der Netzsicherheit sind an Kraftwerke hohe Zuverlässigkeitsanforderungen zu stellen.
So wird z. B. im Kraftwerk Emsland ein Doppelprozeßrechnersystem
zum Betrieb der Anlage eingesetzt [6]. Im folgenden soll der Aufbau
des Kraftwerks dargestellt und die Hardware und Software des Prozeßrechnersystems beschrieben werden.

6.3.1.1 Aufbau des Kraftwerks Emsland

Das Kraftwerk Emsland besteht aus zwei zeichnungsgleichen Kraftwerksblöcken. Jeder Block, ein Kombi-Block mit einer Dampfturbine
und einer Gasturbine, dient zur Stromerzeugung. Beide Turbinen sind
wärmeseitig miteinander verkoppelt. Bild 6.3.1 zeigt den Aufbau
eines Kombi-Blocks. Die Gasturbinenanlage besteht aus Verdichter V,
Brennkammer BK, Gasturbine T_1 und Generator G_1. Der Verdichter
saugt Luft an und komprimiert sie. In der Brennkammer wird Erdgas
mit Luft vermischt und unter hohem Luftüberschuß verbrannt. Die
Brenngase gelangen in die Gasturbine und werden dort entspannt und
abgekühlt. Dabei geben sie ihre Energie an die Turbinenwelle ab,
die den Verdichter und den Generator treibt. Wird an der Turbine
das Gas mit einem Eintrittsdruck von etwa 5 bis 8 bar auf Umgebungsdruck entspannt, so liegt die Gastemperatur am Turbinenaus-

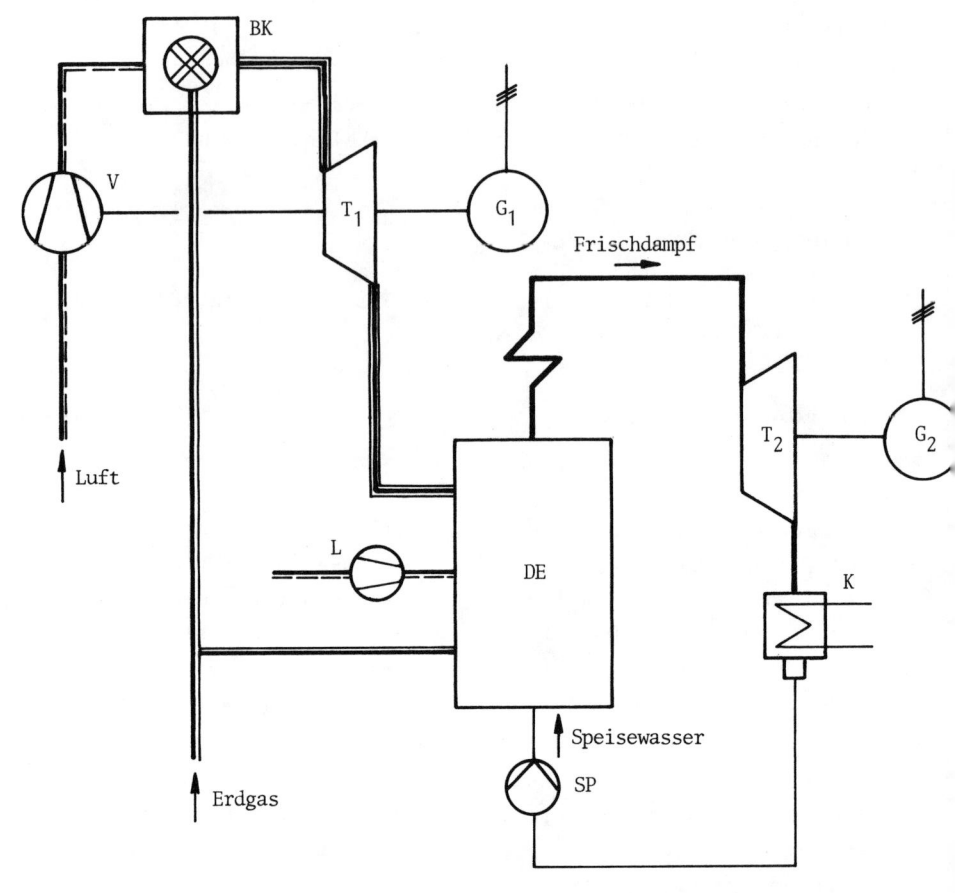

Bild 6.3.1 Aufbau eines Kombi-Blocks des Kraftwerks Emsland

tritt bei etwa 400 °C merklich über der Umgebungstemperatur. Diese Abgaswärme müßte als Verlust abgeschrieben werden, wenn sie nicht nutzbar gemacht würde.

Die Dampfkraftanlage besteht aus Dampferzeuger DE, Dampfturbine T_2 Generator G_2, Kondensator K und Speisewasserpumpe SP. Im Dampferzeuger wird Erdgas verfeuert. An Stelle der sonst üblichen Verbrennungsluft werden hier die sauerstoffhaltigen Abgase der Gasturbine als Sauerstoffträger für die Verbrennung herangezogen. Die heißen Brenngase erwärmen in den Rohren des Dampferzeugers das Wasser, da von der Speisewasserpumpe auf hohen Druck (etwa 180 bar) gebracht wird. Das Wasser verdampft. Durch weitere Wärmezufuhr wird der Dampf auf etwa 530 °C überhitzt. Als Frischdampf strömt er zur Dampfturbine und wird dort auf einen sehr niedrigen Druck von etwa 0.03 bar entspannt. Die Turbine treibt den Generator an, der elektrische Energie ins Netz speist. Der Abdampf der Turbine wird im Kondensator niedergeschlagen und als Speisewasser wieder dem Dampferzeuger zugeführt. Ein Reserveluftgebläse L ermöglicht, daß auch bei Gasturbinenausfall, bei niedrigen Leistungsanforderungen oder bei An- und Abfahrvorgängen der Dampferzeuger unabhängig von der Gasturbine befeuert werden kann. Jeder Kombi-Block des Kraftwerks erzeugt maximal eine elektrische Leistung von 420 MW. Davon entfallen 365 MW auf den Dampfturbosatz und 55 MW auf den Gasturbosatz.

6.3.1.2 Hardware des Prozeßrechnersystems

Das Prozeßrechnersystem ist als Doppelrechnersystem ausgebildet und ist für beide Kombi-Blöcke gleichzeitig im Einsatz. Bild 6.3.2 zeigt den Hardware-Aufbau. In Tabelle 6.3.1 sind wesentliche Daten der Hardware zusammengestellt.

6.3.1.3 Software des Prozeßrechnersystems

Die Betriebsprogramme für das Doppelprozeßrechnersystem, wie z. B. Betriebssystem, Editor, Assembler, Compiler und Testprogramme, so-

Tabelle 6.3.1 Hardware-Daten des Prozeßrechnersystems

Hardware	
2 Zentraleinheiten Siemens 305 Wortlänge 24 bit Kernspeicher 16 K Worte	1 Bildschirmsteuerwerk Datentransferrate 33000 Worte/s
2 Plattenspeicher Kapazität 1.82 Mio Worte Mittlere Zugriffszeit 75 ms	1 Datenfernübertragungsanschluß zum Datenaustausch mit dem Rechner des Lastverteilers
1 Rechnerkoppelwerk Datentransferrate 33000 Worte/s	1 Lochkartenleser Lesegeschwindigkeit 670 Karten/min
2 Bedienschreibmaschinen	1 Lochkartenstanzer Stanzgeschwindigkeit 110 Karten/min
1 Automatisches Umschaltwerk zur Ankopplung der Geräte an eine der beiden Zentraleinheiten	1 Schnelldrucker Zeilenlänge 120 Zeichen Schreibgeschwindigkeit 12.5 Zeilen/s
1 Lochstreifenleser und -stanzer Lesegeschwindigkeit 200 Zeichen/s Stanzgeschwindigkeit 100 Zeichen/s	1 Umschalteinheit zur Zuordnung des Schnelldruckers und der Lochkartenperipherie an eine der Zentraleinheiten
1 Prozeßkoppelwerk mit 800 Analogeingängen 20 Analogausgängen 2000 Digitaleingängen 200 Digitalausgängen	2 Graphiksichtgeräte mit Tastatur und Rollkugel je Blockwarte
	3 Fernschreibmaschinen je Blockwarte

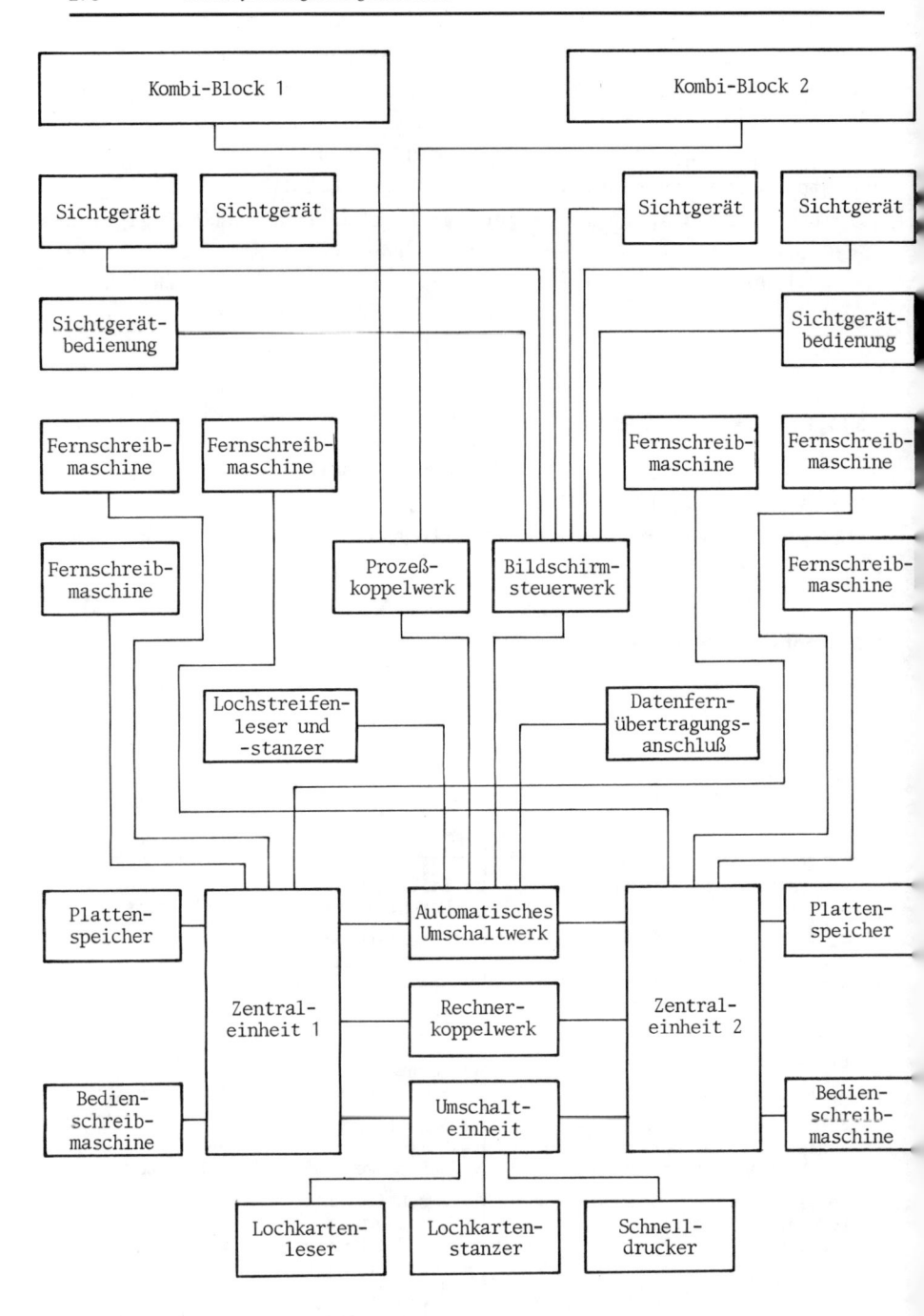

Bild 6.3.2 Hardware-Aufbau des Prozeßrechnersystems

wie Standard-Anwenderprogramme, wie z. B. Programm zur Meßwerterfassung und -verarbeitung analoger und binärer Daten, wurden vom Rechnerhersteller bereitgestellt. Die folgenden anlagenspezifischen Anwenderprogramme wurden vom Betreiber entwickelt.

a) Kenngrößenberechnung

Mit diesem Programm werden die wichtigsten Meßgrößen und daraus errechnete Kenngrößen protokolliert (Tabelle 6.3.2). Die Augenblickswerte werden viertelstündlich ausgegeben. Eine Reihe von Meß- und Kennwerten wird über einen Zeitraum von zwei Stunden gemittelt und ausgegeben. Außerdem wird eine Tagesbilanz erstellt.

b) Erstellung von Störablaufprotokollen

Dieses Programm dient dazu, Vorgänge und Abläufe bei Störungen zeitgerecht und folgerichtig zu protokollieren.

c) Ermittlung der Betriebszeiten von Aggregaten

Mit diesem Programm wird die aufgelaufene Betriebszeit und die Anzahl der Schaltspiele einer Reihe von Aggregaten ermittelt.

d) Ermittlung der Restlebensdauer von Bauteilen

Dieses Programm ist in der Lage, Aussagen über die Erschöpfung hochbelasteter Teile des Dampferzeugers und der Frischdampfleitung infolge Materialermüdung zu machen und damit die Restlebensdauer der Bauteile zu berechnen.

e) Freilastberechnung

Bei Änderungen der Kraftwerksleistung ändern sich auch die Temperaturen an einer Reihe von Bauteilen im Dampferzeuger und in der Turbine. Die dabei auftretenden Wärmespannungen führen zu einer unerwünschten Materialermüdung, wenn sie bestimmte Grenzen überschreiten. Mit Hilfe des Programms zur Freilastberechnung werden mit Rücksicht auf zulässige Wärmespannungen mögliche sprung- und rampenförmige Leistungsänderungen, die sogenannte Freilast, berechnet und der konventionellen Leistungsregeleinrichtung als Begrenzung aufgeschaltet.

f) Erdgasmengenberechnung

Eine explizite Messung des Erdgasvolumenstroms ist technisch nicht

Tabelle 6.3.2 Protokollierte Meß- und Kennwerte

Protokolle		
Viertelstündliche Ausgabe Augenblickswerte	Zweistündliche Ausgabe Mittelwerte	Tagesbilanz Mittelwerte
Netto-Block-Klemmenleistung	Netto-Block-Klemmenleistung	Netto-Block-Klemmenleistung
Leistung von Dampf- und Gasturbine	Bruttoleistung des Kraftwerks	Leistung von Dampf- und Gasturbine
Eigenbedarfsleistung	Ist- und Sollwert des Blockwärmeverbrauchs	Eigenbedarfsleistung
Ist- und Sollwert des Blockwärmeverbrauchs	Erdgasverbrauch von Block und Kraftwerk	Erzeugte Nettoarbeit
Erdgasverbrauch von Block, Dampferzeuger und Gasturbine	Verdichterluftstrom	Ist- und Sollwert des Blockwärmeverbrauchs
Verbrennungsluftstrom	Rauchgastemperatur	Erdgasverbrauch von Block, Dampferzeuger und Gasturbine
Frischdampfstrom	Speisewassertemperatur	Frischdampfstrom
Frischdampftemperatur	Gastemperatur vor und nach Gasturbine	Kühlturm-Zusatzwassermenge
Dampftemperatur nach Zwischenüberhitzung	Außenlufttemperatur	Mitteldruck-Einspritzwassermenge
Aufteilung der Speisewasserströme auf die verschiedenen Vorwärmer	Kühlwassereintrittstemperatur	Kondensatmenge
Luftüberschuß am Dampferzeugeraustritt	Grädigkeit des Kondensators	Wirkungsgrad des Dampferzeugers
	Abdampfdruck	
	Wirkungsgrad des Dampferzeugers	

durchführbar. Mit Hilfe des Rechenprogramms wird aus dem Differenzdruck an der Meßblende in der Erdgasleitung, der Temperatur, des Vordrucks und der über den Kompressibilitätsfaktor ermittelten Dichte des Erdgases der Erdgasvolumenstrom berechnet.

g) Kompensation von Meßfühlertotzeiten

Für einen optimalen Verbrennungsprozeß muß ein entsprechender Sauerstoffüberschuß in Abhängigkeit vom Heizwert des Erdgases eingestellt werden. Die Messung des Erdgasheizwertes über Wobbe-Meßgeber ist mit einer Totzeit von etwa zwei Minuten behaftet. Mit Hilfe eines Korrekturprogramms wird diese Totzeit kompensiert und eine einwandfreie Verbrennung gewährleistet.

h) Informationsdarstellung auf Sichtgeräten

Um das Bedienungspersonal über den Anlagenzustand gezielt informieren zu können, wurden Programme entwickelt, die schematische Darstellungen von Anlageteilen mit eingeblendeten Meßwerten, Kurvendarstellungen von Prozeßgrößen und Anzeigen von Meldungen und Störungen ermöglichen.

6.3.1.4 Betriebserfahrungen mit dem Prozeßrechnersystem

Das Doppelprozeßrechnersystem befindet sich seit 1975 in Betrieb und hat sich bewährt. Softwarefehler konnten innerhalb des ersten Betriebsjahres beseitigt werden. Da die Zentraleinheiten und die Plattenspeicher doppelt vorhanden und bei Auftritt eines Fehlers automatisch umschaltbar sind, wurde eine Verfügbarkeit von etwa 99.3 % erzielt.

6.3.2 Dezentrales Prozeßautomatisierungssystem

Die Mikroprozessortechnik ermöglicht räumlich und funktionell dezentral strukturierte Automatisierungssysteme. Über Busse können die dezentralen Systeme miteinander verbunden und auch hierarchisch aufgebaut werden. Im allgemeinen lassen sich Kopplungen zu konventionellen Steuer- und Regelsystemen sowie zu Prozeßrechnern herstellen.

Mitte der 70er Jahre kam das erste dezentrale Automatisierungssystem, das System TDC-2000 von Honeywell, auf den Markt. Inzwischen sind eine Reihe solcher Systeme verfügbar, wie z. B. Procontrol P von Brown Boveri & Cie, Contronic P von Hartmann & Braun oder Teleperm M von Siemens. Im folgenden wird beispielhaft das System Teleperm M [3],[13],[16] beschrieben, das seit 1979 auf dem Markt ist und sich zur Automatisierung von kontinuierlichen wie diskontinuierlichen Prozessen der Verfahrenstechnik, Grundstoffindustrie und Kraftwerkstechnik einsetzen läßt.

6.3.2.1 Systemaufbau

Das System Teleperm M besteht aus einer Anzahl in Funktion und Leistung unterschiedlicher Teilsysteme. Es gibt:

Automatisierungssysteme AS zum Steuern, Regeln, Rechnen, Melden und Protokollieren,

Bedien- und Beobachtungssysteme OS zum Bedienen und Beobachten,

Bussysteme CS zum Verbinden der Teilsysteme untereinander.

Bild 6.3.3 zeigt ein mögliches Automatisierungskonzept für eine örtlich weitverteilte verfahrenstechnische Anlage, die aus einer Reihe von Teilprozessen besteht. Man erkennt den dezentralen wie hierarchischen Aufbau bei Einsatz verschiedener Teilsysteme.

a) Automatisierungssysteme

Die Automatisierungssysteme können sowohl örtlich zentral als auch dezentral zur Automatisierung von Prozessen eingesetzt werden. Je nach Aufgabenstellung stehen zwei in Leistungsumfang und Ausbaumöglichkeit unterschiedliche Automatisierungssysteme AS 220 und AS 230 zur Verfügung, wobei das System AS 230 das leistungsfähigere ist. Über Bussysteme lassen sich die einzelnen Automatisierungssysteme miteinander verbinden und auch hierarchisch aufbauen.

Die Hardware eines Automatisierungssystems besteht im allgemeinen aus Grundeinheit, Bedieneinheit, Eingabe-Ausgabe-Einheiten und Erweiterungseinheiten (Bild 6.3.4). Die Grundeinheit enthält den Mikroprozessor, die Speicherbaugruppen, die Stromversorgung sowie die Anschlüsse für die Bedieneinheit, die Eingabe-Ausgabe-Einheiten und das Bussystem. Der Mikroprozessor arbeitet intern in einer 16-bit-Darstellung für die Analogwertverarbeitung sowie in einer 1-bit-Darstellung für die Binärwertverarbeitung. Als Speicher werden Schreib-Lese-Speicher (RAM) mit einer Kapazität bis 512 KByte und Lesespeicher (EPROM) bis 128 KByte eingesetzt. In ihnen sind Programme zum Regeln, Steuern, Rechnen, Überwachen, Anzeigen, Melden, Protokollieren und Bedienen bausteinartig abgelegt. Die Programme

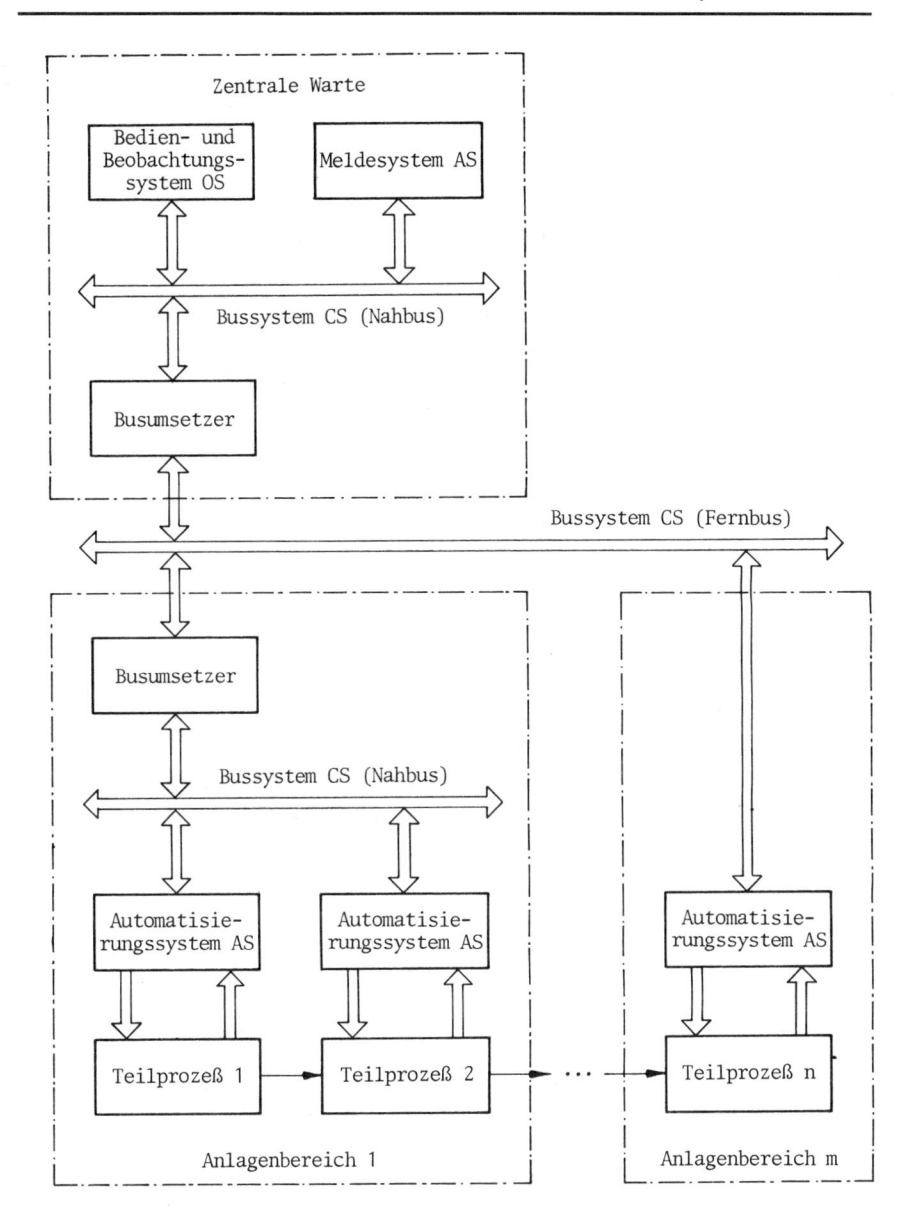

Bild 6.3.3 Automatisierungskonzept für eine verfahrenstechnische
Anlage mit dem Automatisierungssystem Teleperm M

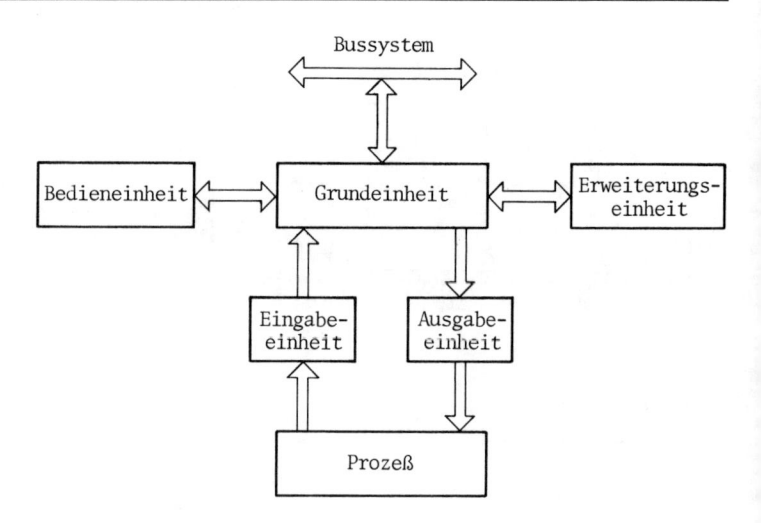

Bild 6.3.4 Aufbau des Automatisierungssystems AS

zum Regeln enthalten z. B. Funktionsbausteine für Festwertregelungen, Verhältnisregelungen, Kaskadenregelungen und Sollwertführungen. Die Programme zum Steuern enthalten z. B. Bausteine für Ablaufsteuerungen und Verknüpfungssteuerungen. Das Automatisierungssystem AS 230 kann z. B. bis zu 80 Regelkreise, bis zu 15 Ablaufsteuerungen mit je 15 Schritten und jeweils 10 Bedingungen und bis zu 250 Verknüpfungssteuerungen mit je 8 Eingängen und 4 Ausgängen bearbeiten.

Eine Bedieneinheit umfaßt im allgemeinen ein Sichtgerät mit Tastatur und einem Drucker. Über die Bedieneinheit kann der Prozeßverlauf entsprechend gesteuert und beobachtet werden. Die am Sichtgerät darstellbaren Prozeßbilder lassen sich entsprechend der Prozeßstruktur hierarchisch gliedern. Die Eingabe-Ausgabe-Einheiten stellen die Verbindung des Automatisierungssystems zum Prozeß her. Sie enthalten Signalbaugruppen zur Eingabe und Ausgabe von Binär- und Analogsignalen sowie Funktionsbaugruppen zur Einzelsteuerung und Einzelregelung.

Die Software der Automatisierungssysteme ist in einer höheren Programmiersprache geschrieben, tritt aber dem Anwender gegenüber nicht in Erscheinung. Die in den Speichern untergebrachten Software-Funktionsbausteine können im Dialog über eine alphanumerische Tastatur und ein Sichtgerät entsprechend der zu lösenden Automatisierungsaufgabe untereinander verschaltet (strukturiert) und mit den aktuellen Parametern versehen werden. Spezielle Aufgaben, die mit den vorhandenen Bausteinen nicht lösbar sind, wie z. B. das Erstellen freiprojektierbarer Protokolle oder freier grafischer Darstellungen auf dem Sichtgerät, können mit Hilfe der Sprache TML (T̲eleperm M̲ L̲anguage) programmiert werden.

Eine spezielle Variante des Automatisierungssystems AS 230 kann als Meldesystem AS 231 an zentraler Stelle zur Überwachung eingesetzt werden. Mit diesem Meldesystem können sowohl analoge als auch binäre Werte von Prozeßvariablen aufgenommen, überwacht, verarbeitet, angezeigt und protokolliert werden. Die Meldungen lassen sich nach prozeßbedingten Kriterien hierarchisch in Bereichs-, Gruppen- und Einzelmeldungen gliedern und in einzelne Meldeklassen, den Betriebs-, Fehler- und Alarmmeldungen, einteilen. Die Meldetexte werden am Sichtgerät und am Drucker in zeitlich geordneter Reihenfolge ausgegeben.

b) Bedien- und Beobachtungssysteme

Mit einem Bedien- und Beobachtungssystem können mehrere über das Bussystem angeschlossene Automatisierungssysteme von zentraler Stelle aus bedient und beobachtet werden. Ein Bedien- und Beobachtungssystem besteht im allgemeinen aus einem Sichtgerät, einer Prozeßbedientastatur, einer alphanumerischen Tastatur und einem Drucker. Als Bedienmittel lassen sich neben den Tastaturen auch Lichtgriffel sowie zum Bildrollen Steuerknüppel einsetzen. Als Beobachtungsmittel sind folgende standardisierte und hierarchisch gegliederte Bildtypen vorgesehen: das Bereichsbild, das Gruppenbild und das Kreisbild. Das Bereichsbild gibt einen Überblick über einen Prozeßbereich und dient der Überwachung. Das Gruppenbild stellt den aktuellen Zustand einer Gruppe von Teilprozessen durch Symbole, Balken und Digitalanzeigen dar und dient zum Eingreifen in das Prozeßgeschehen. Das Kreisbild liefert alle Detailinformationen über eine Meßstelle, einen Regelkreis oder eine Einzelsteuerung und dient zur Diagnose und Aufklärung von Störungen sowie zum Eingreifen in den dargestellten Kreis. Zur Beobachtung des Prozeßverlaufs lassen sich auch Meßwerte von Prozeßvariablen in Kurvenform einzeln oder gruppenweise auf dem Sichtgerät einblenden. Jedes Bild enthält im oberen Teil eine reduzierte Übersicht über alle Bereiche des Prozesses, so daß das Bedienungspersonal einen Überblick über den gesamten Prozeß behält. Beim Eingreifen in das Prozeßgeschehen wird das Bedienungspersonal vom System im Dialog unterstützt, so daß Fehlbedienungen vermieden werden.

c) Bussystem

Über das Bussystem werden zwischen den einzelnen Teilsystemen des Systems Teleperm M Informationen in Telegrammen zusammengefaßt seriell übertragen. Jedes Teilsystem kann über seine Busanschaltung nach bestimmten Kriterien die Bussteuerung übernehmen oder an eine andere Anschaltung weitergeben. Das Bussystem ist dezentral strukturiert und besteht aus einem Nahbus und einem Fernbus. Im Nahbereich bei Entfernungen bis zu 100 m, also innerhalb von Schränken oder Schrankgruppen, werden die Teilsysteme über den Nahbus verbunden. Er besteht aus drei Signalleitungen. Auf der Datenleitung werden die Daten seriell übertragen. Die zweite Leitung führt den Takt und die dritte dient zum Synchronisieren und Steuern. Im Fernbereich bei Entfernungen bis zu 4 km werden die Teilsysteme über den Fernbus verbunden. Als Fernbus wird ein Koaxialkabel eingesetzt. Nahbus und Fernbus werden durch Busumsetzer miteinander verkoppelt. So können Gruppen räumlich benachbarter Teilsysteme, die über den Nahbus verbunden sind, mit räumlich entfernten Systemen Informationen über den Fernbus austauschen. Um die Verfügbarkeit des Bussystems zu steigern, können Nahbus und Fernbus redundant ausgeführt werden.

6.3.2.2 Systemeigenschaften

Das System Teleperm M ist gekennzeichnet durch flexible Struktur, dezentralen sowie hierarchischen Aufbau, projektierbare Verfügbarkeit aufgrund des redundanten Aufbaus, kostengünstige Montage bei geringem Verkabelungsaufwand und komfortable Kommunikation zwischer Mensch und Prozeß.

Zusammenfassend läßt sich sagen, daß die Industrie mit den dezentralen Prozeßautomatisierungssystemen auf Mikrorechnerbasis ein sehr leistungsfähiges Automatisierungsmittel bereitgestellt hat.

Literaturverzeichnis

[1] Anke, K., H. Kaltenecker, R. Oetker
Prozeßrechner
R. Oldenbourg Verlag, München, 2. Aufl. 1971

[2] Böhner, A.
Der Dreipunktverstärker als stetiger Regler
Siemens Zeitschrift 34 (1960), H. 10, S. 564 - 569

[3] Borsi, L., H. Hüllemann, J. Oemigk
TELEPERM M, ein dezentralorientiertes, mikroprozessor-unterstütztes Prozeßleitsystem
Siemens Energietechnik 1 (1979), H. 6, S. 205 - 209

[4] Chien, K. L., J. A. Hrones, J. B. Reswick
On the Automatic Control of Generalized Passive Systems
Transactions of the ASME 74 (1952), H. 2, S. 175 - 185

[5] DIN 19226
Regelungstechnik und Steuerungstechnik
Beuth-Vertrieb, Berlin, Mai 1968

[6] Dittmar, H.
Das Doppelprozeßrechnersystem für die Kombi-Blöcke des Kraftwerks Emsland
VGB Kraftwerkstechnik 56 (1976), H. 9, S. 548 - 555

[7] Doetsch, G.
Anleitung zum praktischen Gebrauch der Laplace-Transformation und der Z-Transformation
R. Oldenbourg Verlag, München, 6. Aufl. 1989

[8] Dorf, R. C.
Modern Control Systems
Addison-Wesley Publishing Company, Reading, 3. Aufl. 1980

[9] Jaschek, H., W. Schwinn
Übungsaufgaben zum Grundkurs der Regelungstechnik
R. Oldenbourg Verlag, München, 6. Aufl. 1990

[10] Evans, W. R.
Control System Dynamics
McGraw-Hill Book Company, New York, 1954

[11] Föllinger, O.
Regelungstechnik
Hüthig-Verlag, Berlin, 4. Aufl. 1984

[12] Fröhr, F., F. Orttenburger
Einführung in die elektronische Regelungstechnik
Verlag Siemens, Berlin, 5. Aufl. 1981

[13] Früh, K.
Tradition und Moderne: Das dezentrale Prozeßautomatisierungssystem von Siemens
Regelungstechnische Praxis 21 (1979), H. 5, S. 137 - 142

[14] Hartmann, G.
Regelkreise mit Zweipunktreglern
VEB Verlag Technik, Berlin, 1965

[15] Kessler, C.
Das Symmetrische Optimum
Regelungstechnik 6 (1958), H. 11, S. 395 - 400 und H. 12,
S. 432 - 436

[16] Lehari, E., E. Ruschitzka
Gerätetechnik des Automatisierungssystems AS 230 im Prozeß-
leitsystem TELEPERM M
Siemens Energietechnik 2 (1980), H. 9, S. 370 - 371

[17] Martin, T.
Prozeßdatenverarbeitung
Elitera Verlag, Berlin, 1976

[18] Merz, L.
Grundkurs der Meßtechnik, Teil II
R. Oldenbourg Verlag, München, 5. Aufl. 1980

[19] Naslin, P.
Polynômes Normaux et Critère Algébrique d'Armortissement
Automatisme 8 (1963), H. 6, S. 215 - 223 und H. 7/8, S. 255 -
262

[20] Oppelt, W.
Kleines Handbuch technischer Regelvorgänge
Verlag Chemie, Weinheim, 5. Aufl. 1972

[21] Siemens Fachbuch
Automatisieren in der Prozeßtechnik
Verlag Siemens, München, 1973

[22] Siemens Fachbuch
Messen in der Prozeßtechnik
Verlag Siemens, München, 1972

[23] Takahashi, Y., M. J. Rabins, D. M. Auslander
Control and Dynamic Systems
Addison-Wesley Publishing Company, Reading, 1970

[24] VDI/E-Richtlinie 3526
Benennungen für Steuer- und Regelschaltungen
Beuth-Vertrieb, Berlin, Juni 1972

[25] Ziegler, J. G., N. B. Nichols
Optimum Settings for Automatic Controllers
Transactions of the ASME 64 (1942), H. 8, S. 759 - 768

Stichwortverzeichnis

Abfallwert 223, 241, 242
Abtastperiode 259, 270, 272
Additionsstelle 15
Algorithmus
-, Stellungs- 270, 272
-, Geschwindigkeits- 270, 272
Amplitudendurchtrittsfrequenz 212
Amplitudengang 133
Amplitudenkennlinie 133
-, Absenken der 214, 218
Analog-Digital-Umsetzer 268, 269
Analoge Bauglieder 83, 85
Analoge Größen 81, 82
Analogien 80
Anfangsbedingungen von Differential-
  gleichungen 64
Anfangswertproblem 64
Anfangswertsatz der Laplace-Trans-
  formation 69, 71
Angriffspunkte der Störgrößen 147, 175
Anlaufwert 99
Anregelzeit 195
Ansprechwert 223, 241, 242
Anstiegsantwort 78
Anstiegsfunktion 78
Antriebsregelung 53
Antwortfunktionen 75
Aperiodischer Grenzfall 94
Approximation
- der Amplitudenkennlinie 142
- der Phasenkennlinie 142
Arbeitsbewegung 224, 226, 233, 236
Arbeitspunkt 61, 62
Asymptoten
- der Äste der Wurzelortskurve 203
- der Frequenzkennlinien 142
Aufschaltung von Störgrößen 49, 248, 250
Ausgangsgröße 13
Ausgleichszeit 99
Auslegung von Regelschaltungen 248
Ausregelzeit 152
Ausschaltzeit 225, 228, 234, 236, 245
Auswahl geeigneter Regler 153, 169
Automatisierungssystem 279
- Teleperm M 280

Bandbreite 213
Bauglieder 18
-, analoge 83, 85
Bedien- und Beobachtungssystem 283
Begleitende Ortskurven 161
Beiwerte-Diagramm 160
Beschleunigungsfehler 156
Betrag des Frequenzganges 127
Bezeichnungen 12
Bleibende Regeldifferenz 154
Block 13
Blockschaltbild 18, 43, 45
Bode-Diagramm 129, 133, 143, 211, 214
Bussystem 284

Charakteristische Gleichung 65, 75
- des Regelkreises 150
- -, grafische Darstellung 161
Charakteristische Verhältnisse 196
Charakteristisches Polynom 74, 149
Cosinusfunktion 78

Dämpfungsgrad 95, 152
Datenerfassung 259
Datenverarbeitung 259
D-Beiwert 106, 111, 115
Dekrement, logarithmisches 96
Deltafunktion 77
D-Glied 91, 106
Differentialgleichung 59
-, gewöhnliche 59, 63
-, homogene Lösung 64
-, partikuläre Lösung 65
-, vollständige Lösung 66
Differentialgleichungen
-, Arten 56
-, Lösung mit Hilfe der Laplace-Trans-
  formation 68, 71
-, Lösung mit Hilfe von Lösungsansätzen
  63
Differenzierbeiwert 106, 111, 115
Differenzierglied 91, 106
Differenzierzeit 106
Digitalrechner als Automatisierungs-
  mittel 257

Digital-Analog-Umsetzer 268, 269
Direkte digitale Regelung 263
Dominantes Polpaar 207, 208
D-Regler 106
-, Anstiegsantwort 107
-, Übergangsfunktion 91
-, Übertragungsfunktion 91
Drehzahlfühler 27
Drehzahlregelung 48
Dreipunktregler 222, 241
-, Arbeitsweise im Regelkreis 247
-, Übergangsverhalten 242
Drosselventil 13, 39
Druckfühler 18
Druckregelung 14, 106
DT_1-Glied 91, 107
Durchflußfühler 20
Durchtrittsfrequenz
-, Amplituden- 212

Eckfrequenz 131, 134
Eigenbewegungen 150
Eigenfrequenz 140
Eigenschaften linearer Regelkreisglieder 59
Eigenwerte 150
Einfachregelkreis 47
- mit Aufschaltungen 48
Eingangsgröße 13
Einheitssprung 77
Einschaltzeit 225, 227, 234, 236, 244
Einschwingverhalten 157, 174, 208, 213
Einstellregeln 186
- nach Chien, Hrones und Reswick 190
- nach Kessler 193
- nach Naslin 196
- nach Ziegler und Nichols 187
Einstellung der Reglerkennwerte 186
Elektronischer Regler 35
Empfindlichkeit 146, 166
Empfindlichkeitsfunktion 167
Endwertsatz der Laplace-Transformation 71
Energiequellen 81, 83
Energiespeicher 81, 84
Energieverbraucher 81, 83
Entwurf von Regelkreisen 146
- mit schaltenden Reglern 222
- mit stetigen Reglern im Frequenzbereich 200
- mit stetigen Reglern im Zeitbereich 169

F-Ebene 126
Festwertregelung 44
Fliehkraftpendel 58
Förderband 58
Folgeregelschaltungen 54
Folgeregelung 45, 54
Frequenz, kritische
- des Regelkreises 204
- des Totzeitgliedes 136
Frequenzgang 79, 126
-, Aufnahme 128
-, Darstellung 129, 133
Frequenzkennlinien 133
-, asymptotische Darstellung 141
- elementarer Übertragungsglieder 130, 133
-, Konstruktionshilfsmittel 140
-, Kurvenschablonen 141
- von Übertragungssystemen 143
Frequenzkennlinienverfahren 211
Fühler 18
- für Drehzahl 27
- für Druck 18
- für Durchfluß 20
- für Höhenstand 23
- für Temperatur 24
Führungsgröße 14
Führungsübertragungsfunktion 148
Führungsverhalten 148, 171, 172, 225, 232, 235

Gerätetechnische Darstellung 14, 17, 4
44, 146
Geschwindigkeitsalgorithmus 270, 272
Geschwindigkeitsfehler 156
Gewichtsfunktion 77
Gleichspannungsverstärker 35
Gleichung, charakteristische 65, 75
Grafische Darstellung der Übertragungsfunktion 120
Grenzfall, aperiodischer 94
Grenzwertsätze der Laplace-Transformati 69
Größen
-, analoge 81, 82
- im Regelkreis 14
-, verallgemeinerte 81

Halteglied 269
Hilfsgrößenaufschaltung 50, 250

Stichwortverzeichnis

Höhenstandfühler 23
Homogene Lösung der Differentialgleichung 64
Homogenität 59
Hurwitz-Determinanten 158
Hurwitz-Kriterium 158
Hysterese
-, Zweipunktregler mit 222

I-Beiwert
- der Strecke 102
- des Reglers 105, 108, 115
I-Glied 90, 102, 104
-, Frequenzgang 130, 134
-, Frequenzkennlinien 130, 135
-, Ortskurve 130
-, Pol-Nullstellen-Verteilung 122
-, Sprungantwort 102, 105
-, Übergangsfunktion 90, 102
-, Übertragungsfunktion 90, 102
Impulsantwort 76
Impulsfunktion 76
Integrierbeiwert 102, 105, 108, 115
Integrierglied 90, 102, 104
I-Regler 104
I-Strecke 100, 102
Istwert 14
IT_1-Glied 102

Kaskadenregelkreis 51, 252
Kaskadenregelung 51, 53, 252
Kaskaden-Verhältnisregelung 55
Kausalzusammenhang 13, 81
Kenngrößen
- der Arbeitsbewegung 226, 233, 236
- von Regelstrecken 94, 101, 102
- von Reglern 103, 105, 106, 108, 111, 115
Kennlinie
- des Dreipunktreglers 223
- des I-Reglers 105
- des P-Reglers 103
- des Zweipunktreglers 222
-, Linearisierung 61
Kettenstruktur 16
Konstruktionshilfsmittel für Frequenzkennlinien 140
Konstruktionsregeln für Wurzelortskurven 203
Korrespondenzen der Laplace-Transformation 72
Kraftfühler 26

Kreisfrequenz 124
Kreisstruktur 16
Kreisverstärkung 155
Kritische Frequenz
- des Regelkreises 162
- des Totzeitgliedes 137
Kritische Schwingungsdauer 188
Kritischer P-Beiwert 172, 188
Kritischer Punkt 162, 164

Längsvariable 81
Lagefehler 156
Laplace-Transformation 68
-, Anfangswertsatz 69, 71
-, Bildbereich 68
-, Entwertsatz 71
-, Grenzwertsätze 69
-, Korrespondenzen 72
-, Originalbereich 68
-, Rechenregeln 70
Laplace-Transformierte 69
Laststörung 147
Linearisierung 60
- einer stetigen Kennlinie 61
- einer nichtlinearen Differentialgleichung 62
Linke-Hand-Regel 163
Lösung von Differentialgleichungen
- mit Hilfe der Laplace-Transformation 68
- mit Hilfe von Lösungsansätzen 63
Logarithmisches Dekrement 96, 97

Meßbereich 103
Meßumformer 28
Mikrorechner 256, 265
Mischungsregelung 46
Modell, mathematisches 80
-, Entwurf 84

Nachlaufregelung 45
Nachstellzeit 108, 116
Nullstellen der Übertragungsfunktion 121
Nyquist-Diagramm 129
Nyquist-Kriterium 161

Operator der Laplace-Transformation 69
Optimum, symmetrisches 193
Ortskurve 129
- eines instabilen Regelkreises 163
- eines Regelkreises an der Stabilitätsgrenze 162

- eines stabilen Regelkreises 162
Ortskurven
- elementarer Übertragungsglieder 129
-, verallgemeinerte 161
- von Übertragungssystemen 131

Parallelstruktur 16
Parameterempfindlichkeit 167
Partikuläre Lösung der Differential-
    gleichung 65
P-Beiwert
- der Strecke 95, 99
- des Reglers 103, 108, 111, 115
P-Bereich 101, 103, 116
PD-Glied 91, 111
PD-Regler 111
-, Anstiegsantwort 112
-, Frequenzgang 130
-, Frequenzkennlinien 130
-, Ortskurve 130
-, Realisierung 113
-, Übergangsfunktion 91
-, Übertragungsfunktion 91
PDT_1-Glied 91, 114, 125
p-Ebene 121
Periodendauer 228, 234, 236
P-Glied 90, 92, 101
Phase des Frequenzganges 127
Phasengang 133
Phasenkennlinie 133
-, Anheben der 217, 218
Phasenrand 164, 212
Phasenverschiebung 128
PI-Glied 91, 108
PI-Regler 108
-, Frequenzgang 130
-, Frequenzkennlinien 130
-, Ortskurve 130
-, Pol-Nullstellen-Verteilung 122
-, Realisierung 109
-, Sprungantwort 108
-, Übergangsfunktion 91
-, Übertragungsfunktion 91
PID-Geschwindigkeitsalgorithmus 272
PID-Glied 91, 115
PID-Regler 115
-, Frequenzgang 130
-, Frequenzkennlinien 130
-, Ortskurve 130
-, Pol-Nullstellen-Verteilung 122
-, Realisierung 117

-, Sprungantwort 116
-, Übergangsfunktion 91
-, Übertragungsfunktion 91
PID-Stellungsalgorithmus 272
$PIDT_1$-Glied 91, 117
PIT_1-Glied 91
Pole der Übertragungsfunktion 121
Polkompensation 180, 210
Pol-Nullstellen-Verteilung 120
Pol-Nullstellen-Verteilungen elementarer
    Übertragungsglieder 122
Polynom, charakteristisches 74, 149
Potential 81
P-Regler 101
-, Frequenzgang 130
-, Frequenzkennlinien 130
-, Ortskurve 130
-, Sprungantwort 103
-, Übergangsfunktion 90
-, Übertragungsfunktion 90
Proportionalbeiwert 55, 99, 103, 108,
    111, 115
Proportionalbereich 101, 103, 116
Proportionalglied 92, 101
Prozeß 256
Prozeßautomatisierungssystem
-, dezentrales 279
Prozeßführung 266
Prozeßkopplung 258
-, Arten 258
-, geschlossene 258
-, offene 258
Prozeßlenkung 256
Prozeßoptimierung 267
Prozeßrechner
-, Arbeitsweise im Regelkreis 268
-, Aufgaben bei geschlossener Prozeß-
    kopplung 260
-, Aufgaben bei offener Prozeßkopplung 25
-, zentraler 263
Prozeßrechnersystem
-, Betriebserfahrungen 279
-, Hardware 275
-, Software 275
-, zentrales 273
Prozeßregelung 262
Prozeßsteuerung 262
Prozeßüberwachung 259
P-Strecke 90, 92
PT_1-Glied 76, 90, 93
-, Anstiegsantwort 78

-, Frequenzgang 128, 130, 134
-, Frequenzkennlinien 130, 136
-, Impulsantwort 76
-, Ortskurve 130, 131
-, Pol-Nullstellen-Verteilung 123
-, Schwingungsantwort 79
-, Sprungantwort 77, 94, 95, 123
-, Übergangsfunktion 90, 93
-, Übertragungsfunktion 90, 93, 94
PT_1-Strecke 93, 94
PT_1T_t-Glied 94, 98
PT_2-Glied 90, 94
-, Dämpfungsgrad 95, 125
-, Frequenzgang 130, 138
-, Frequenzkennlinien 130, 139
-, nichtschwingendes 94, 97
-, Ortskurve 130
-, Pol-Nullstellen-Verteilung 122, 124
-, schwingendes 94, 95, 124
-, Sprungantwort 94, 96, 97, 124
-, Übergangsfunktion 90, 93
-, Übertragungsfunktion 90, 93, 94, 95
PT_2-Strecke 94, 95
PT_n-Strecke 94, 98

Quantisierung 270
Quellelemente 81, 83
Quervariable 81

Rampenfunktion 78
Realisierung
- von PD-Reglern 113
- von PI-Reglern 109
- von PID-Reglern 117
- von Reglern 35
Rechenregeln der Laplace-Transformation 70
Rechner im Regelkreis 268
Rechneraufgaben 259, 260
Regelalgorithmus 269, 270
Regelaufgaben 41
Regelbarkeit 99
Regelbereich 104
Regeldifferenz 14
-, a-priori 155
-, bleibende 154
- -, mittlere 229, 234, 236
Regeleinrichtung 14
Regelfaktor 155
Regelfehler 156
Regelfläche 152
-, betragslineare 157

-, lineare 152
-, quadratische 157
Regelgröße 14
-, stationäre 152, 154
Regelgüte 146, 151, 186, 213
- im Beharrungszustand 152
- während des Einschwingvorganges 156
Regelkreis 14
-, Entwurf 146
-, Führungsverhalten 148, 187
- mit IT_2-Strecke 184
- -, Führungsverhalten 184
- -, Störverhalten 185
- mit PT_3-Strecke 172
- -, Führungsverhalten 172, 174
- -, Störverhalten 175
-, Stabilität 149
-, Störverhalten 149, 187
-, strukturinstabiler 170
-, strukturstabiler 170
Regelkreisglieder 18
-, Eigenschaften 90, 91
Regelschaltungen 46
-, Auslegung 248
-, Festwert- 47
-, Folge- 54
Regelstrecke 14
Regelstrecken 92
-, Kennwerte 101
- mit integrierendem Verhalten 100, 102
- mit proportionalem Verhalten 92, 94
Regelung 14
- der Drehzahl 48
- der Feuerung 54
- der Temperatur 17, 44, 49, 50, 53, 55, 146
- des Druckes 14, 106
- des Höhenstandes 103
Regelverstärker 35, 110, 113, 114
Regler 14, 34, 101
-, Auswahl 169, 171
-, Einstellbereiche für Kennwerte 116
-, Einstellregeln 187, 190, 193, 196
-, Einstellung der Kennwerte 186
-, differenzierend wirkender 106
-, integrierend wirkender 104
-, proportional, integrierend und differenzierend wirkender 115
-, proportional und differenzierend wirkender 111
-, proportional und integrierend wirkender 108

-, proportional wirkender 101
-, Realisierung 35, 109, 113, 117
-, Wirkung 171
Reglerentwurf 169, 201, 208, 214, 222
Reglerkennwerte, Einstellung 186
Reglertypen 101
-, Zuordnung zu Strecken 171
Resonanzfaktor 140
Resonanzfrequenz 140
Rückführung 14

Schaltfrequenz 228
Schaltzeiten 227, 244
Schnelligkeit 213
Schwankungsbreite 227, 233, 236
Schwingungsantwort 78
Servolenkung 46
Signalflußplan 16
Sinnbilder 42
Sollwert 14
Sollwerteinsteller 30
Sollwertglättung 195
Speicherelemente 81
Spezifikation beim Regelkreisentwurf 156, 208, 211
Sprungantwort 77
- eines PT_1-Gliedes 77
- eines PT_2-Gliedes 96
Sprungfunktion 77
Stabilität 128, 146, 149, 165, 213
-, absolute 151, 158, 164, 165
-, relative 151, 164
Stabilitätsgrenze 128, 150, 165
Stabilitätsgüte 164, 165
Stabilitätskriterien 158
Standregelung 103, 232
Stellantrieb 37, 38
Stellbereich 99, 100
Stellgerät 37
Stellgeschwindigkeit 104, 105
Stellglied 37, 39
Stellgrad 225, 229, 234, 236
Stellgröße 14
Stellungsalgorithmus 270, 272
Stellzeit 105
Steueraufgaben 41
Steuergerät 43
Steuergesetz 43
Steuerkette 12
Steuerung 12, 41
Störablaufprotokoll 260

Störgröße 14, 147
Störgrößenaufschaltung 49, 248
Störübertragungsfunktion 148, 149
Störverhalten 149, 171
Strahlrohrregler 34, 106
Strom 81
Strukturstabilität 170
Summenzeitkonstante 193
Summierglied 31
Superposition 60
Symmetrisches Optimum 193
System 11, 80

Taylorreihe 61
Temperaturfühler 24
Temperaturregelung 17, 44, 49, 50, 53, 55, 146, 223, 231
Temperatursteuerung 41
Testfunktionen 75
Totzeitglied 90, 130
-, Frequenzgang 130, 136
-, Frequenzkennlinien 130, 137
-, Ortskurve 130
-, Übergangsfunktion 90
-, Übertragungsfunktion 90
T_t-Glied 90, 130

Übergangsfunktion 77
-, Ersatz- 98
Übergangsfunktionen elementarer Übertragungsglieder 90, 91, 122
Überlagerung 60
Überschwingweite 152
Übertragungsfunktion 13, 73, 74, 120
- bei Kettenstruktur 16
- bei Kreisstruktur 16
- bei Parallelstruktur 16
- des aufgeschnittenen Regelkreises 148, 201
-, Führungs- 148
-, grafische Darstellung 120
-, Stör- 149
Übertragungsfunktionen
- analoger Bauglieder 85
- des Regelkreises 146
- elementarer Übertragungsglieder 90, 91
Übertragungsglied 13, 56
Übertragungsglieder 80
Übertragungsglieder, elementare 89
-, Frequenzkennlinien 130
-, Ortskurven 130
-, Pol-Nullstellen-Verteilungen 122

Stichwortverzeichnis

-, Signalflußpläne 93
-, Übergangsfunktionen 90, 91
-, Übertragungsfunktionen 90, 91
-, Verhalten 90, 91
Übertragungssysteme
-, Frequenzkennlinien 143
-, Ortskurven 131
Übertragungsverhalten 56
-, Beschreibung 56, 74, 75
Umkehrintegral der Laplace-Transformation 69
Umsetzer 268
-, Analog-Digital- 268
-, Digital-Analog- 268

Ventil 13, 39
-, Kennlinien 13, 40
Verallgemeinerte Größen 81
Vergleicher 31
Verhältniseinsteller 46, 54
Verhältnisregelung 46, 54
Versorgungsstörung 147
Verstärker 28
Verstärkungsrand 164
Verzögerungsglied
- n-ter Ordnung 94, 98
- 1. Ordnung 76, 90, 93
- 2. Ordnung 90, 94
- -, nichtschwingendes 94, 97
- -, schwingendes 94, 95, 124
Verzugszeit 99
Verzweigungsstelle 15
Vollständige Lösung der Differentialgleichung 66
Vorfilter 187
Vorhaltzeit 112, 116

Wendetangenten-Methode 98
Widerstandselemente 81
Wirkungsmäßige Darstellung 16
Wirkungsrichtung 13, 15
Wurzeln der charakteristischen Gleichung 150
Wurzelortskurve 200
-, Äste 203
-, Asymptoten 203
-, Asymptotenzentrum 203
-, Betragsbeziehung 201
-, Definition 200
-, Konstruktionsregeln 203
-, Phasenbeziehung 201
-, Reglerentwurf 208
-, Schnittpunkte mit imaginärer Achse 204
-, Schnittwinkel 204
-, Symmetrie 203
-, Verzweigungspunkte 203
Wurzelortskurven einfacher Regelkreise 205
Wurzelortsverfahren 200

Zeitglieder 32
Zeitinvarianz 60
Zeitkonstante
- des PT_1-Gliedes 95
- des PT_2-Gliedes 95
-, parasitäre 114
Zweipunktregelung 223
Zweipunktregler 222
- mit Hysterese
- - an PT_1-Strecke 234
- - an PT_n-Strecke 237
- - und PT_1-Rückführung 237
- ohne Hysterese
- - an PT_1T_t-Strecke 224
- - an IT_t-Strecke 232

Methoden der Regelungs- und Automatisierungstechnik

Eine Buchreihe, herausgegeben von
Otto Föllinger, Hans Sartorius
und Volker Krebs

Roppenecker
Zeitbereichsentwurf linearer Regelungen

Föllinger
Nichtlineare Regelungen

Litz
Dezentrale Regelungen

Föllinger
Lineare Abtastsysteme

Schmidt
Simulationstechnik

Brammer/Siffling
Kalman-Bucy-Filter

Föllinger
Optimierung dynamischer Systeme

Krebs
Nichtlineare Filterung

Pfaff
Regelung elektrischer Antriebe I

Pfaff/Meier
Regelung elektrischer Antriebe II

Freund
Regelungssysteme im Zustandsraum

R. Oldenbourg Verlag
Rosenheimer Straße 145, 8000 München 80